한국산업인력공단
최신출제기준 반영

2026년까지 출제기준 적용

네일미용

실기

 국가직무능력표준
교육과정 기반

POINT 01 네일미용 도장 중요 포인트!

POINT 02 한 눈에 쏙! 확대 사진설명

POINT 03 요구사항 풀이 필수 지침서

 파이널 핵심 자가진단 점검표

+ 아크릴 프렌치 스컬프쳐 연습!
부록 – 볼뜨기 연습장

머리말

PERFECT NAIL TECHNICIAN

**네일 미용사들을 위한! 네일 테크니션들을 위한!
네일미용 한 권의 실기 교재를 여러분께 드립니다!**

네일국가기술자격이 2022년 1월 1일부터 ~2026년 12월 31일까지 적용되는 출제기준이 개편됨에 따라 미용사 네일기능사(Nail Technician)들이 탄생하게 되었습니다.
본 국가기술자격 실기 대비 『네일미용 실기편』에서는 자세한 설명과 사진으로 여러분을 합격의 지름길로 인도해 드릴 것입니다.
본 실기 지침서는 한국산업인력공단에서 발표된 모든 각 과제별 수험자 공통 유의사항, 과제별 유의사항, 준비물, 세부사항에 따른 과제의 요구사항을 시작에서 완성까지 정리하였습니다.

제 1 과제 매니큐어와 페디큐어에서는
재료의 세팅 사진과 설명, 멸균 거즈 사용방법, 올바른 니퍼의 사용, 안정된 시술자세, 프리에지 라운드 형태 만드는 과정, 라운드의 정의에 따른 그림과 사진의 설명, 페디큐어 시 분무기 활용 방법, 스퀘어 형태를 만드는 방법 등이 그림과 사진으로 설명되어 있습니다. 네일 폴리시 도포 방법인 프렌치, 딥 프렌치, 그라데이션, 풀 코트는 과정 사진과 설명으로 초보자도 따라하기 쉽도록 구성되어 있습니다. 중요한 부분은 Check!! 표시로 확대 설명해 놓았습니다.

제 2 과제 젤 매니큐어에서는
핵심 요구사항인 프리에지 라운드 형태 만들기와 선 마블, 부채꼴 마블을 실패 없이 수행하기 위한 과정을 다시 한번 콕 집어주기 코너에서 순차적인 그림으로 자세하게 설명 하였습니다.

제 3 과제 인조네일에서는
요구사항에 맞추어 내추럴 팁 위드 랩, 젤 원톤 스컬프쳐, 아크릴 프렌치 스컬프쳐, 네일 랩 익스텐션 각 과목에 대하여, 실기 강사들의 노하우를 자세하게 사진과 설명으로 정리 하였습니다.

제 4 과제 인조네일 제거에서는
내추럴 팁 위드 랩, 젤 원톤 스컬프쳐, 아크릴 프렌치 스컬프쳐, 네일 랩 익스텐션 즉, 4개의 과목에 따른 제거 과정을 사진으로 시작부터 마무리까지 설명하였습니다.

(주)샤인위드 기업부설연구소에서는 본 교재로 국가시험을 준비하는 수험생들에게 보다 명확하고 알기쉬운 방법으로 합격을 준비를 할 수 있도록 핵심 기술을 마련했습니다.

모든 수험생 여러분들의 합격을 간절히 기원합니다.

네일미용 목차

제 1 장. 전 과제 공통 유의사항
전 과제 공통 수험자 유의사항 ················· 007
· 수험자 지참 재료 체크 리스트············· 009
· 미용사(네일) 국가기술자격 실기시험 ········ 011
· 수험자 작업 테이블 세팅 예시··············· 011
· 기본적인 수험자와 모델의 복장 예시 ········ 012

제 2 장. 매니큐어 & 페디큐어
제 1 과제 - 매니큐어
· 수험자 공통 유의사항과 기본점검 목록 ········· 017
· 재료 세팅과 1과제 재료 설명 ··············· 018
1) 매니큐어 – 과제에 따른 컬러링
① 풀 코트 매니큐어 (풀 컬러 레드) ············ 021
② 프렌치 매니큐어 (프렌치 화이트) ············ 039
③ 딥 프렌치 매니큐어 (딥 프렌치 화이트) ········ 044
④ 그라데이션 매니큐어 (그라데이션 화이트) ······ 050

제 1 과제 - 페디큐어
· 수험자 공통 유의사항과 기본점검 목록 ········· 057
· 재료 세팅 ·································· 057
2) 페디큐어 – 과제에 따른 컬러링
① 풀 코트 페디큐어 (풀 컬러 레드) ············ 058
② 딥 프렌치 페디큐어 (딥 프렌치 화이트) ········ 065
③ 그라데이션 페디큐어 (그라데이션 화이트) ······ 073
※ 리페어(보수)가 필요한 발톱의 경우·············· 081

제 3 장. 젤 매니큐어
제 2 과제 - 젤 매니큐어
· 수험자 공통 유의사항과 기본점검 목록 ········· 085
· 재료 세팅과 2과제 재료 설명 ··············· 086
1) 과제에 따른 컬러링
① 선 마블링 젤 매니큐어 (선긋기, 레드&화이트) ······ 089
※ 다시한번 콕 짚어주기 ····················· 097
※ 잘못된 예 ································ 099
② 부채꼴 마블링 젤 매니큐어 (부채꼴, 레드&화이트) ··· 100
※ 다시한번 콕 짚어주기 ····················· 109
※ 잘못된 예 ································ 110

제 4 장. 인조네일
제 3 과제 - 인조네일
· 수험자 공통 유의사항과 기본점검 목록 ········· 115
· 재료 세팅과 3과제 재료 설명 ··············· 116
1) 과제에 따른 인조네일
① 내추럴 팁 위드 랩 ························ 121
② 젤 원톤 스컬프쳐 ························ 130
③ 아크릴 프렌치 스컬프쳐 ··················· 138
④ 네일 랩 익스텐션 ························ 152
※ 잘못된 예 ································ 162
※ 올바른 예 ································ 165

제 5 장. 인조네일 제거
제 4 과제 - 인조네일 제거
· 수험자 공통 유의사항과 기본점검 목록 ········· 171
· 재료 세팅과 4과제 재료 설명 ··············· 172
1) 과제에 따른 인조네일 제거
① 내추럴 팁 위드 랩 제거 ···················· 175
② 젤 원톤 스컬프쳐 제거 ···················· 175
③ 아크릴 프렌치 스컬프쳐 제거 ··············· 175
④ 네일 랩 익스텐션 제거 ···················· 175

제 6 장. 2015년 신설종목
1) 한국산업인력공단 공지
   미용사(네일) 공개문제 및 지참재료 관련 FAQ
① Frequently asked questions·빈출 질문 VOL.1 ········ 183
② Frequently asked questions·빈출 질문 VOL. 2 ······ 187
2) 파이널 체크 완료!!
① 종목별 요구사항에 따른 핵심 자가진단 점검표 ····· 189

@ 표지네일작품 Designed by 서상미

국시 합격자들의 필수코스
유튜브 네일그랜마

네일그랜마와 예지쌤이 추천해요♥

네일 미용

 국시 합격자들의 필수코스
유튜브 네일그랜마

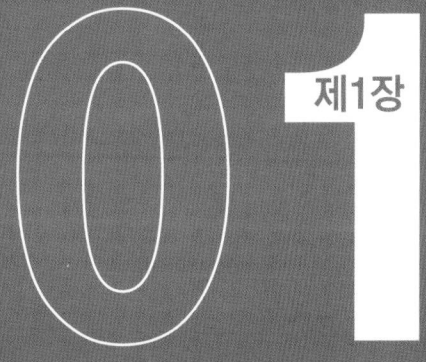

제1장

전 과제 공통 수험자 유의사항

- 전 과제 공통 수험자 유의사항
- 수험자 지참 재료 체크 리스트
- 미용사(네일) 국가기술자격 실기시험
- 수험자 작업 테이블 세팅 예시
- 기본적인 수험자와 모델의 복장 예시

PERFECT NAIL TECHNICIAN

01 > 전 과제 공통 수험자 유의사항

수험자

1. 수험자와 모델은 감독위원의 지시에 따라야 하며, 지정된 시간에 시험장에 입실하여야 한다.
2. 수험자는 수험표와 신분증(사진이 부착된 증명서)을 모두 지참한다.
3. 수험자의 복장은 흰색 위생가운(반팔 또는 긴팔, 일회용 가운 제외), 운동화, 긴바지 (색상 무관)을 착용한다.
   - 복장에 소속을 나타내거나 암시하는 표식이 없어야 한다.
4. 수험자와 모델은 보안경 또는 안경(무색, 투명)을 지참하며 필요한 작업시 착용해야 한다.
5. 수험자의 복장상태 중 위생복 속 반팔 또는 긴팔 티셔셔츠가 밖으로나온 것도 감점사항에 해당된다.
6. 수험자는 눈에 보이는 표식 : 컬러링, 디자인, 손톱 장식이 불가하다.
7. 수험자는 액세서리 : 반지, 시계, 팔찌, 발찌, 목걸이, 귀걸이 등을 금한다.
8. 수험자는 지정된 자리를 이탈하거나 모델, 또는 다른 사람과의 대화를 금한다.
9. 모든 준비물은 과제 전에 흰색 바구니에 담아 세팅하며, 시험 도중에 재료, 도구를 꺼낼 수 없다.
10. 모든 준비물은 브랜드와 상관없이 시중에 판매되는 제품으로 준비한다.
11. 도구 또는 재료에 구별을 위한 표식을 금한다.
12. 쓰레기 처리용으로 위생 봉투(투명비닐)을 준비하여 작업대에 부착한다.
13. 수험자 또는 모델은 스톱워치나 핸드폰 사용을 금한다.
14. 시험 종료 후, 소독제, 폴리시 리무버 등의 용액은 반드시 수거하여 가져간다.
    - 쓰레기통이나 화장실에 버릴 수 없다.

모델

1. 모델은 만 14세 이상의 신체 건강한 남, 여(년도기준)로 아래의 조건에 해당하지 않아야 한다.
   ① 자연 손톱이 열 개가 아니거나 열 개를 모두 사용할 수 없는 자 (단, 발톱은 한쪽 발 기준으로 자연 발톱이 다섯 개가 아니거나 다섯 개를 모두 사용할 수 없는 자)
   ② 손·발톱 미용에 제한을 받는 손·발톱 이상 증세를 가진 자
      - 손.발톱 미용에 제한을 받는 무좀, 염증성 손.발톱 질환을 가진 자
   ③ 호흡기 질환, 민감성 피부, 알레르기 등이 있는 자
   ④ 임신 중인 자
   ⑤ 정신질환자
2. 신분증을 지참한다.
   - 여권, 주민등록증, 외국인등록증, 학생증(미성년인 경우)등 공단에서 지정한 신분증을 지참하지 않은 경우, 모델로 시험에 참여가 불가능하다.
3. 흰색 라운드 티셔츠와 긴바지(색상무관)를 착용한다.
   - 마스크(흰색), 긴바지(색상무관), 흰색 무지 상의(소재무관, 무늬불가)를 착용한다.
4. 모델의 손·발톱은 자연 손·발톱 상태여야 하며, 보수 및 연장은 오른손, 왼손, 오른발 각 부위별 2개까지 허용된다.
   (단, 오른손 3, 4지에는 제 3과제 인조네일 작업 부위이므로 제외한다.)
5. 오른손 1~5지의 손톱은 큐티클 정리가 충분히 가능한 상태로, 스퀘어 또는 스퀘어 오프 형이어야 한다.
   오른손 1~5지에는 펄이 함유되지 않은 빨간색 폴리시가 사전에 완전히 건조된 상태로 2회 이상 풀코트로 사전에 도포되어 있어야 한다.
6. 물어뜯는 손톱, 파고드는 발톱, 멍든 손·발톱 등은 염증성 질환이 아닌 경우 대동 모델 기준으로 가능하며 별도의 감점처리 대상이 되지 않는다.
7. 오른발 1~5지 발톱은 큐티클 정리가 충분히 가능한 상태로, 라운드 또는 스퀘어 오프형으로 사전 준비 되어야 하며,
   펄이 함유되지 않은 빨간색 폴리시가 사전에 완전히 건조된 상태로 2회 이상 풀코트로 사전에 도포되어 있어야 한다.
8. 1과제 페디큐어 (30분)는 분무기를 사용하는 습식 페디큐어를 실시하며 신체의 손상이 있는 경우에는 왼발로 대체가 가능하다.
9. 1과제 매니큐어 작업(30분) 종료 후 감독위원의 지시에 따라 모델은 작업대 위에 앉은 후 의자에 앉아 있는 수험자의 무릎에
   작업 대상 발을 올리는 자세로 작업을 준비한다.
10. 2과제 젤 매니큐어시에는 습식 케어를 생략한다.
    - 왼손 1~5지의 손톱의 큐티클 정리는 사전에 준비되어야 하며 손톱의 형태는 스퀘어 또는 스퀘어 오프로 준비한다.
11. 각 과제별 모델이 적합하지 않을 때에는 감점 또는 0점 처리한다.
12. 모델을 데려오지 않거나 조건에 부합되지 않은 모델을 데려올 경우에는 시험대상에서 제외된다.

기구 및 재료

1. 작업 시 사용 되는 일회용 도구는 반드시 새것으로 준비한다.
   - 폴리쉬, 쏙오프 전용 리무버, 젤클렌져, 소독제를 제외한 주요 화장품을 덜어서 가져가면 안된다.
   - 네일 파일류는 폐기대상에서 제외된다.
2. 과제 시작 전 사용 적합한 상태가 되도록 미리 준비한다.
3. 큐티클 정리 시에 사용되는 도구(큐티클 니퍼, 큐티클 푸셔 등)를 적합한 자세와 안전한 방법으로 사용하며 멸균 거즈를 보조 용구로 사용 할 수 있다.
4. 길이를 측정 할 수 있는 눈금 기구, 재료는 사용 할 수 없다.

기타

1. 질문이 있는 경우 손을 들고 감독위원이 올 때까지 기다린다.
2. 출혈이 있는 경우, 소독된 탈지면이나 거즈 등으로 출혈 부위를 소독한다.
3. 작업 시 네일 주변 피부에 잔여물이 묻지 않도록 하며 손·발 및 네일 표면과 아래의 거스러미, 분진, 불필요한 오일 등은 깨끗하게 제거하여 청결을 유지한다.
4. 제시된 시간 안에 과제를 완성하며 모든 작업과 마무리 및 주변 정리정돈을 끝내야 한다.
   - 시험 시간을 초과할 경우에는 해당 과제를 0점 처리 한다.(미완성 0점 처리)
   - 1과제 종료 후 2과제 시작 전 준비 시간에 기 작업된 1과제 페디큐어 작업분을 변형 혹은 제거해야 한다.
   - 2과제 종료 후 3과제 준비시간 전에 시험위원의 지시에 따라 인조네일 4가지 유형 중 선정된 1가지 과제의 재료만을 3과제 시작 전 미리 작업대에 준비해야 한다.
   - 시험 종료 후 시험위원의 지시에 따라 왼손 1-5지 손톱에 기 작업된 2과제 젤 매니큐어 작업분과 4과제 인조네일 제거 시 제거하지 않은 오른손 3지 또는 4지 손톱의 작업분을 변형 혹은 제거한 후 퇴실해야 한다.
   - 작업에 필요한 각종 도구를 바닥에 떨어트리는 일이 없도록 해야하고, 네일 글루 등을 조심성 있게 다루어 안전사고가 발생되지 않도록 주의해야 한다.

실격 처리

1. 시험 전체 과정을 응시하지 않은 경우
2. 시험 도중 시험장을 무단 이탈 하는 경우
3. 부정한 방법으로 타인의 도움을 받거나 타인의 시험을 방해 하는 경우
4. 무단으로 모델을 수험자 간에 교환하는 경우
5. 국가자격검정 규정에 위배되는 부정 행위 등을 하는 경우
6. 수험자가 위생복을 착용하지 않은 경우
7. 수험자 유의사항 내의 모델 조건에 부적합한 경우

득점외 별도 감점사항

1. 수험자 및 모델의 복장상태 및 마스크 착용, 모델의 손톱·발톱 사전 준비상태 등 어느하나라도 미 준비하거나 사전준비 작업이 미흡한 경우
2. 작업시 출혈이 있는 경우
3. 필요한 기구 및 재료 등을 시험 도중에 꺼내는 경우

오작 사항

1. 요구된 과제가 아닌 다른 과제를 작업하는 경우
2. 과제에서 요구된 색상이 아닌 다른 색상으로 작업하는 경우
3. 작업 부위를 바꿔서 작업하는 경우

✔ 수험자 지참 재료 체크 리스트

일련번호	지참 공구명	준 비	단위	수량	비 고	점검
1	모델	흰색 라운드 티셔츠, 긴바지, 신분증	개	1	모델기준 참조	
2	위생 가운	표식없는 흰색 (1회용 가운 불가)	개	1	흰색, 시술자용	
3	보안경(투명한 렌즈)	안경으로 대체 가능, 3교시에 착용	개	1	모델, 수험자	
4	마스크(흰색)		개	각1	모델, 수험자	
5	손목 받침대 또는 타월(흰색)	40X80cm 내외	개	1	손목 받침용	
6	타월(흰색)	40X80cm 내외	개	1	작업대 세팅용	
7	소독제	액상 또는 젤	개	1	도구·피부 소독용	
8	소독용기		개	1	도구·피부 소독용	
9	탈지면 용기		개	1	뚜껑이 있는 용기	
10	위생봉지(투명비닐)		개	1	쓰레기 처리용(투명비닐)	
11	페이퍼타월		개	1	흰색	
12	핑거볼		개	1		
13	큐티클 푸셔		개	1	스테인리스스틸	
14	큐티클 니퍼		개	1	스테인리스스틸	
15	클리퍼		개	1	스테인리스스틸	
16	인조손톱용 파일	필요 과제 마다 새것으로 준비	개	1	미사용품	
17	샌딩파일	필요 과제 마다 새것으로 준비	개	1	미사용품	
18	광택용 파일	필요 과제 마다 새것으로 준비	개	1	미사용품	
19	네일 더스트 브러시	소독기에 넣을 것	개	1	네일용	
20	분무기	물 준비	개	1	페디큐어용	
21	토우 세퍼레이터	새것으로 준비	개	1	발가락 끼우개용	
22	아크릴브러시	8호 ~ 10호	개	1	본인필요수량	
23	아트용 세필브러시		개	1	본인필요수량	
24	젤램프기기	UV 또는 LED등	개	1	일반램프 / 핀타입 램프 사용 가능	
25	팁커터		개	1		
26	탈지면(화장솜)	자른 솜과 자르지 않은 솜으로 준비	개	1	소독용 솜	
27	큐티클 오일		개	1		
28	지혈제		개	1	소독용	
29	실크가위		개	1		
30	다펜디시	뚜껑있는 것으로 준비	개	1	아크릴스컬프처용	
31	큐티클 연화제	큐티클 오일 또는 크림 또는 리무버 등	개	1		
32	베이스코트		개	1	네일용	
33	탑코트	순수한 빨간색으로 준비	개	1	네일용	
34	네일 폴리시(빨간색)		개	1	네일용	
35	네일 폴리시(흰색)	순수한 흰색으로 준비	개	1	네일용	
36	폴리시 리무버		개	1	디스펜서 가능	

일련번호	지참 공구명	준 비	단위	수량	비 고	점검
37	네일용 글루		개	1	투명	
38	네일용 젤글루		개	1	투명	
39	글루 드라이어		개	1	글루 엑티베이터	
40	필러파우더		개	1	파우더형	
41	네일팁		개	1	내츄럴 하프웰팁(스퀘어)	
42	실크		개	1	재단하지 않은 상태	
43	아크릴릭 리퀴드		개	1		
44	아크릴릭파우더(투명 또는 핑크)		개	1		
45	아크릴릭파우더(흰색)		개	1		
46	네일폼		개	1	재단하지 않은 상태	
47	젤(투명)	하드젤 또는 소프트젤	개	1	스컬프쳐용	
48	젤 클렌져		개	1	젤네일용	
49	베이스 젤		개	1	젤네일용	
50	탑젤	논와이프 탑젤도 가능	개	1	젤네일용	
51	젤 네일 폴리시(빨간색)	통젤 제외	개	1	젤네일용	
52	젤 네일 폴리시(흰색)	통젤 제외	개	1	젤네일용	
53	젤 브러시		개	1	젤 오버레이용	
54	정리함(바구니)	20X30Cm 이상 정도 (흰색)	개	1	도구·재료 수납용	
55	스펀지		개	필요량	그라데이션용	
56	오렌지우드스틱		개	필요량		
57	멸균거즈		개	필요량	네일관리용	
58	보온병(미온수 포함)		개	1	매니·페디큐어용	
59	쏙 오프 전용 리무버		개	1		
60	호일	8X8Cm 이하 정도	개	필요량	쏙 오프용	
61	자연손톱용 파일		개	1	미 사용품	

- 타월류의 경우에는 비슷한 크기(40X80cm)면 무방하다.
- 네일 전처리제(프리 프라이머, 프라이머 등) 추가 지참은 가능하다.
- 핀타입 젤램프기기는 추가 지참 및 혼용사용(일반형과 핀타입 혼용 사용 가능)이 가능하다.
- 수험자는 위생가운, 운동화, 마스크, 보안경, 머리정리 머리 고정 도구, 신분증, 수험증 등을 점검하여야 한다.
- 기타 실기시험에서 요구한 지정 기구에 영향을 주지 않는 범위 내에서 수험자가 네일미용 작업에 필요하다고 생각되는 도구 등은
  (예: 폴리시 파일류 등) 더 추가 지참 할 수 있으며, 물티슈 등은 위생적으로 검증이 어려워 사용이 불가하므로 멸균 거즈를 그 대용으로 사용한다.
  - 사용 가능한 네일 팁 : 내츄럴 하프웰 팁 (스퀘어) : 웰선이 있는 형
  - 사용 불가능한 네일 팁 : 웰선이 없는 형, 하프 팁이 아닌 풀팁형 등
- 핀칭 집게, 붓 거치대는 지참이 불가하다.
- 폴리쉬, 쏙오프 전용 리무버, 젤클렌져, 소독제를 제외한 주요 화장품을 덜어서 가져가면 안된다.
- 네일 파일류는 폐기대상에서 제외된다.
- 모델의 발을 지탱하기 위한 보조 도구로 필요시에 발판(흰색),타월(흰색), 쿠션(흰색), 박스 등을 흰색 타월이나 종이 등으로
  싸오는 경우 등도 가능 하며 모델의 발을 책상에 올리는 자세로는 작업이 불가하다.
- 인조네일 과제의 프리에지 C-커브는 원형의 20~40%의 비율까지 허용이 됨을 참고.
  (인조 네일 과제의 길이 : 프리에지 중심 기준으로 0.5~1CM 미만)

✔ 미용사(네일) 국가기술자격 실기시험

네일미용

총 4과제로 시험 당일 각 과제가 랜덤으로 선정되는 방식		
1과제 (60분)	매니큐어(20점) 네개의 과제중 하나의 과제 선정	① 풀 코트 매니큐어
		② 프렌치 매니큐어
		③ 딥 프렌치 매니큐어
		④ 그라데이션 매니큐어
	페디큐어(20점) 세개의 과제중 하나의 과제 선정	① 풀 코트 페디큐어
		② 딥 프렌치 페디큐어
		③ 그라데이션 페디큐어
2과제 (35분)	젤 매니큐어(20점) 두개의 과제중 하나의 과제 선정	① 선 마블 젤 매니큐어
		② 부채꼴 마블 젤 매니큐어
3과제 (40분)	인조네일(30점) 네개의 과제중 하나의 과제 선정	① 내추럴 팁 위드 랩
		② 젤 원톤 스컬프쳐
		③ 아크릴 프렌치 스컬프쳐
		④ 네일 랩 익스텐션
4과제 (15분)	인조네일의 제거(10점) 3교시에 작업 완료된 인조네일의 제거	① 내추럴 팁 위드 랩 제거
		② 젤 원톤 스컬프쳐 제거
		③ 아크릴 프렌치 스컬프쳐 제거
		④ 네일 랩 익스텐션 제거

✔ 기본적인 수험자와 모델의 복장 예시

수험자의 모습	모델의 모습
반팔 또는 긴팔 가운으로 흰색 위생복, 운동화, 긴바지(색상 무관)	라운드 티셔츠, 바지(색상무관)

모델의 손 모습

오른손 1~5지의 손톱은 일주일 이상 정리 되어 있지 않은 상태로 스퀘어 또는 스퀘어 오프 형태여야 하고, 펄이 함유되지 않은 빨간색 폴리시가 사전에 도포되어 있어야 한다.

네일
미용

네일그랜마와
예지쌤이
추천해요 ♥

국시 합격자들의 필수코스
유튜브 네일그랜마

제2장

제 1 과제 - 매니큐어

- 수험자 공통 유의사항과 기본점검 목록
- 과제별 재료 세팅과 1과제 재료 설명
- 풀코트 매니큐어 (풀 컬러 레드)
- 프렌치 매니큐어 (프렌치 화이트)
- 딥 프렌치 매니큐어 (딥 프렌치 화이트)
- 그라데이션 매니큐어 (그라데이션 화이트)

PERFECT
NAIL
TECHNICIAN

01  제1과제 - **매니큐어**

시험 기간	60분 (공통)	
대상 부위	오른손 1~5지 손톱, 오른발 1~5지 발톱	
	손톱	발톱
세부 과제	1. 풀 컬러 레드	1. 풀 컬러 레드
	2. 프렌치 화이트	
	3. 딥 프렌치 화이트	2. 딥 프렌치 화이트
	4. 그라데이션 화이트	3. 그라데이션 화이트
프리에지의 형태	라운드	스퀘어
배점	20점	20점

제1과제 매니큐어 시, 수험자 공통 유의사항

1. 모델 오른손 손톱의 준비 상태는 빨강색 폴리시가 도포된 상태여야 한다.
2. 모델 오른손의 손톱은 스퀘어 또는 스퀘어 오프로 준비되어 있어야 한다.
3. 자연 네일의 파일링 시에는 문지르지 아니하며 한 방향으로 파일링 한다.
4. 손톱의 길이는 옐로우 라인의 중심에서 5mm 이내의 길이로 일정하게 작업한다.
5. 큐티클 연화제(큐티클 크림, 큐티클 오일, 큐티클 크림)과 멸균 거즈는 적절하게 사용한다.
6. 컬러 도포 시 네일 폴리시의 브러시를 사용 해야 한다.
8. 탑 코트 후 마무리 시, 오일을 금한다.
9. 큐티클 니퍼, 큐티클 푸셔, 클리퍼, 네일 더스트 브러시, 오렌지 우드스틱(푸셔용)은 알코올 소독 용기에 담가 두어야 한다.

기본점검 목록

기본적인 복장	흰 가운, 마스크, 긴 바지, 운동화
기본적인 세팅	– 알코올 소독용기 　(70% 알코올을 200ml 정도의 무색 투명한 유리컵에 80% 이상 채워 준비 할 것) – 알코올 소독용기에 큐티클 니퍼, 큐티클 푸셔, 클리퍼, 네일 더스트 브러시, 오렌지 우드 스틱을 담글것. – 위생봉투를 수험자 오른편 테이블에 접착시켜 준비 할 것. – 흰색 타올, 손목 받침대 – 매 과제 작업 완료 후, 작업 테이블 정리까지 작업의 완료임을 숙지 할 것.
모델의 준비	– 모델의 손톱은 큐티클 정리가 충분히 가능한 상태로, 빨간색 네일 폴리시가 풀 컬러로 도포된 스퀘어 또는 스퀘어 오프 모양의 상태. – 리페어는 오른손 3,4지 제외 2개까지 허용함. – 손톱의 길이는 옐로우 라인의 중심에서 5mm이내로 준비

1과제 재료 세팅

사용한 우드스틱과 스펀지, 솜, 멸균 거즈등은 위생 봉투에 처리해주세요!

1과제 재료

흰색 타올, 손목 받침대
시술 테이블을 덮어 작업 환경을 정리하며 시술 시 고객의 손목, 팔을 올려놓음으로써 안락함을 제공한다. 시술자에게도 시술의 편리성을 제공한다.– 40×80cm 내외

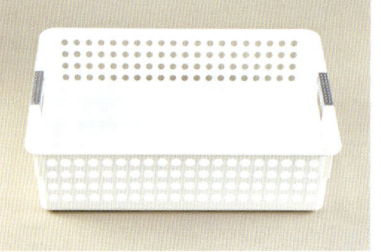

정리함
시술 시 사용되는 도구나 재료를 정리하여 사용하기 쉽도록 배치하여 놓을 수 있는 받침대이다.
- 정리함, 도구 재료수납용(20×30cm이상), 1개

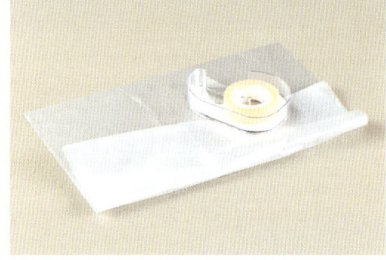

투명 위생 비닐봉투
시술 시 배출되는 모든 소모품과 쓰레기, 폐기물, 오물 등을 처리하는데 용이한 쓰레기 봉투이다.
- 시술자의 오른편 테이블에 부착, 소모품 처리용

소독용기
알코올 소독용기는 70% 알코올을 200ml정도의 무색 투명한 유리컵에 80% 이상 채워 준비한다. 이 때 큐티클 니퍼, 큐티클 푸셔, 클리퍼, 네일 더스트 브러시, 오렌지 우드스틱을 담가 소독을 유지한다.

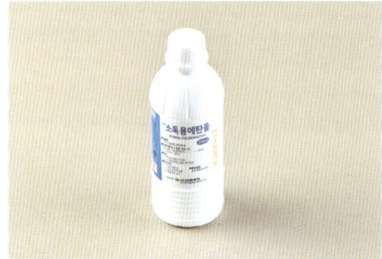

도구 소독제
모든 시술 전 도구를 소독하는데 사용하는 도구 소독제로 소독과 위생에 꼭 필요한 항균제이다.

소독제
모든 시술 전 시술자와 모델 모두를 소독하는데 사용하는 피부 소독제로 소독과 위생에 꼭 필요한 항균제이다.
- 피부소독제

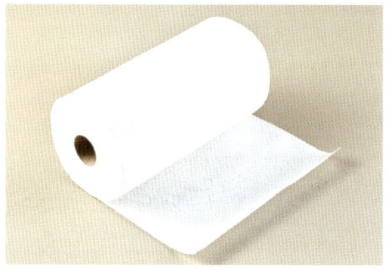

페이퍼 타월
매니큐어, 페디큐어 시술 시 발생되는 여러 가지 잔여물들을 처리하는 일회용 클린 타월이다. 매 시술 시 교체하여야 하며 청결함을 유지하도록 한다.
- 예) 도구를 닦거나 제품의 양을 조절할때 사용.

탈지면과 거즈용기
네일관리 시에 사용되는 솜과 거즈를 넣어두는 용기로 뚜껑이 있는 것으로 준비하여 먼지가 달라 붙지 않도록 유의한다.
- 소독용, 폴리시 제거, 인조네일 등에 사용

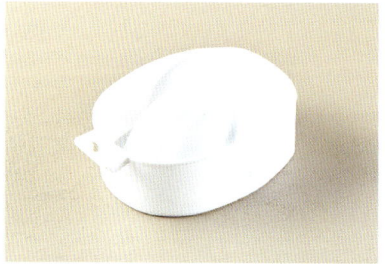

핑거볼
미온수로 채우고 손톱을 충분하게 담가 손톱 주변의 각질들을 부드럽게 연화시킬 때 사용한다.
- 깨지지 않는 소독 가능 재질로 준비

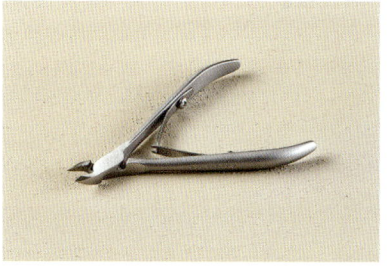

큐티클 니퍼
손톱과 발톱 주변의 큐티클과 거스러미 제거 시 사용하며 반드시 소독이 필요하다.
- 소독 필요, 스테인레스스틸

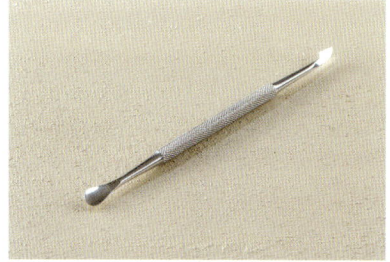

큐티클 푸셔
손톱과 발톱 주변의 각질인 큐티클을 밀어 올리는 역할을 하며 소독이 반드시 필요하다.
- 소독 필요, 스테인레스스틸

클리퍼
손톱과 발톱을 자를때 사용하는 일자형 클리퍼이다.
- 소독 필요, 스테인레스스틸

자연네일용 파일
자연네일용 파일은 일반적으로 180grit이상의 것을 사용하며 우드 파일 또는 소독이 가능한 워셔블 파일도 있다. 자연 손톱의 길이를 조절할 때 사용한다. 미사용품준비

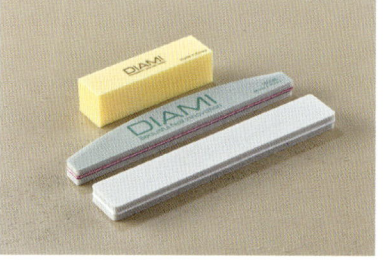

샌딩 파일
샌딩 파일류는 스펀지위에 샌드를 곱게 입힌 것으로 일반적인 네일 파일의 형태와 블럭 형태의 샌딩 블럭 버퍼가 있다. 손톱 표면과 프리에지 주변을 정리 할 때 사용한다. 미사용품준비

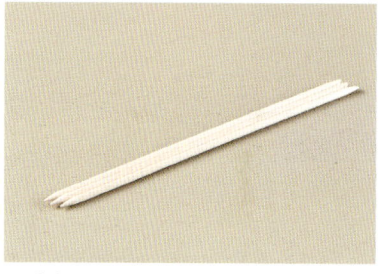

오렌지 우드스틱
손톱 주변의 큐티클을 밀어 올리거나 네일 주변의 여분의 폴리시를 제거 할 때 또는 폴리시 제거 시 솜을 감아 구석진 곳의 폴리시의 여분을 섬세하게 닦아내는 용도로 사용한다. - 소독 필요

큐티클 오일
큐티클과 손톱 주변의 피부 조직을 부드럽게 만들어 주는 연화작용을 하며 영양을 공급한다.

큐티클 리무버
큐티클을 정리하기 전 부드럽게 연화시켜주는 역할을 한다. - 큐티클 연화제

흰색 네일 폴리시
네일 폴리시는 유색의 컬러로 네일컬러, 네일에나멜, 네일락카 라고도 하며 손톱위에 발라 색을 입힐 때 사용한다. 제 1과제에서 흰색 네일 폴리시는 딥 프렌치, 프렌치, 그라데이션을 작업할 때 사용 되어진다.
- 순수 흰색이 아닌 투명한 흰색, 아이보리색, 베이지색, 펄이 들어있는 흰색등은 사용 할 수 없다.

네일미용 실기 — Perfect Nail Technology

빨간색 네일 폴리시
네일 폴리시는 유색의 컬러로 네일컬러, 네일에나멜, 네일락카 라고도 하며 손톱위에 발라 색을 입힐 때 사용한다. 제 1과제에서 빨간색 네일 폴리시는 풀코트를 작업할 때 사용 되어진다. - 순수 빨간색이 아닌 투명한 빨간색, 다홍색, 펄이 들어있는 빨간색등은 사용할 수 없다.

베이스 코트
네일 폴리시를 바르기 전 자연손톱에 도포하는 것으로 네일 폴리시가 자연 네일에 스며들어 변색이 되는 것을 방지 해주고 네일 폴리시를 부드럽게 밀착시키는 역할을 한다.

탑코트
네일 폴리시를 바른 후에 그 위에 바르는 것으로 네일 폴리시에 광택과 강도를 더하여 주고 네일 폴리시를 보호하여 오랫동안 접착을 지속시켜 주는 역할을 한다.

네일 폴리시 리무버
네일 표면에 도포된 네일 폴리시를 제거하기 위해 사용되는 용제이다.

큐티클 지혈제
매니큐어 시술 시 부주의로 발생 될 수도 있는 출혈을 멈추게 하는 상처 처치용으로 사용.
- 수렴제

더스트 브러시
네일 관리 시 발생되는 먼지, 분진 등을 제거할 때 사용하는 것으로 알코올 소독이 가능한 나일론 모를 선택한다.
- 네일용, 소독필요

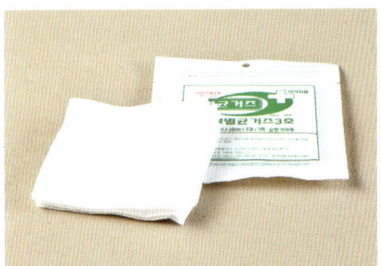

멸균 거즈
습식케어 시술 시 사용 되어지며 손톱 주변의 큐티클이나 거스러미 등을 정리하기 쉽도록 해준다. 거즈의 직조가 큐티클을 무리없이 제거해 주는 역할을 담당하여 과도한 니퍼의 사용을 막아 건강한 네일 관리를 돕는다.

보온병(미온수 포함)
습식케어 시 또는 인조네일 관리 시 사용되는 미온수를 보관 운반하는 보온병

분무기
네일케어 시에 깨끗한 물을 담아 멸균 거즈에 뿌려주어 거즈를 적셔 사용할 수 있으며 페디큐어 시 습식 페디큐어를 수행 할 목적으로 사용한다.

스펀지
그라데이션 작업 시 효과를 증진 시키기 위해 사용되는 소모품 도구로서 입자가 고운 라텍스 재질의 스펀지부터 일반 스펀지에 이르기 까지 다양하게 사용된다.

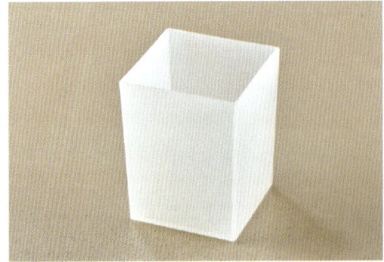

파일꽂이
네일파일을 꽂아 정리하는 통으로 소독이 가능한 재질을 사용한다

호일
다용도로 사용되는 1회용 팔레트로 알루미늄 호일을 사용할 수도 있다. (8cm*8cm)

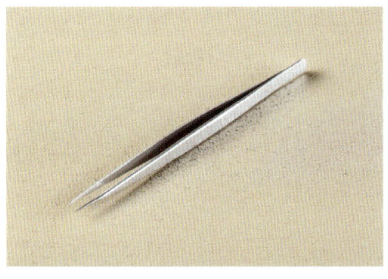

핀셋
그라데이션 작업 시 스펀지를 잡아서 사용 할 수 있다.
다용도로 사용되는 보조 도구이다. - 기타 지참 재료

토우 세퍼레이터
발가락 사이에 끼워주어 네일 폴리시 도포가 용이하도록
돕는 역할을 한다.

1. 풀 코트 매니큐어

네일 폴리시를 네일바디 전반에 걸쳐 프리에지 끝단 부분부터 사이드월 부분, 에포니키움라인 부분까지 꽉 채워 세심하게 도포하는 컬러링 방법을 포함하는 관리

● **풀 코트 매니큐어 과제를 수행하기 위한 요구사항**

① 수험자의 손과 모델의 손·손톱 소독을 실시한다.
② 모델의 오른손에 도포되어 있는 네일 폴리시를 깨끗하게 제거한다.
③ 오른손 5개의 손톱(1지~5지)에 습식 매니큐어를 실시한다.
④ 모델의 오른손의 1지~5지의 손톱을 라운드로 조형한다.
　　라운드 : 스트레스 포인트에서 부터 프리에지까지 직선이 존재하고, 끝 부분은 원의 일부를 옮겨다 놓은 듯한
　　　　　　라운드 형태를 이루어야 하며, 프리에지 어디에도 각이 남아 있지 않은 상태.
⑤ 손톱주변 큐티클을 오렌지 우드스틱 또는 큐티클 푸셔를 사용하여 안전하게 밀어준다.
⑥ 큐티클 니퍼를 사용하여 손톱 주변의 불필요한 손거스러미를 정리한다.
⑦ 펄이 첨가되지 않은 순수 빨강색 네일 폴리시를 사용하여 오른손 1지~5지의 손톱 모두를 풀 코트 한다.
⑧ 풀 코트 도포 시에는 네일 폴리시를 프리에지 선단까지 완전하게 꽉 채워 도포한다.
⑨ 베이스 코트 1회, 빨강색 네일 폴리시 2회, 탑 코트 1회를 도포한다.

네일미용 실기 Perfect Nail Technology

(1) 수험자와 모델의 손소독하기

작업 대상 부위 : 오른손이며 오른손 손톱의 준비 상태는 빨강색 폴리시가 도포되어 있으며 프리에지의 형태는 스퀘어 또는 스퀘어 오프 상태여야 함.

▶ 소독제를 뿌린 소독솜을 사용하여 소독을 실시한다.

▶ 수험자, 모델 순서로 소독을 실시한다.

▶ 손바닥과 손등 그리고 손가락 사이사이 깨끗하게 실시한다.

소독솜에 피부 소독제를 뿌려서 적신다. 손등과 손바닥 손가락 사이사이를 꼼꼼하게 소독한다.

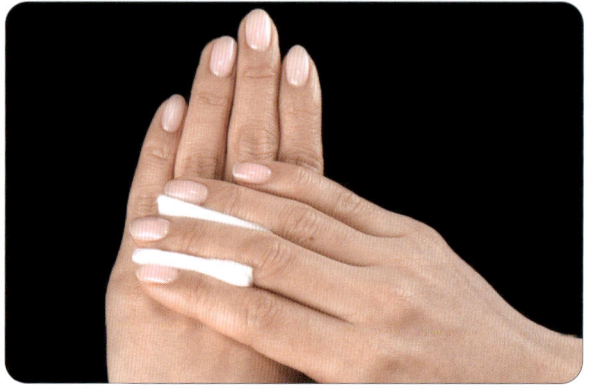
소독 시에는 반드시 수험자의 손소독을 먼저 행한다.
사용한 솜은 일회용 위생 봉투에 처리한다.

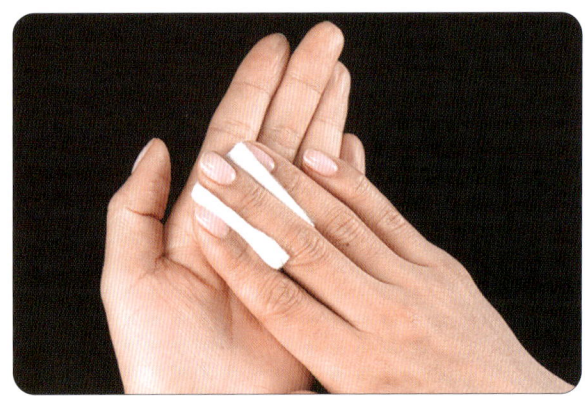
소독 시에는 반드시 수험자의 손소독을 먼저 행한다.

수험자의 소독이 끝난 후 모델의 소독을 실시한다. 손등, 손바닥 순으로 행한다.
사용한 솜은 일회용 위생 봉투에 처리한다.

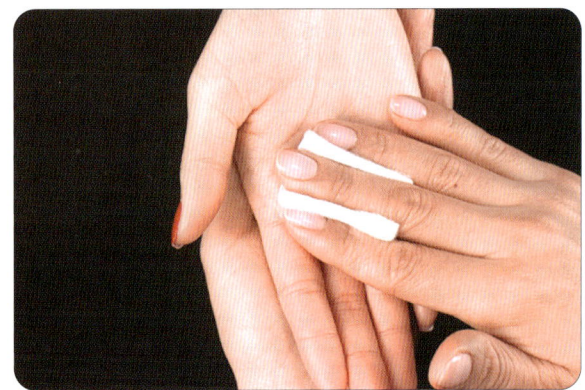
수험자의 소독이 끝난 후 모델의 소독을 실시한다. 손등, 손바닥이 순으로 행한다.
사용한 솜은 일회용 위생 봉투에 처리한다.

Check!!
빨강색 폴리시 도포와 프리에지 모양 체크

(2) 오래된 폴리시 지우기

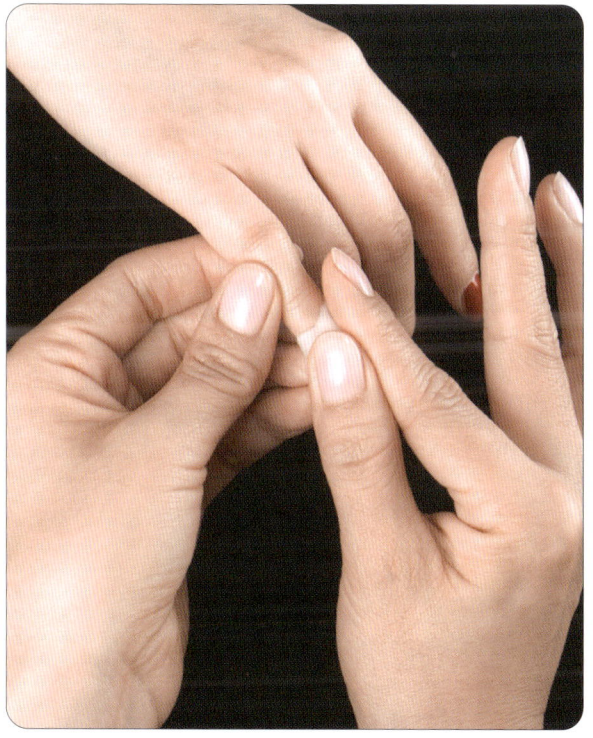

오래된 폴리시 제거 시에는 폴리시 리무버를 사용한다. 솜에 폴리시 리무버를 충분하게 적시어 손톱에 올려주고 잠시 눌러주어 용해됨을 기다렸다가 부드럽게 움직임이 있을때 제거하면 잔여물 없이 쉽게 제거 된다.

솜에 폴리시 리무버를 충분하게 적시어 손톱에 올려주고 잠시 눌러주어 용해됨을 기다렸다가 부드럽게 움직임이 있을때 제거하면 잔여물 없이 쉽게 제거 된다.
(한 손톱씩 순차적으로 제거한다.)

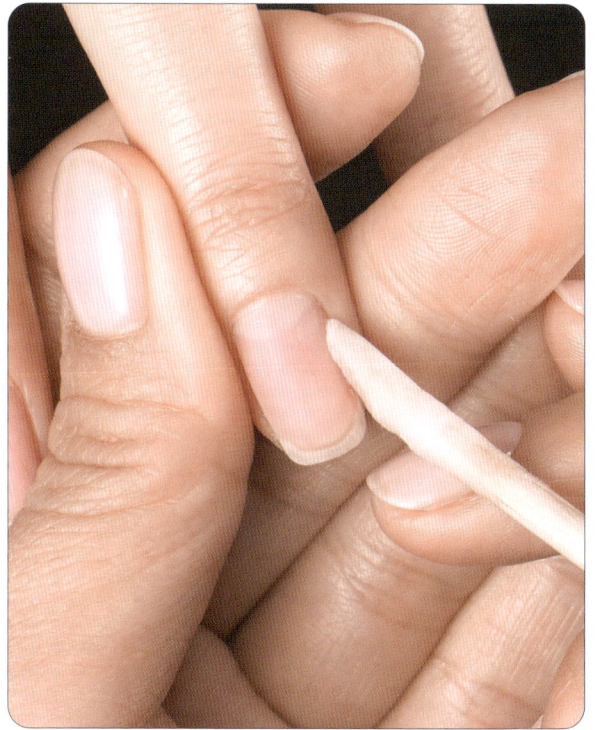

오렌지 우드스틱에 솜을 말아 폴리시 리무버에 적시어 여분의 잔여물을 지긋이 눌러주며 꼼꼼히 지워준다. 이 때 문지르지 않도록 주의한다.

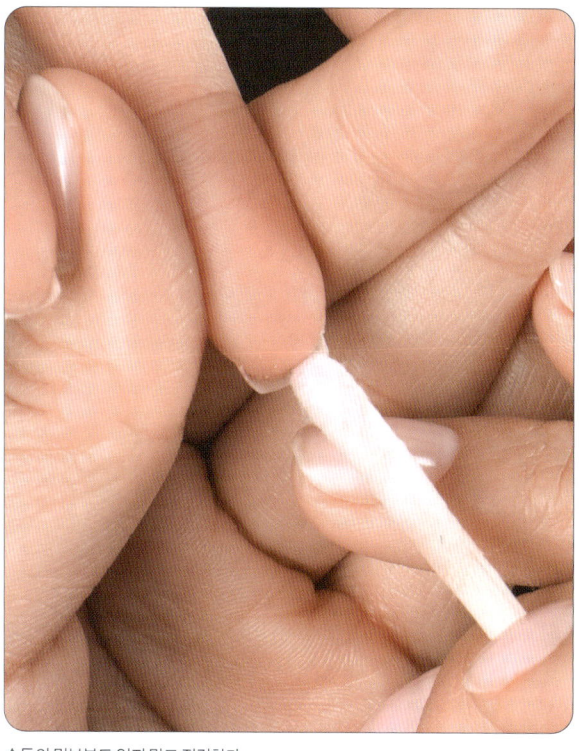

손톱의 밑부분도 잊지 말고 점검한다.

(3) 오렌지 우드스틱 활용 방법

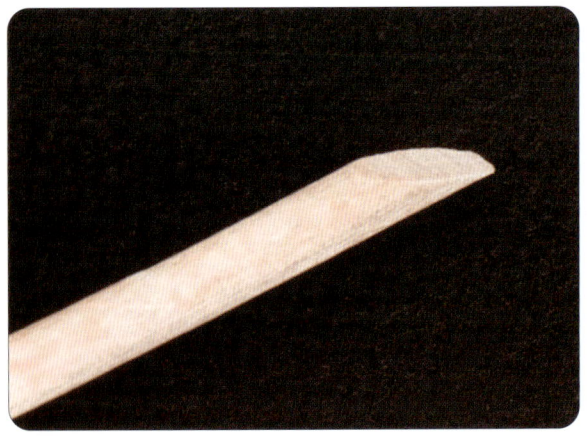

오렌지 우드스틱은 활용도가 높은 네일 소모품 도구이다. 오렌지 우드스틱을 날렵하게 갈아서 사용해 본다.

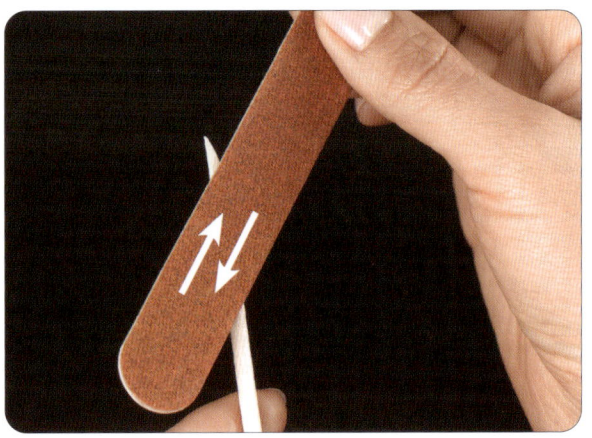

그림과 같이 네일 파일을 움직여 파일링 한다.

그림과 같이 오렌지 우드스틱을 상하로 움직여 파일링 한다.

완성된 오렌지 우드스틱

Check!!

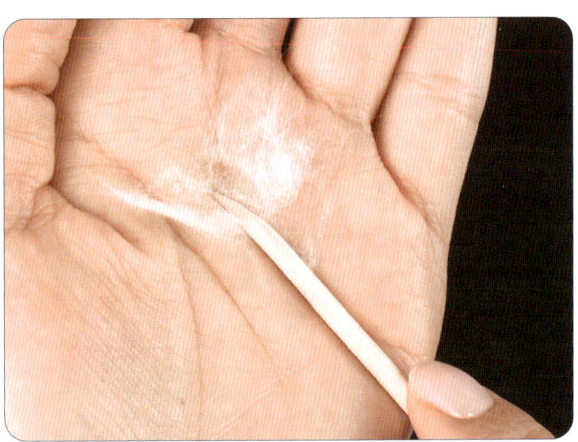

날이 선 오렌지 우드스틱에 솜을 얇게 만다.

날렵한 면봉이 되어 폴리시 잔여물을 제거 할때 유용하다.

Check!!

(4) 올바른 자연네일용 파일 잡는 법

네일 파일은 3등분 했을때 끝 부분 1/3이 시술자가 잡는 부분이며 가볍게 잡는것이 원칙이다.

네일 파일은 3등분 했을때 끝 부분 1/3이 시술자가 잡는 부분이며 가볍게 잡는것이 원칙이다.

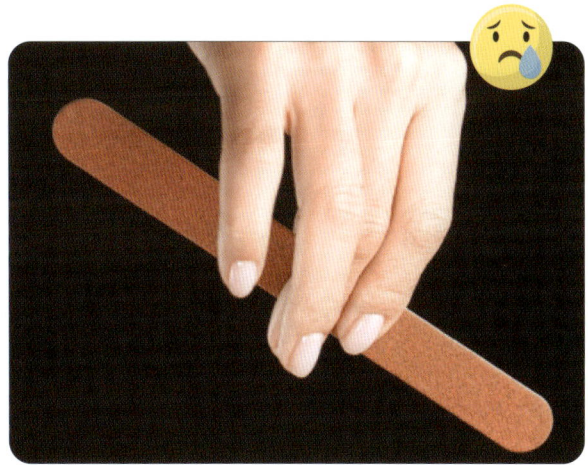

(5) 프리에지 라운드로 조형하기

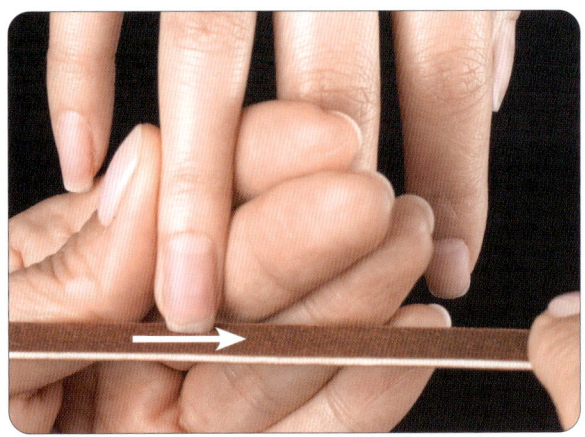

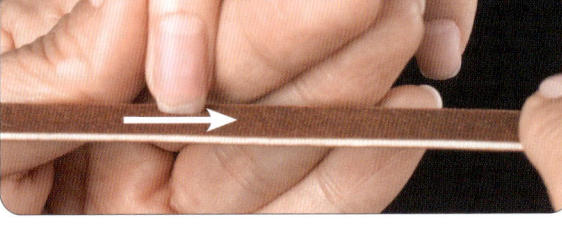

한방향으로 파일링 한다.

프리에지 선단을 정리하듯 가볍게 파일링한다.

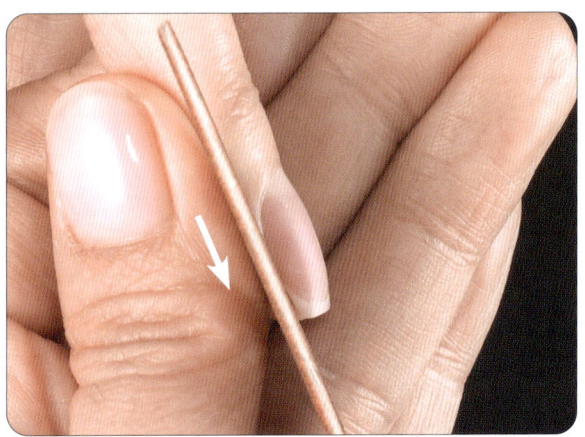

스트레스 포인트에서부터 프리에지까지 일자로 네일의 좌·우 사이드 월 부분을 파일링 한다.

모서리에서부터 프리에지 중심까지 부드럽게 연결시켜주는 파일링을 실시한다.

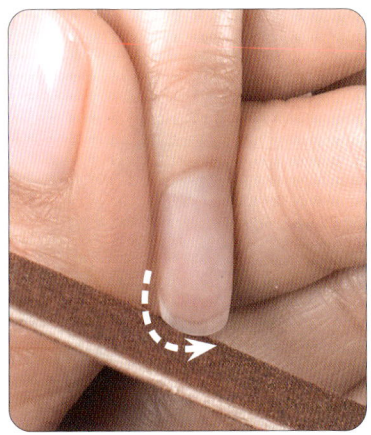

한쪽 방향을 부드럽게 완만한 라운드 모양으로 연결 시킨 후

다른 쪽의 모서리 부분에서 프리에지 중심 부위까지 완만한 라운드 모양으로 만든다.

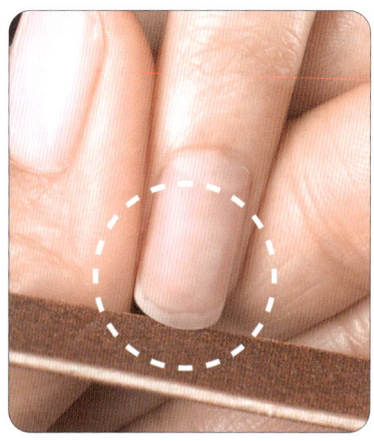

양쪽 스트레스 포인트 부분에서 직선이 존재하고 모서리가 없는 완만한 라운드 모양이 완성된 모습이다.

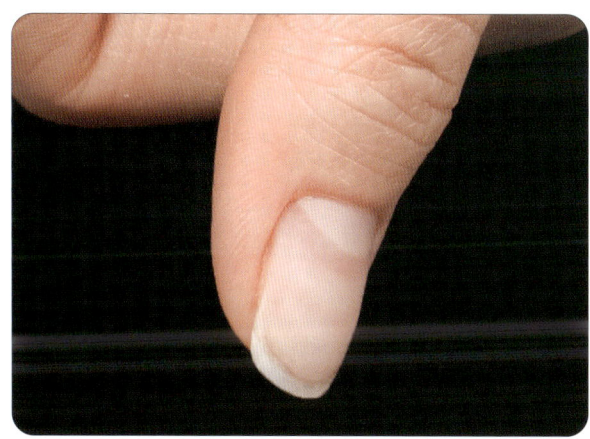

프리에지 라운드 형태 옆라인 예시

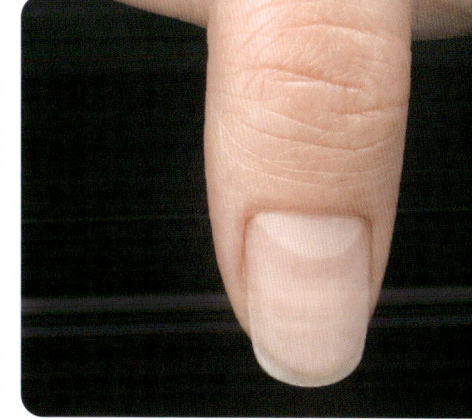

프리에지 라운드 형태 정면 예시

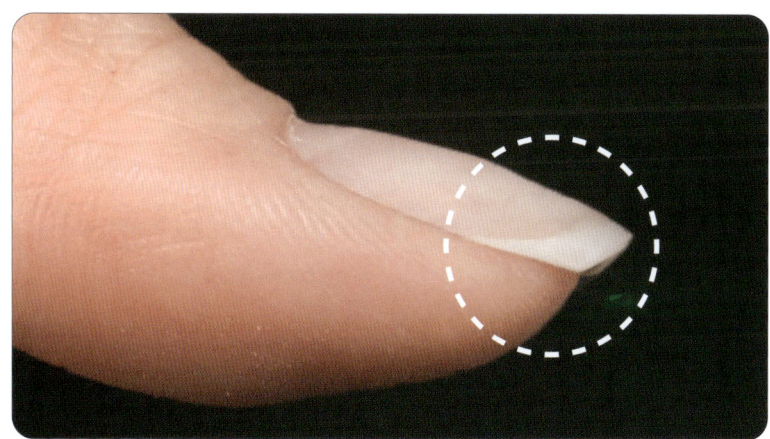

모서리를 파일링 하지 못한 프리에지 라운드 형태 옆라인 예시

Check!!
모서리가 잘 제거되어 있는지 확인하자!

● 네일 프리에지 라운드와 오발 비교

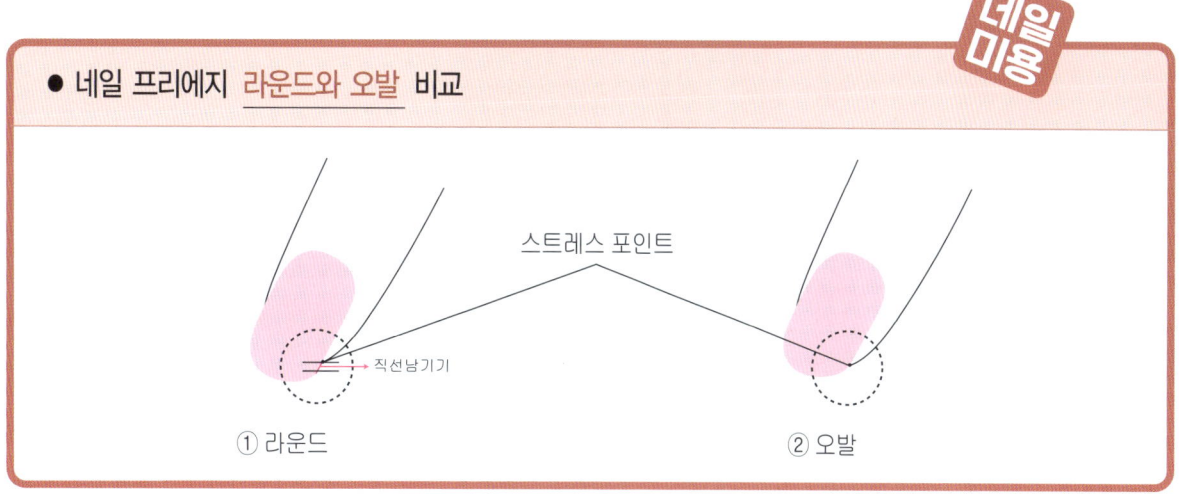

스트레스 포인트
직선남기기
① 라운드
② 오발

(6) 손톱 표면 정리하기와 분진 털어내기

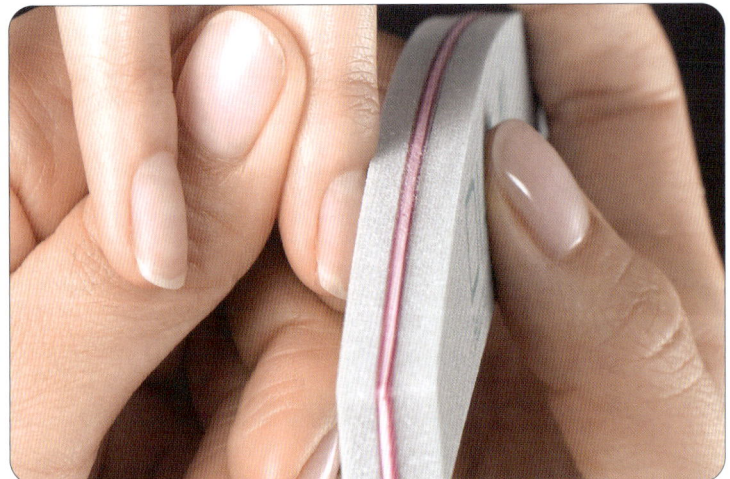

손톱 표면을 매끄럽게 정리한다.

네일 더스트 브러시를 사용하여 손톱 표면의 분진들을 털어낸다.

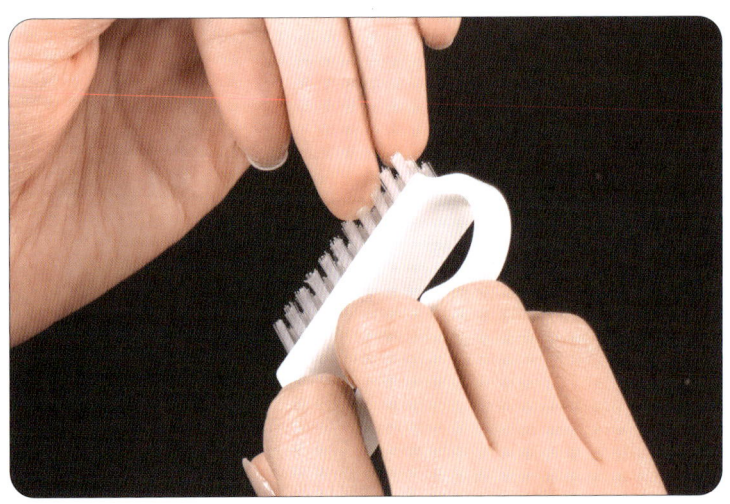

네일 더스트 브러시를 사용하여 손톱 밑의 분진들을 털어낸다.

(7) 큐티클 퓨셔와 오렌지 우드스틱 안전하게 사용하기

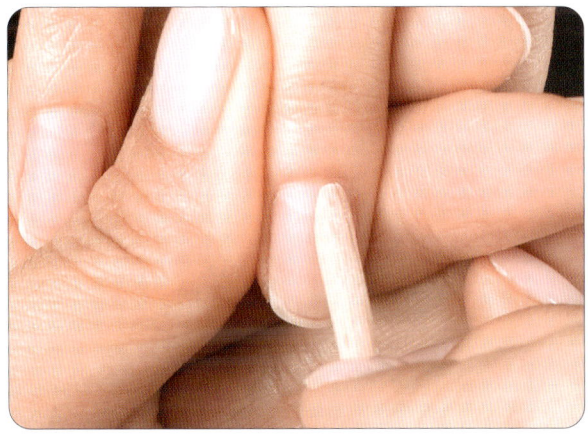

소독용기안에 있는 오렌지 우드스틱은 큐티클 퓨셔 대용으로 사용 가능하다.

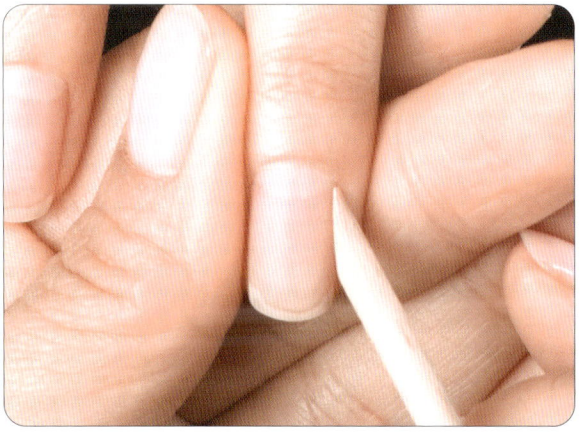

소독용기안에 있는 오렌지 우드스틱은 큐티클 퓨셔 대용으로 사용 가능하다.

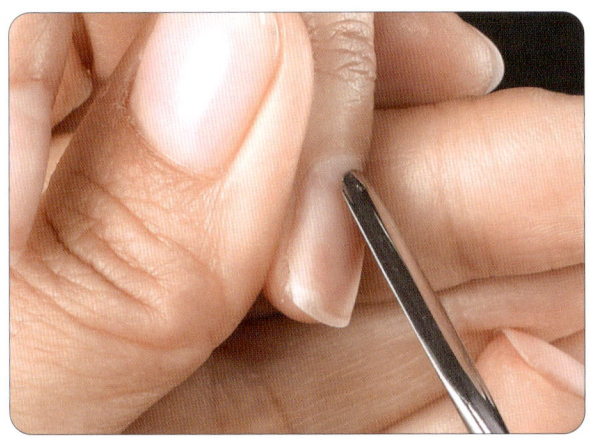

큐티클 퓨셔를 사용하여 손톱에 붙어있는 큐티클을 안전하게 밀어준다.

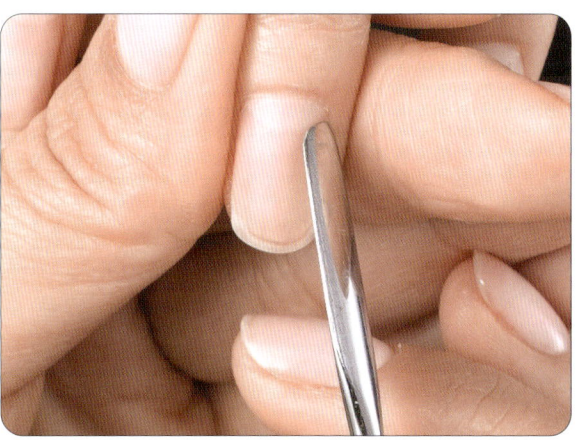

에포니키움 밑에 붙어 있는 모서리 부분의 큐티클도 세심히 밀어준다.

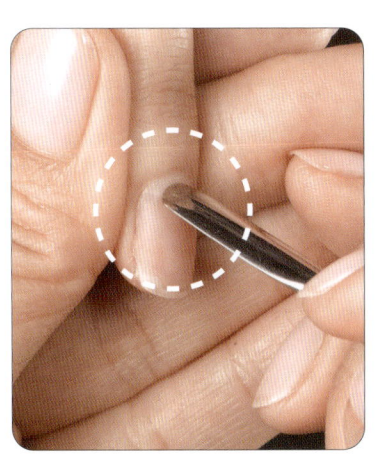

큐티클 퓨셔을 너무 세우지 않도록 유의한다.

큐티클 퓨셔을 너무 누이지 않도록 유의한다.

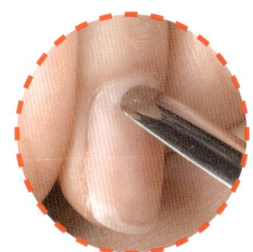

Check!! 큐티클 퓨셔의 각을 너무 세우거나 누이지 않도록 유의한다.

(8) 큐티클 연화시키기

큐티클을 밀어준 후 큐티클 리무버를 바른다.

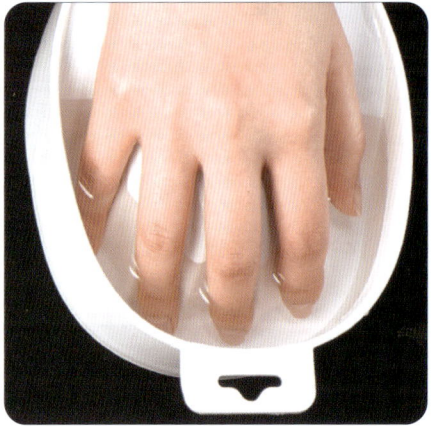
보온병에 담아온 미온수를 핑거볼에 부어주고 손가락을 담가 큐티클을 연화시킨다.

Check!! 미온수가 담겨진 보온병을 지참 할 것

멸균 거즈를 사용하여 물기를 제거 한다.

필요 시, 다시 큐티클 푸셔로 안전하게 큐티클을 밀어준다.

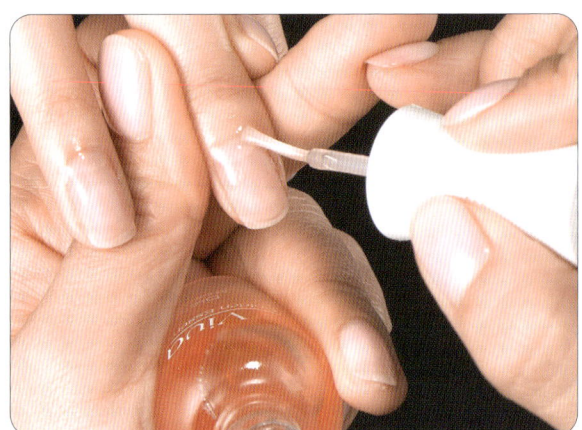
오일을 발라 유연해진 큐티클을 유지 시킨다.

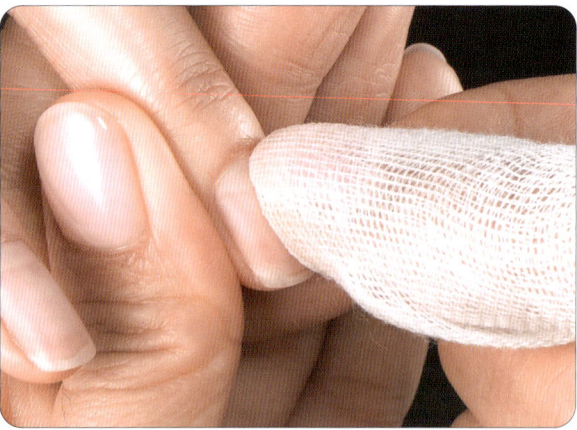
부드러워진 큐티클을 멸균 거즈로 가볍게 제거한다.

(9) 큐티클 정리하기 – 안전한 니퍼 사용하기와 멸균 거즈 활용

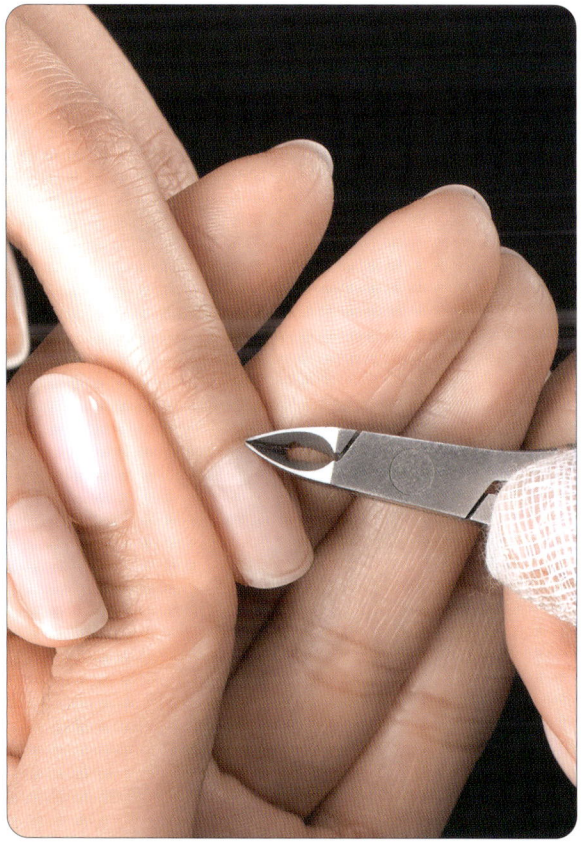

엄지 손가락에 멸균 거즈를 감는다. 큐티클 니퍼를 손바닥 안에 잡고 왼손을 지지대로 삼아 안전하게 작업한다.

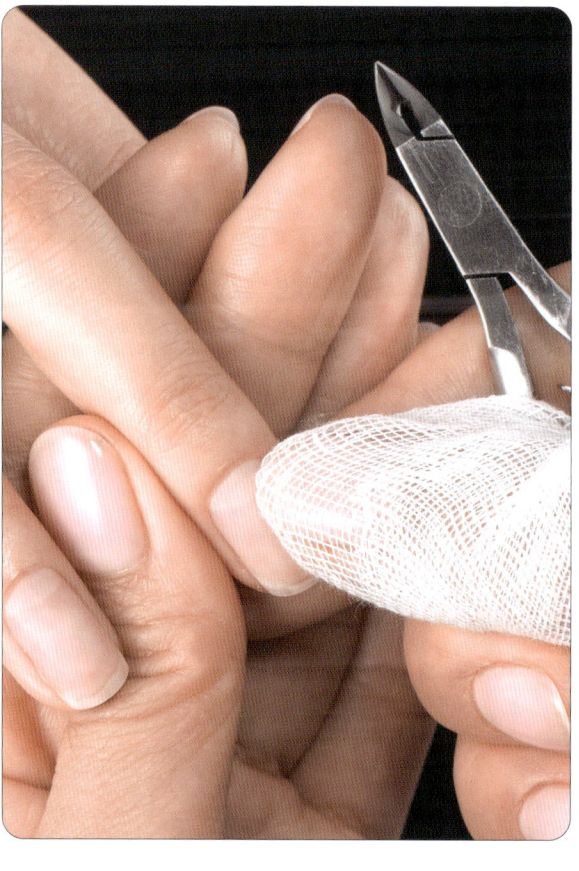

큐티클 니퍼로 작업한 후 멸균 거즈로 제거된 큐티클을 밀어준다. 멸균 거즈의 부드러운 직조가 큐티클 제거에 많은 도움이 된다.

Check!! 출혈이 생기지 않도록 주의한다!

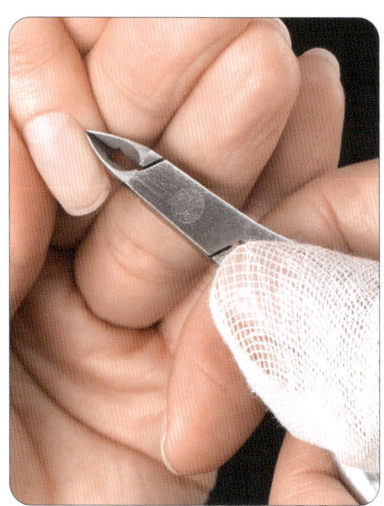

사이드 월부분의 네일 폴드 사이에 있는 큐티클을 제거한다.

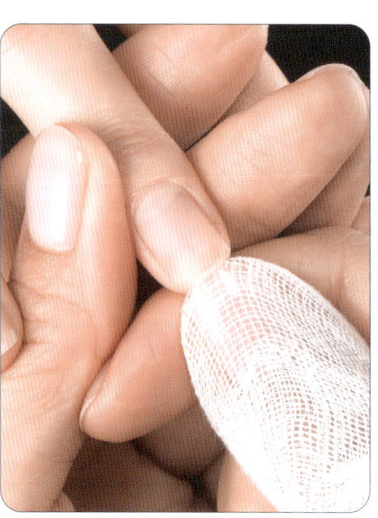

손톱 밑의 이물질들도 멸균 거즈를 사용하여 제거하면 편리하고 위생적으로 제거 된다.

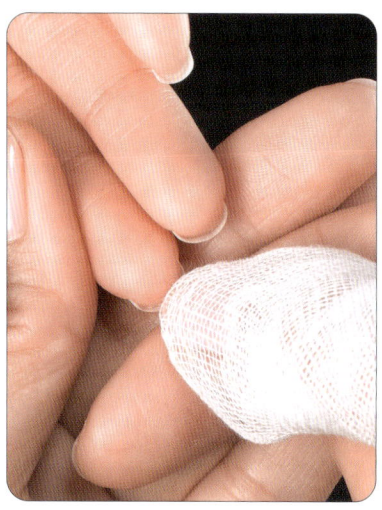

손톱 밑의 이물질들도 멸균 거즈를 사용하여 제거하면 편리하고 위생적으로 제거 된다.

네일미용 실기 — Perfect Nail Technology

● 잘못된 큐티클 니퍼 잡은 모습

지지대가 없는 위험한 모습

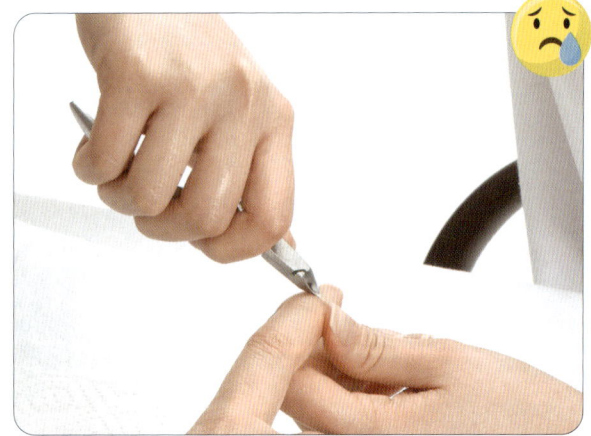
지지대가 없고 팔꿈치를 들어 니퍼의 각도가 생겨 위험한 모습

● 올바른 큐티클 니퍼 잡은 모습

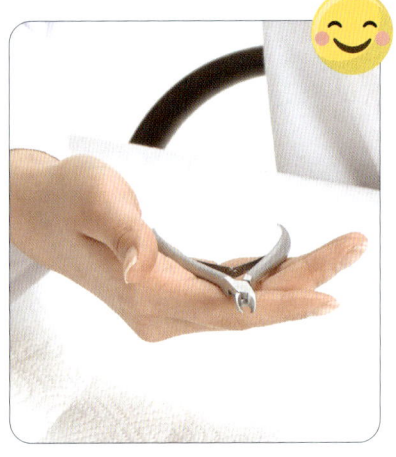
큐티클 니퍼의 날을 밑으로 향하게 한 후, 손바닥 안에 놓는다.

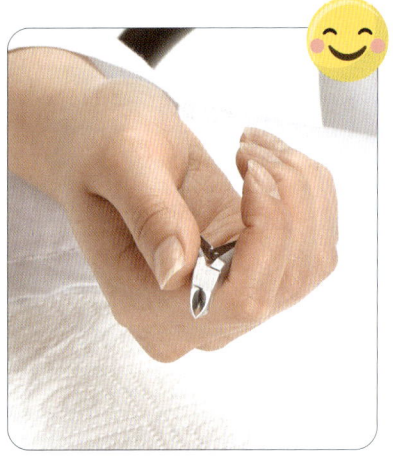
그림과 같이 안전하게 날을 오무린다

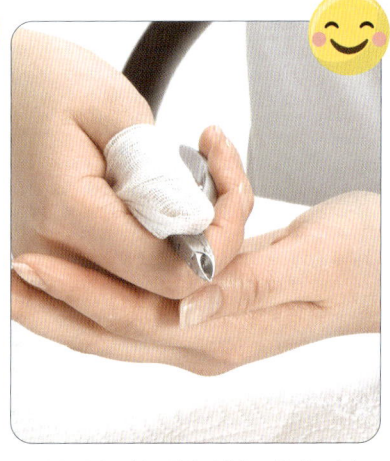
오른손을 받치는 왼손은 항상 지지대로 사용하는 것이 이상적이며 큐티클 니퍼의 사용 시, 멸균 거즈와 함께 사용하면 편리하다.

● 멸균거즈의 다양한 활용 방법

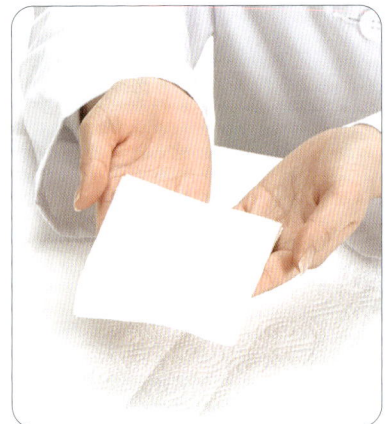
멸균 거즈를 준비한다.

멸균 거즈를 펼쳐 사용할 수 있다.

물 분무기를 사용하여 멸균 거즈에 물을 뿌려 사용할 수 있다.

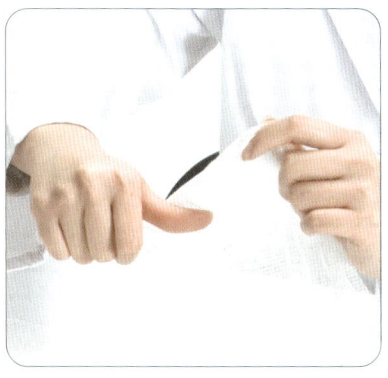
멸균 거즈를 엄지 손가락에 감는다.

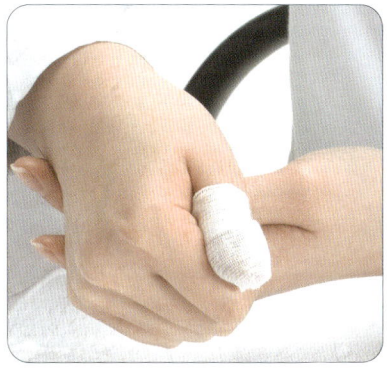
엄지 손가락에 감은 모습.

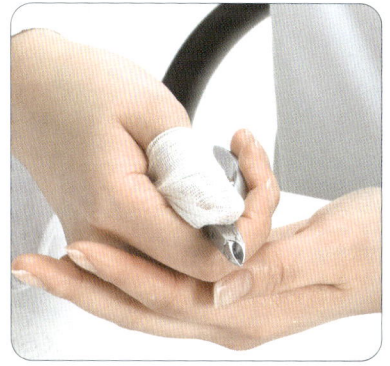
큐티클 니퍼와 함께 사용하는 모습. 사용한 멸균 거즈는 위생 봉투에 버린다.

● 매니큐어 작업 시 바른 자세

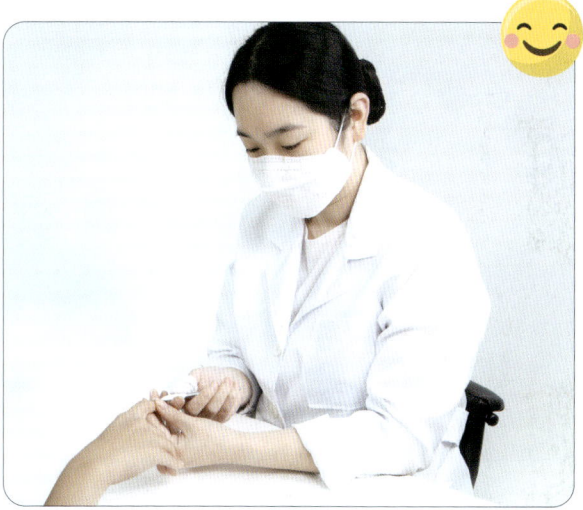

● 매니큐어 작업 시 잘못된 자세

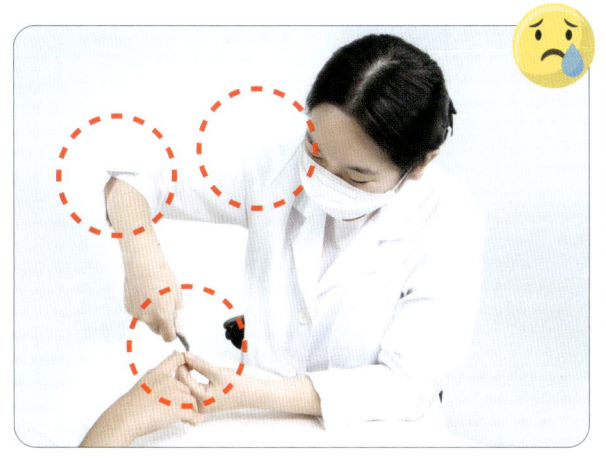
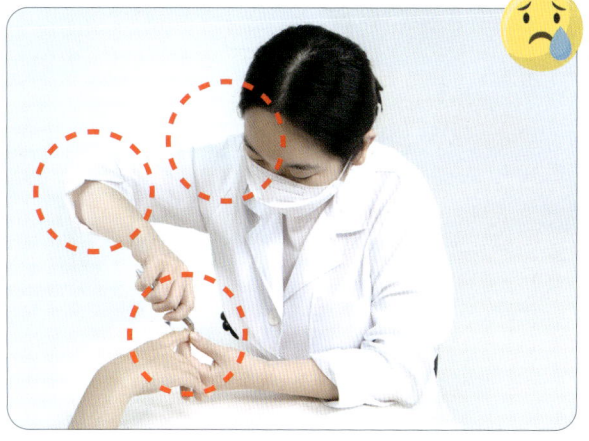

Check!! 어깨와 팔꿈치를 들지 않고 도구의 날을 세우지 않도록 유의한다.

(10) 유분기 정리하기

폴리시 리무버를 사용하여 손톱 표면과 밑의 유분기를 제거한다. (멸균 거즈를 이용 할 수 있다.)

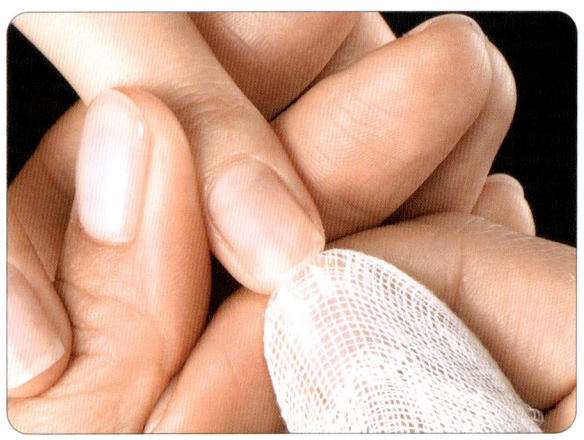

폴리시 리무버를 사용하여 손톱 표면과 밑의 유분기를 제거한다. (멸균 거즈를 이용 할 수 있다.)

오렌지 우드스틱을 사용한 면봉으로 유분기를 제거 할 수도 있다.

(11) 베이스 코트 1회 도포

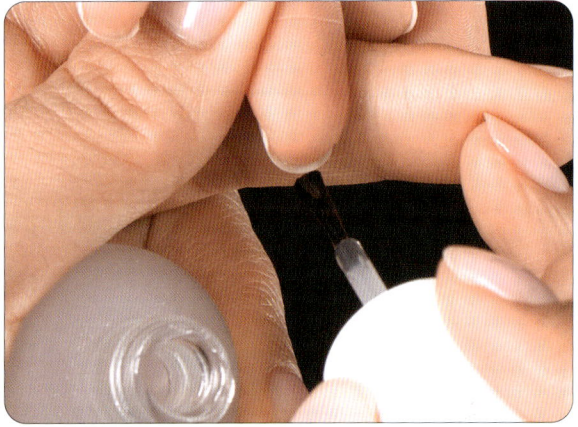

베이스 코트를 1회 도포 시, 손톱의 프리에지 부분부터 발라준다.

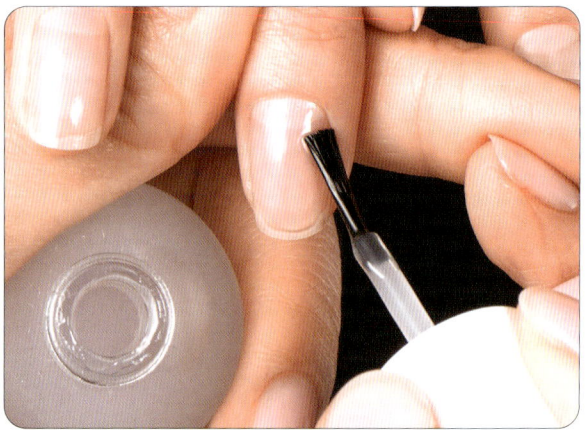

손톱 표면 전체적으로 1회 도포한다.

(12) 네일 폴리시 도포하기

프리에지를 꼼꼼하게 발라준다.

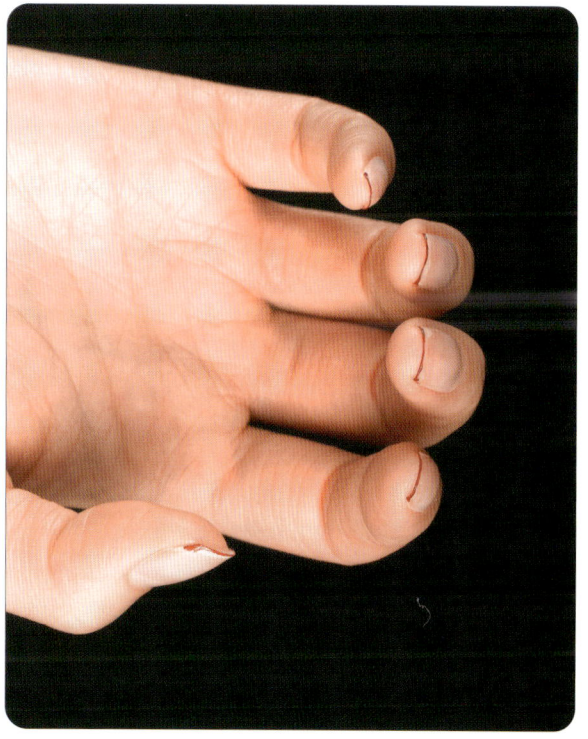
프리에지 도포한 모습

에포니키움 부분에 가깝도록 네일 폴리시를 발라준다. 본 교재에서는 손톱의 중심부터 네일 폴리시를 도포한다.

손톱의 사이드를 바를 시에 사이드 월에 가깝도록 꽉 채워 발라주어야 한다.

반대쪽 사이드를 바를 시에도 사이드 월에 가깝도록 꽉 채워 발라주어야 한다.

두 번째 네일 폴리시를 도포 할 때에는 폴리시의 양을 충분히 사용하며 브러시를 가볍게 미끄러지듯이 쓸어내리는 정도로 발라준다. 적당한 두께는 광택을 부여한다.

● 풀 코트 도포하는 방법

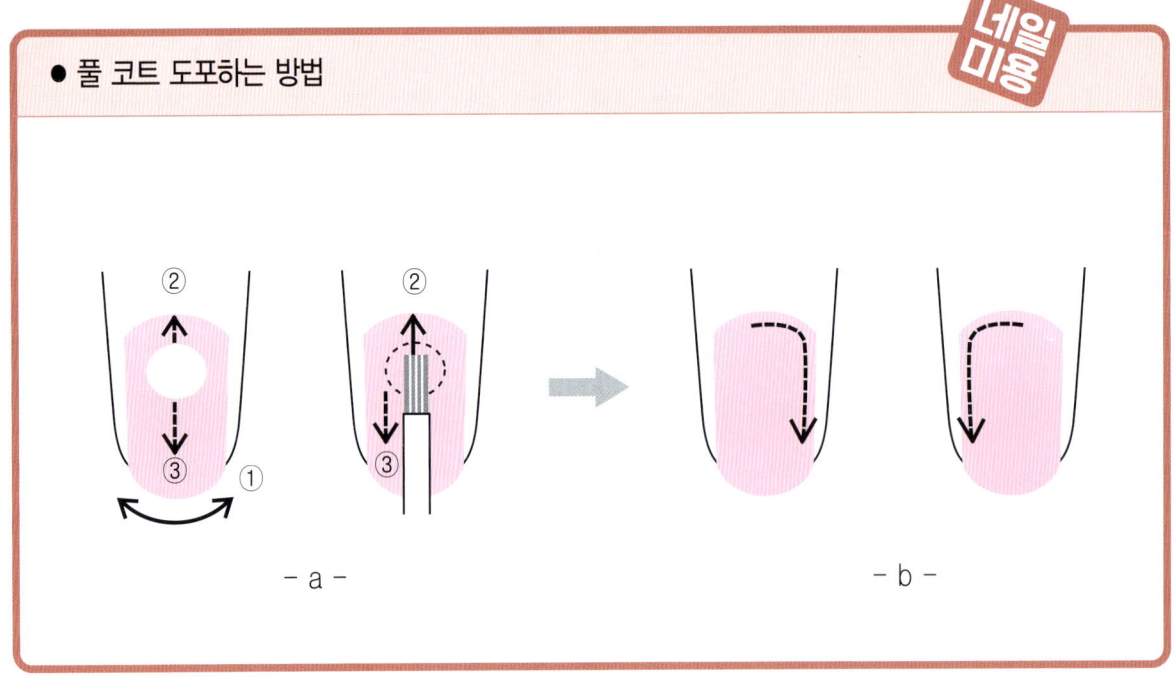

- a -   - b -

(13) 여분의 네일 폴리시 정리하기

오렌지 우드스틱을 사용하여 빗나간 여분의 폴리시를 닦아준다.

오렌지 우드스틱을 사용하여 빗나간 여분의 폴리시를 닦아준다.

(14) 탑 코트 1회 도포하기

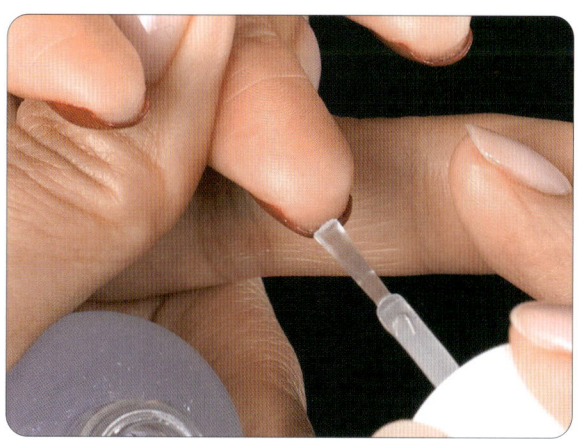

탑 코트 도포 시에도 프리에지 선단을 도포한다.

프리에지 선단을 탑 코트로 도포한 후, 미리 도포된 네일 폴리시를 다 덮을 수 있도록 네일 전반에 걸쳐 꽉 채워 탑 코트를 발라준다.

(15) 여분의 탑 코트 정리하기

피부에 넘친 탑 코트는 오렌지 우드스틱으로 제거한다.

피부에 넘친 탑 코트는 오렌지 우드스틱으로 제거한다.

(16) 완성

정면

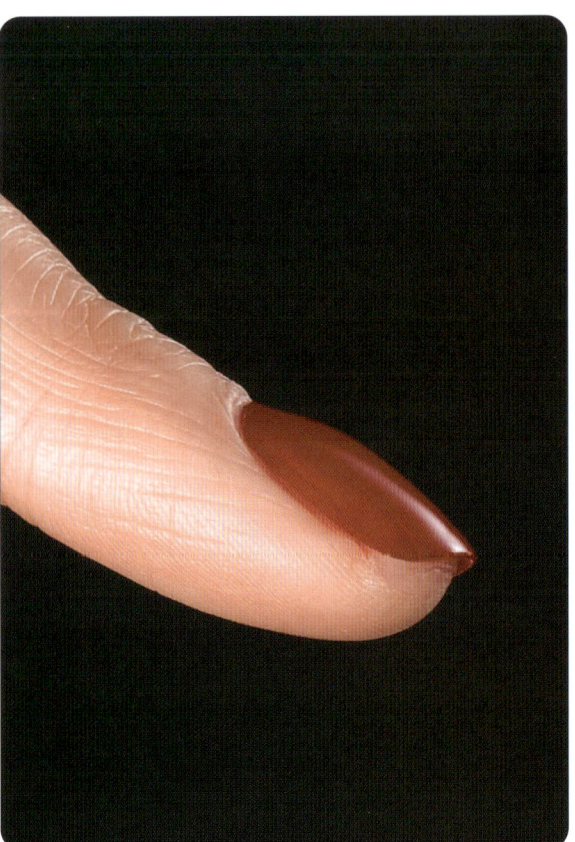

측면

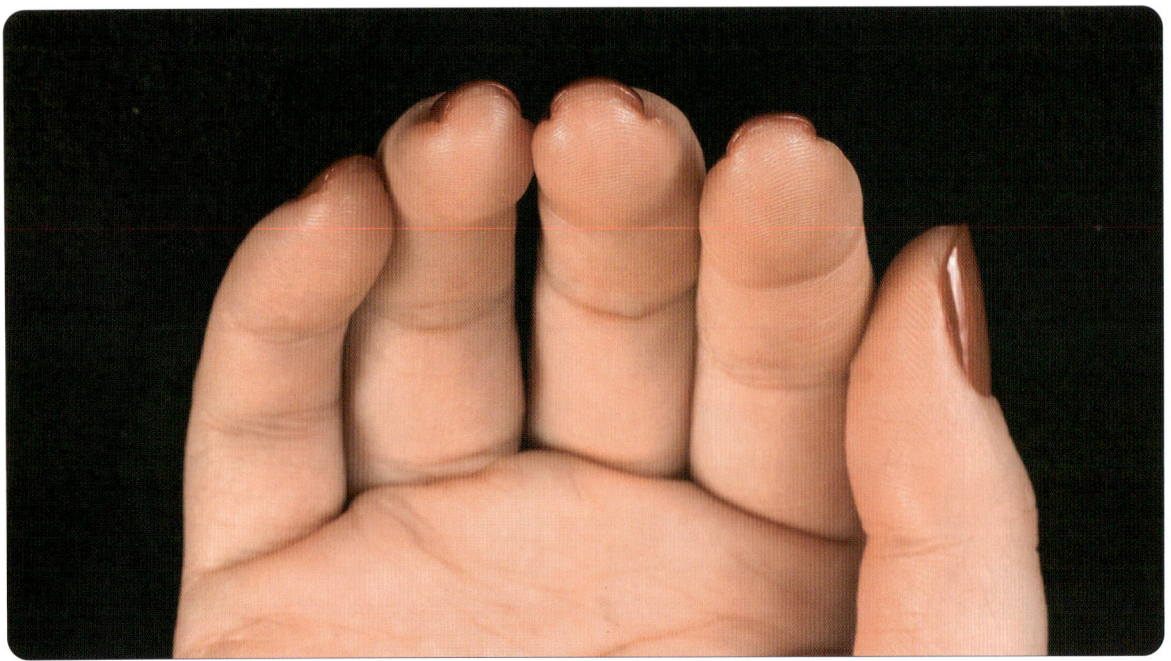

프리에지 선단

2. 프렌치 매니큐어

자라난 프리에지 너비와 옐로우 라인의 둥근선에 맞추어 스마일 라인을 만들어 주는 네일 폴리시 도포 방법

● **프렌치 매니큐어 과제를 수행하기 위한 요구사항**

① 수험자의 손과 모델의 손, 손톱 소독을 실시한다.
② 모델의 오른손에 도포되어 있는 네일 폴리시를 깨끗하게 제거한다.
③ 오른손 5개의 손톱(1지~5지)에 습식 매니큐어를 실시한다.
④ 모델의 오른손의 1지~5지의 손톱을 라운드로 조형한다.
　　라운드 : 스트레스 포인트에서부터 프리에지까지 직선이 존재하고, 끝 부분은 원의 일부를 옮겨다 놓은듯한
　　　　　　라운드 형태를 이루어야 하며, 프리에지 어디에도 각이 남아 있지 않은 상태.
⑤ 손톱 주변 큐티클을 오렌지 우드스틱 또는 큐티클 푸셔를 사용하여 안전하게 밀어준다.
⑥ 큐티클 니퍼를 사용하여 손톱 주변의 불필요한 손거스러미를 정리한다.
⑦ 펄이 첨가되지 않은 순수 흰색 네일 폴리시를 사용하여 오른손 1지~5지의 손톱 모두를 프렌치로 도포한다.
⑧ 프렌치 도포 시에는 네일 폴리시를 프리에지 선단까지 완전하게 꽉 채워 도포한다.
⑨ 프렌치 라인의 상하 너비는 3-5mm 이어야 하며 완만한 스마일라인으로 완성해야 한다.
⑩ 베이스 코트 1회, 흰색 네일 폴리시 2회, 탑 코트 1회를 도포한다.

시술 순서 중 수험자와 모델의 손소독하기에서부터 버핑하기와 유분기 정리하기까지는 매니큐어 4종목 전부의 공통된 순서이므로, 본 교재 각각의 과제에서는 각 과제에 맞는 컬러의 도포 순서부터 시작한다.

매니큐어의 공통된 순서 (22p~34p 참고)

1. 수험자와 모델의 손소독하기
2. 오래된 폴리시 지우기
3. 프리에지 라운드로 조형하기
4. 큐티클 연화 시키기
5. 큐티클 정리하기
6. 버핑하기와 유분기 정리하기

(1) 수험자와 모델의 손소독하기

소독솜에 피부 소독제를 뿌려서 적신다. 손등과 손바닥 손가락 사이사이를 꼼꼼하게 소독한다.

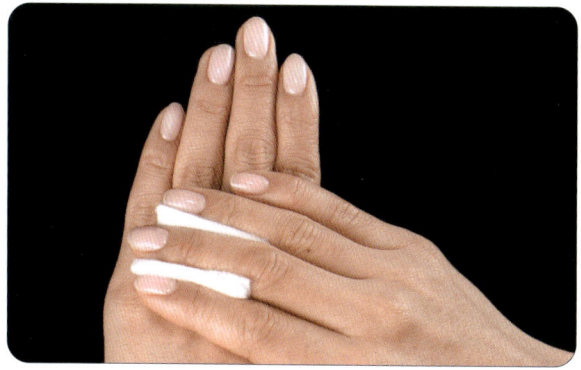

소독 시에는 반드시 수험자의 손소독을 먼저 행한다.
사용한 솜은 일회용 위생 봉투에 처리한다.

(2) 베이스 코트 1회 도포

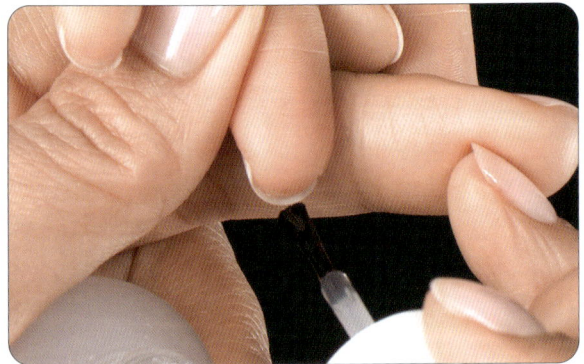
프리에지 선단에 베이스 코트를 도포한다.

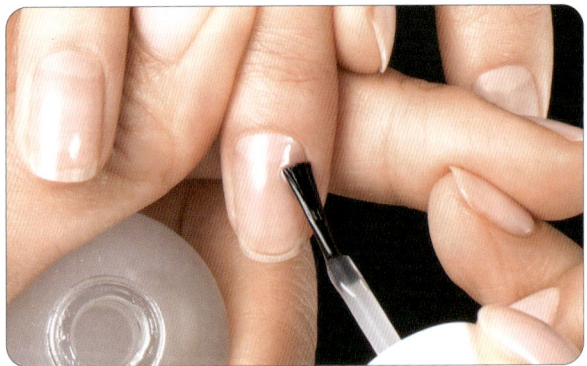
손톱 표면 전반적으로 베이스 코트를 도포한다.

(3) 프렌치 컬러링

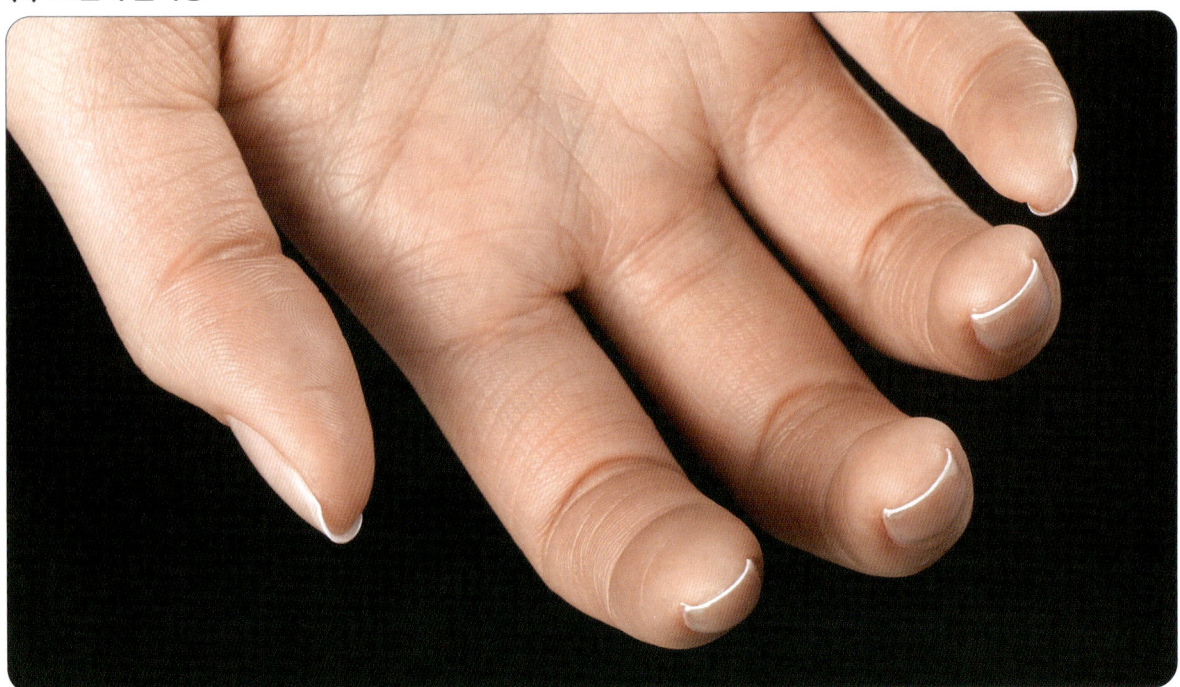
프리에지에 흰색의 네일 폴리시를 도포한다.

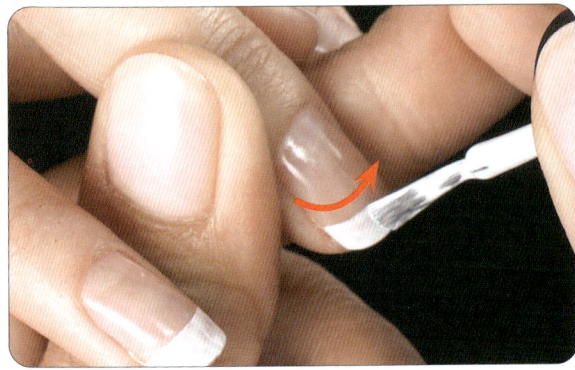
첫 번째, 왼쪽에서 오른쪽으로 스마일 선을 손톱 가로 너비의 2/3부분까지 도포해준다.

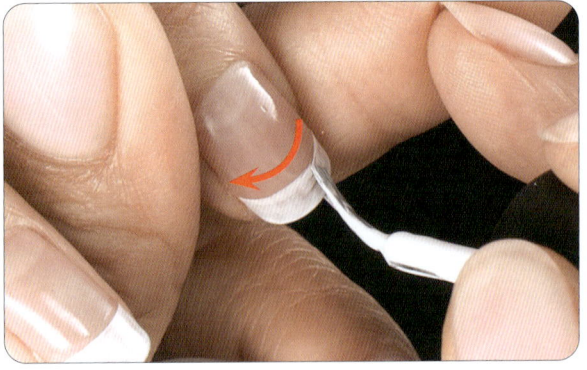
두 번째, 오른쪽에서 왼쪽으로 스마일 라인을 도포 해 주어 스마일 라인을 연결, 완성시킨다.

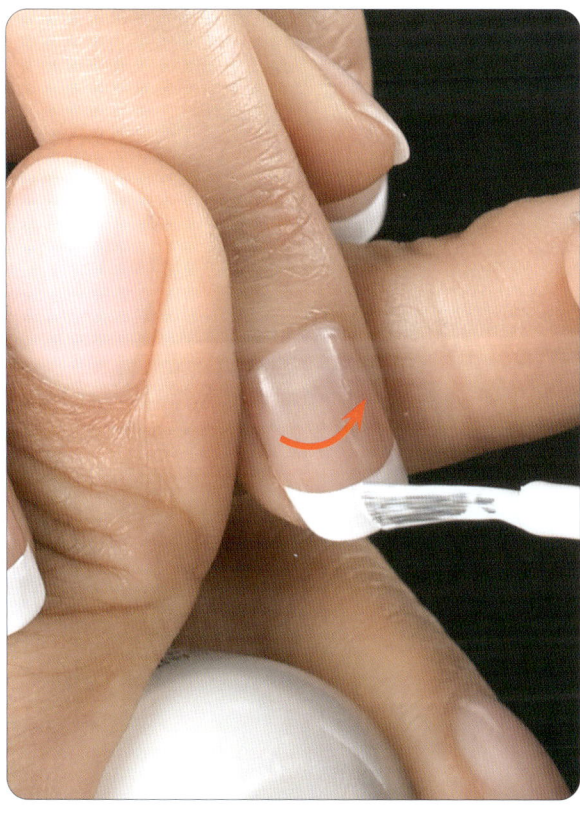

2회 도포 시 1회 도포되었던 스마일 라인의 폭을 맞추어가며 같은 방법으로 도포한다.
스마일 라인의 폭인(3mm~5mm)를 염두에 두고 완만한 스마일 라인을 만들어 준다.

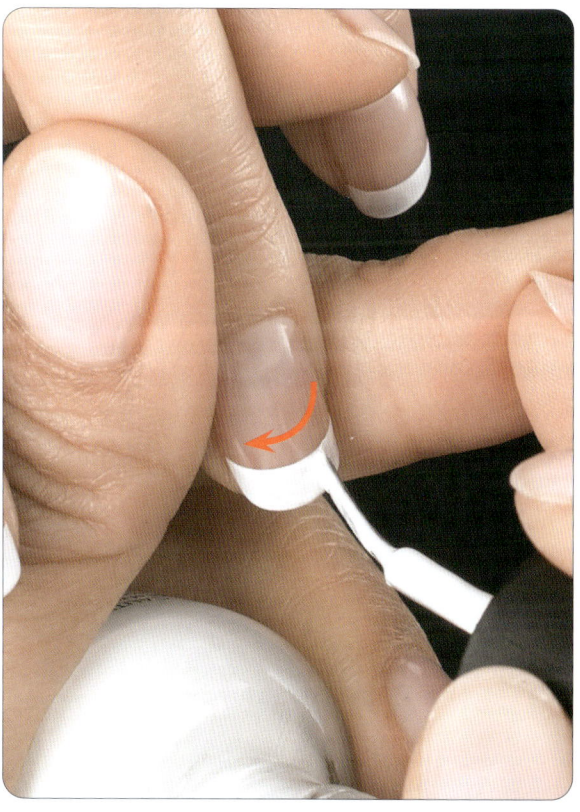

2회 도포 시 1회 도포되었던 스마일 라인의 폭을 맞추어가며 같은 방법으로 도포한다.
스마일 라인의 폭인(3mm~5mm)를 염두에 두고 완만한 스마일 라인을 만들어 준다.

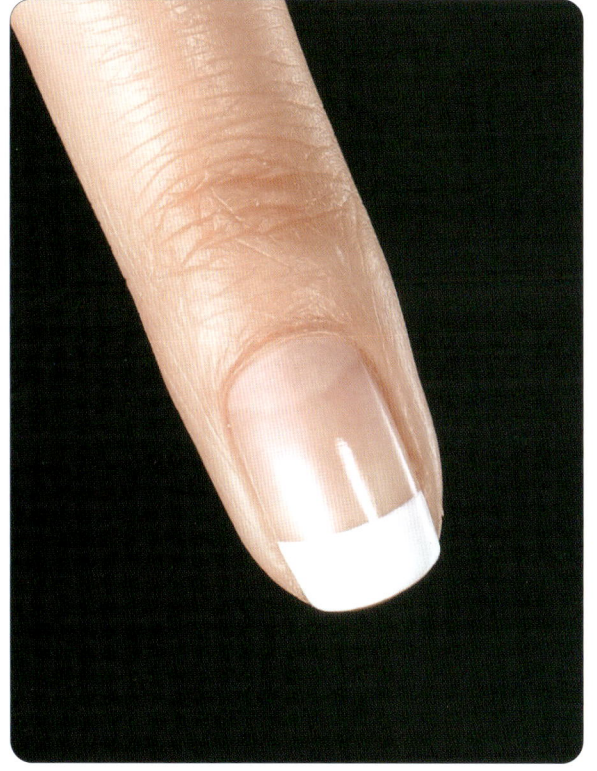

완성된 스마일 라인이 모습.

스마일 라인의 잘못된 선은 오렌지 우드스틱으로 섬세하게 정리한다.

(4) 탑 코트 1회 도포

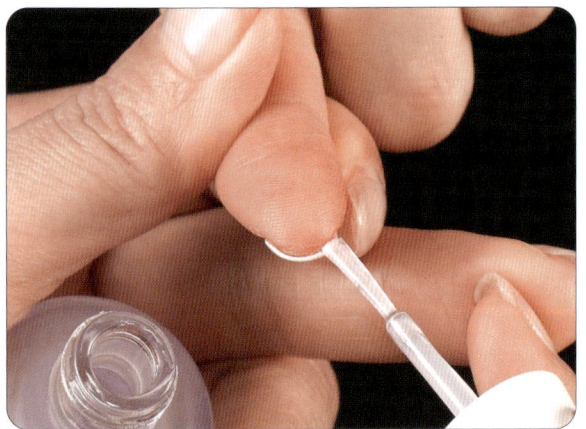

탑 코트 도포 시에도 프리에지 라인을 도포한다.

프리에지 선단을 탑 코트로 도포한 후, 미리 도포된 네일 폴리시를 다 덮을 수 있도록 네일 전반에 걸쳐 꽉 채워 탑 코트를 발라준다.

탑 코트가 피부 주변에 넘친것들이 있는지 확인하고 오렌지 우드스틱으로 정리해 준다.

● 프렌치 코트 도포방법 그림으로 설명하기

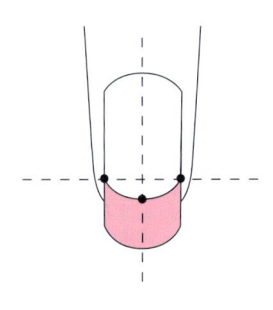
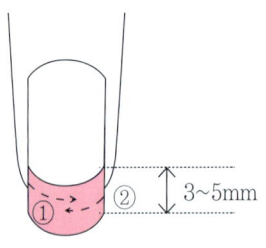

Check!!

- 프렌치 라인을 잡을 때는 좌우대칭이 중요!
- 스마일 라인의 상하 폭은 3mm~5mm사이!
- 피부에 네일 폴리시가 묻지 않도록 주의!

(5) 완성

정면

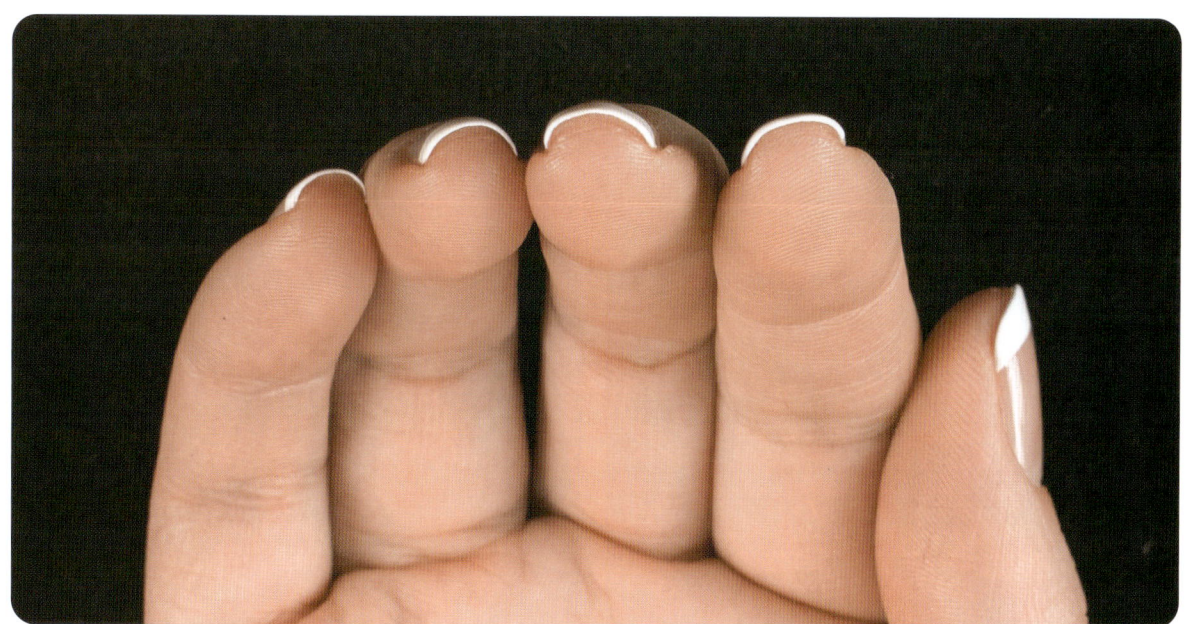

프리에지 선단

3. 딥 프렌치 매니큐어

자연네일의 반월이 존재하는 부분을 제외하고 네일의 1/2이상 부분에 스마일 라인을 만들어주고 컬러를 도포하는 방법

● 딥 프렌치 매니큐어 과제를 수행하기 위한 요구사항

① 수험자의 손과 모델의 손, 손톱 소독을 실시한다.
② 모델의 오른손에 도포되어 있는 네일 폴리시를 깨끗하게 제거한다.
③ 오른손 5개의 손톱(1지~5지)에 습식 매니큐어를 실시한다.
④ 모델의 오른손의 1지~5지의 손톱을 라운드로 조형한다.
  라운드 : 스트레스 포인트에서부터 프리에지까지 직선이 존재하고, 끝 부분은 원의 일부를 옮겨다 놓은듯한 라운드 형태를 이루어야 하며 프리에지 어디에도 각이 남아 있지 않은 상태.
⑤ 손톱 주변 큐티클을 오렌지 우드스틱 또는 큐티클 푸셔를 사용하여 안전하게 밀어준다.
⑥ 큐티클 니퍼를 사용하여 손톱 주변의 불필요한 손거스러미를 정리한다.
⑦ 펄이 첨가되지 않은 순수 흰색 네일 폴리시를 사용하여 오른손 1지~5지의 손톱 모두를 딥 프렌치로 완성한다. 딥 프렌치의 라인은 손톱 전체 길이의 1/2 이상 부분이어야 하며, 반월 부분은 침범하지 않는다.
⑧ 딥 프렌치 도포 시 프리에지 선단까지 완전하게 도포한다.
⑨ 베이스 코트 1회, 흰색 네일 폴리시 2회, 탑 코트 1회를 도포한다.

시술 순서 중 수험자와 모델의 손소독하기에서부터 버핑하기와 유분기 정리하기까지는 매니큐어 4종목 전부의 공통된 순서이므로, 본 교재 각각의 과제에서는 각 과제에 맞는 컬러의 도포 순서부터 시작한다.

매니큐어의 공통된 순서 (22p~34p 참고)

1. 수험자와 모델의 손소독하기
2. 오래된 폴리시 지우기
3. 프리에지 라운드로 조형하기
4. 큐티클 연화 시키기
5. 큐티클 정리하기
6. 버핑하기와 유분기 정리하기

(1) 수험자와 모델의 손소독하기

소독솜에 피부 소독제를 뿌려서 적신다. 손등과 손바닥 손가락 사이사이를 꼼꼼하게 소독한다.

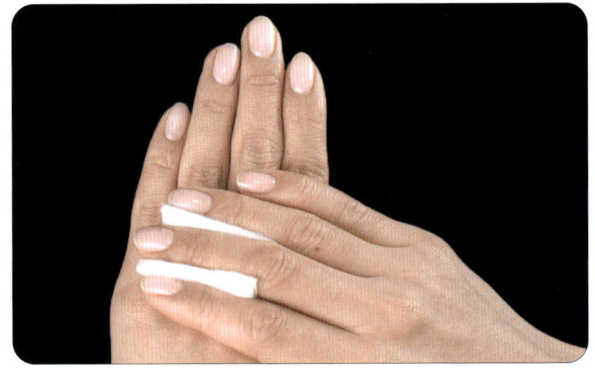

소독 시에는 반드시 수험자의 손소독을 먼저 행한다.
사용한 솜은 일회용 위생 봉투에 처리한다.

(2) 베이스 코트 1회 도포

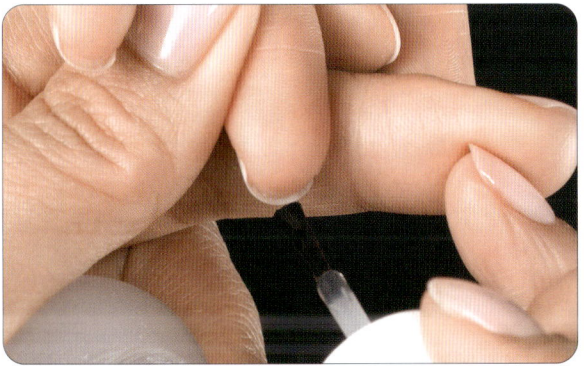
프리에지 선단에 베이스 코트를 도포한다.

손톱 표면 전반적으로 베이스 코트를 도포한다.

(3) 프렌치 컬러링

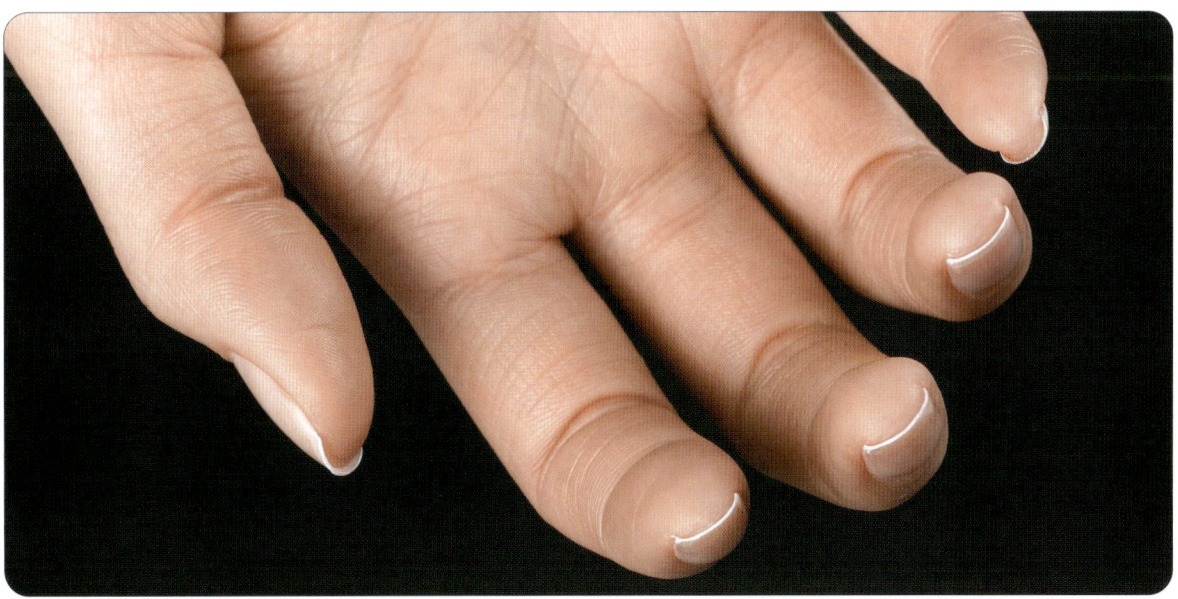
프리에지에 흰색의 네일 폴리시를 도포한다.

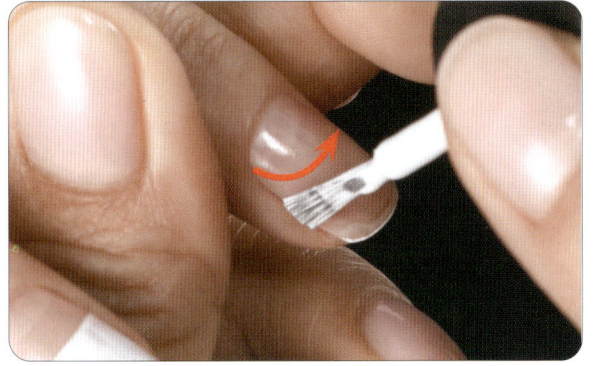
첫 번째, 왼쪽에서 오른쪽으로 스마일 선을 손톱 너비의 2/3부분까지 도포 해준다.

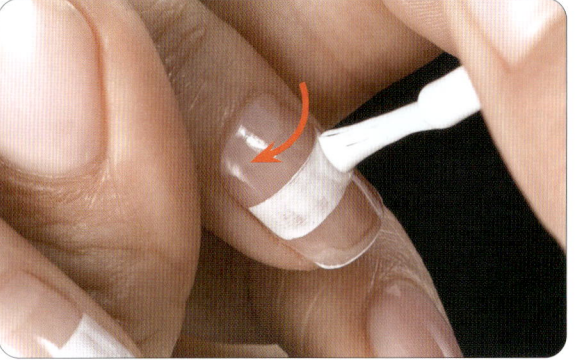
두 번째, 오른쪽에서 왼쪽으로 스마일 라인을 도포 해 주어 스마일 라인을 연결, 완성시킨다.

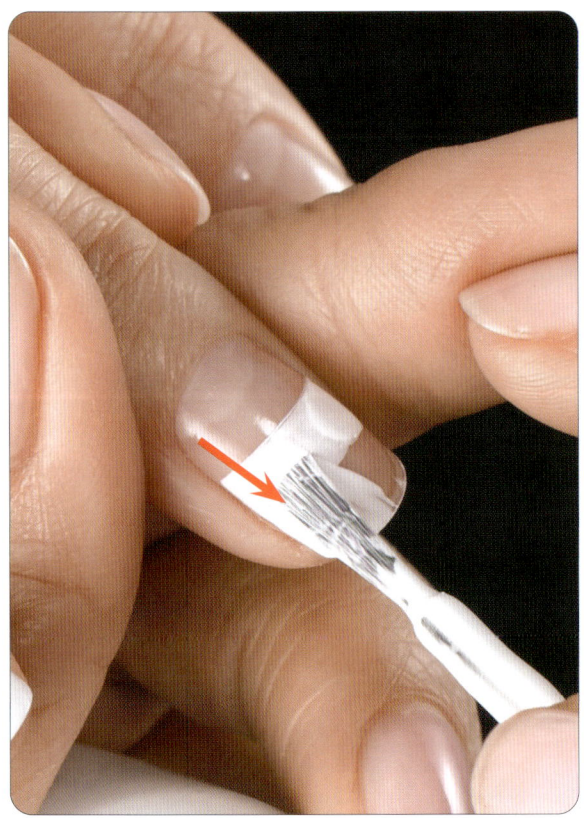

세 번째, 스마일 라인을 형성한 후, 붓을 아래 방향, 일자로 내려서 컬러를 도포한다.

스마일 라인을 형성한 후, 붓을 아래 방향, 일자로 내려서 컬러를 도포한다.

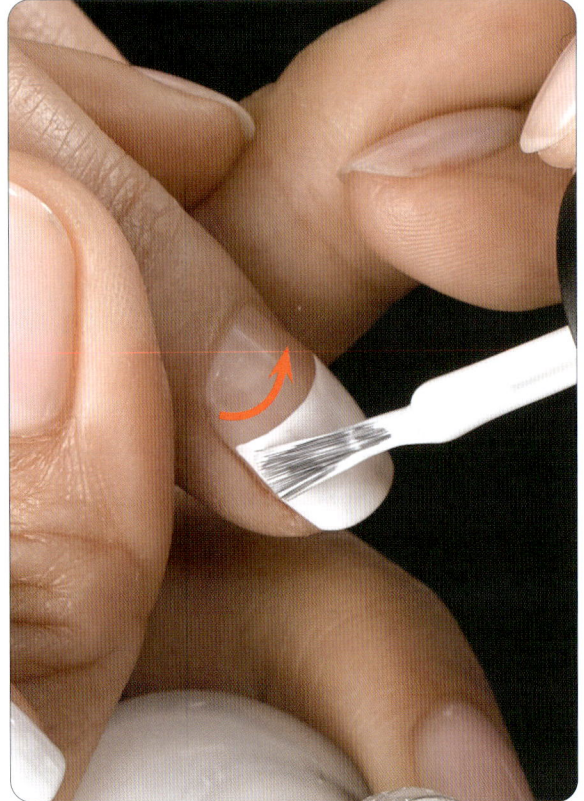

다시 한번 첫 번째에서 세 번째까지의 도포 방법을 반복한다.

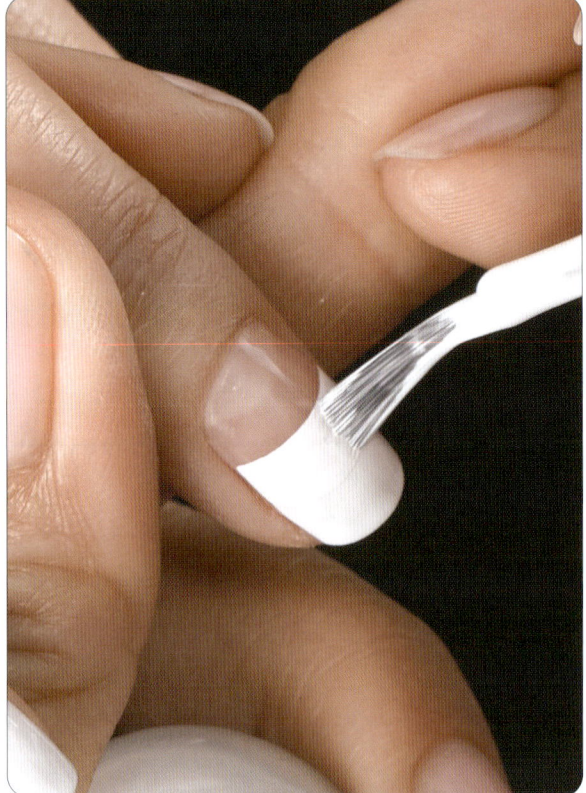

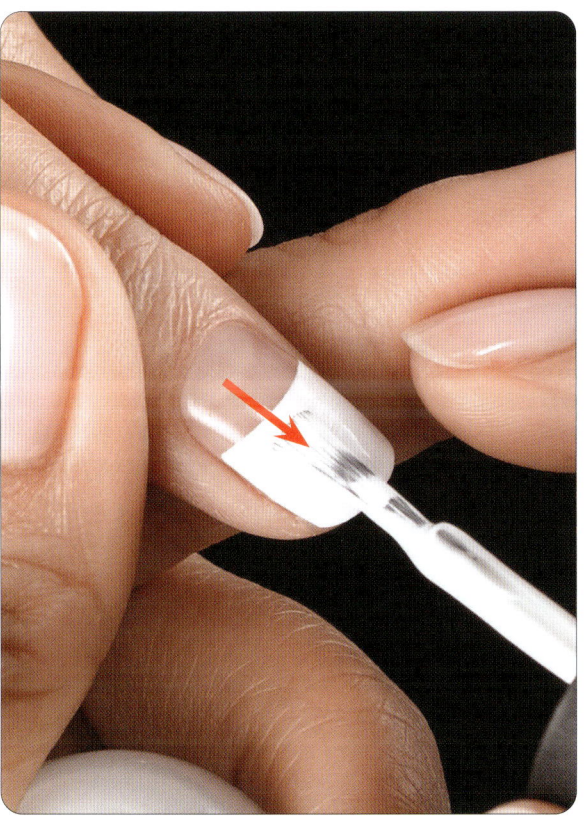

세 번째, 스마일 라인을 형성한 후, 붓을 아래 방향, 일자로 내려서 컬러를 도포한다.

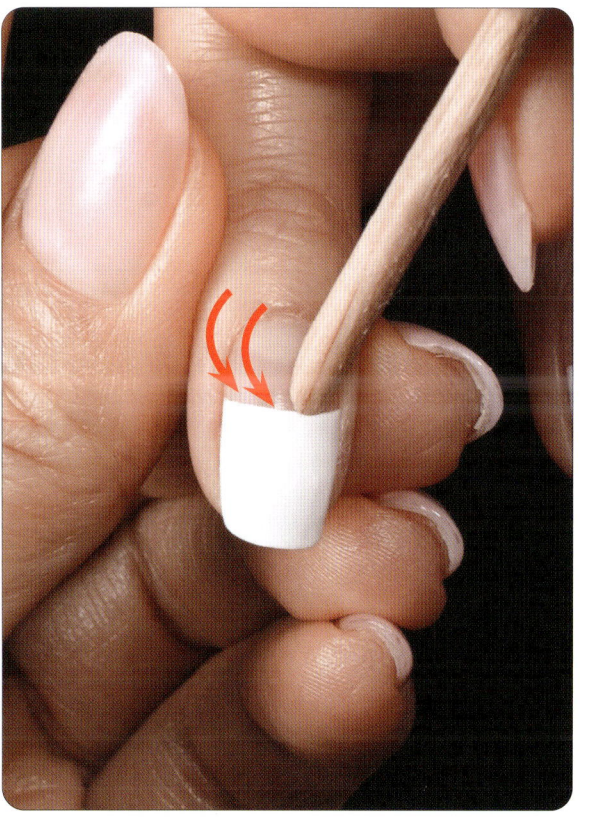

필요시 우드스틱을 활용하여 스마일라인을 닦아 수정할 수 있다.

● 딥 프렌치 도포 방법

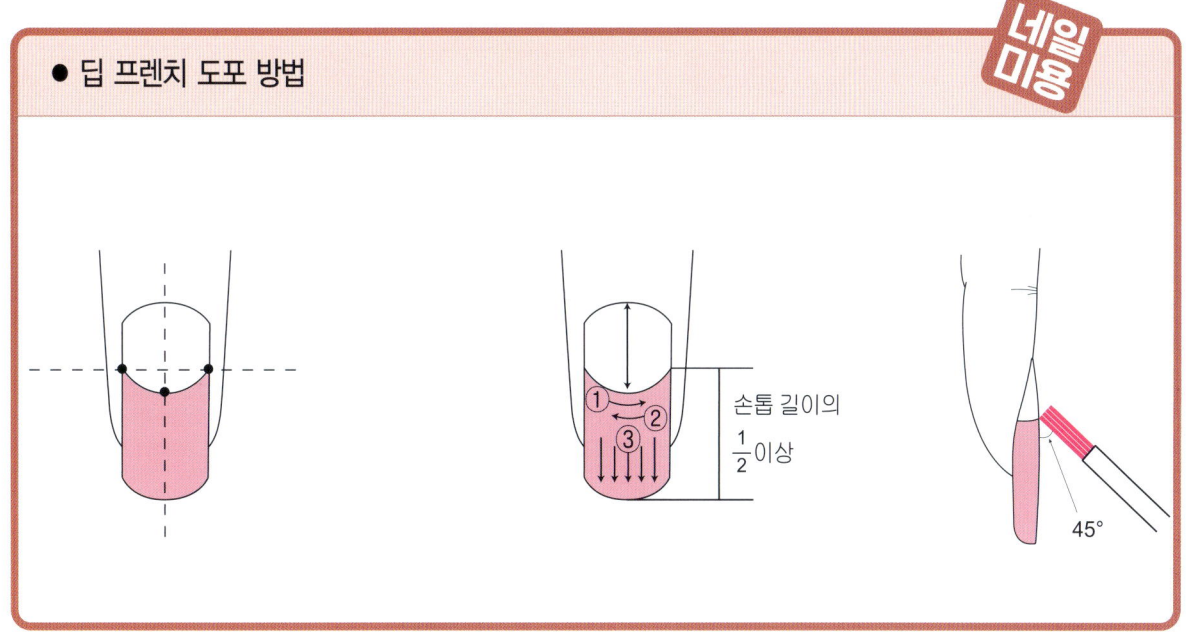

(3) 탑 코트 1회 도포

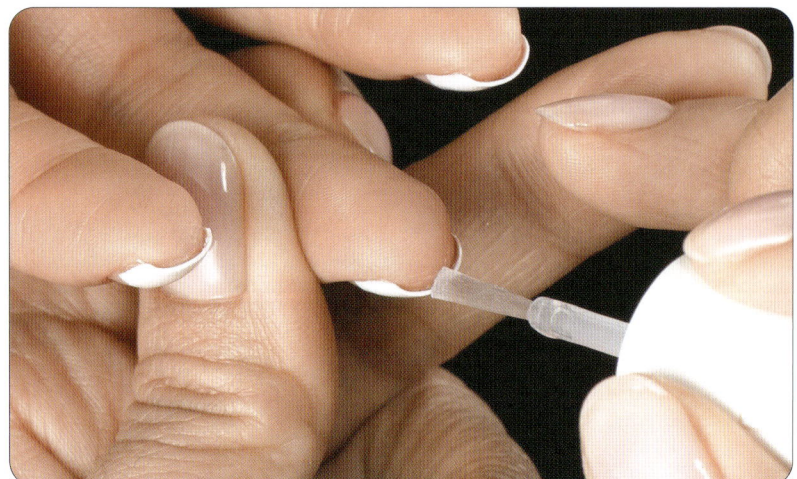

탑 코트 도포 시에도
프리에지 라인을 도포한다.

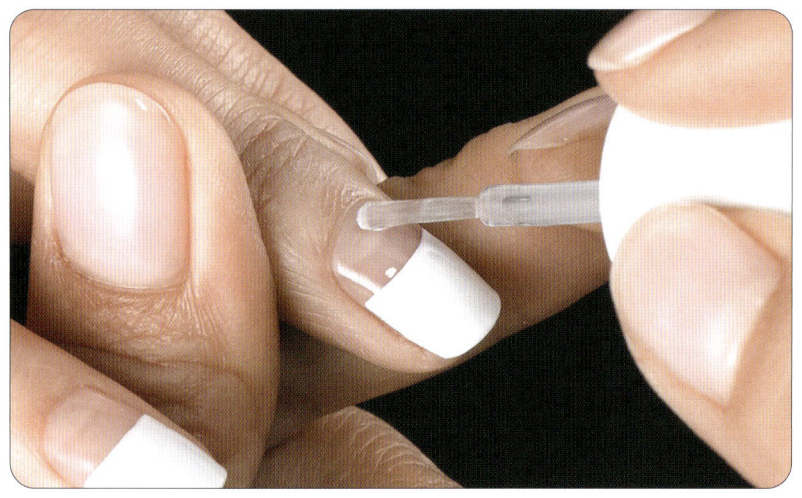

프리에지 선단을 탑 코트로 도포한 후,
미리 도포된 네일 폴리시를 다 덮을 수 있도록
네일 전반에 걸쳐 꽉 채워 탑 코트를 발라준다.

탑 코트가 피부 주변에 넘친 것들이 있는지
확인하고 오렌지 우드스틱으로 정리해 준다.

(4) 완성

정면

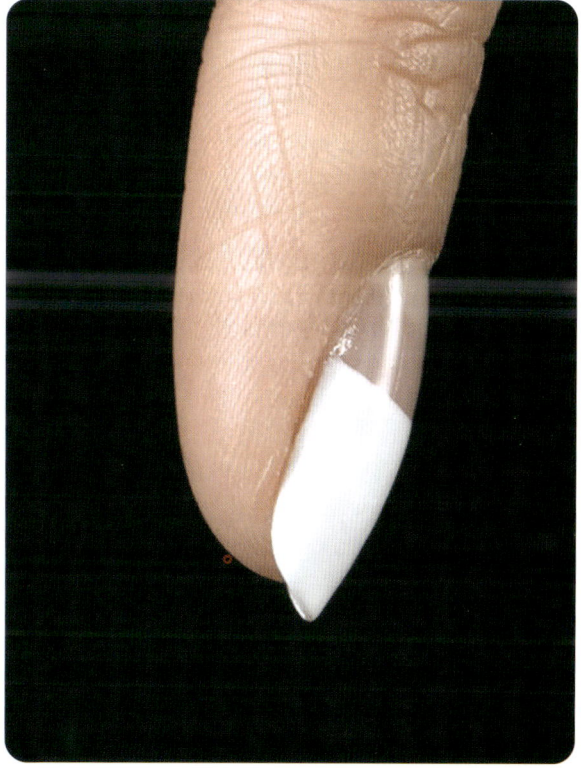

측면

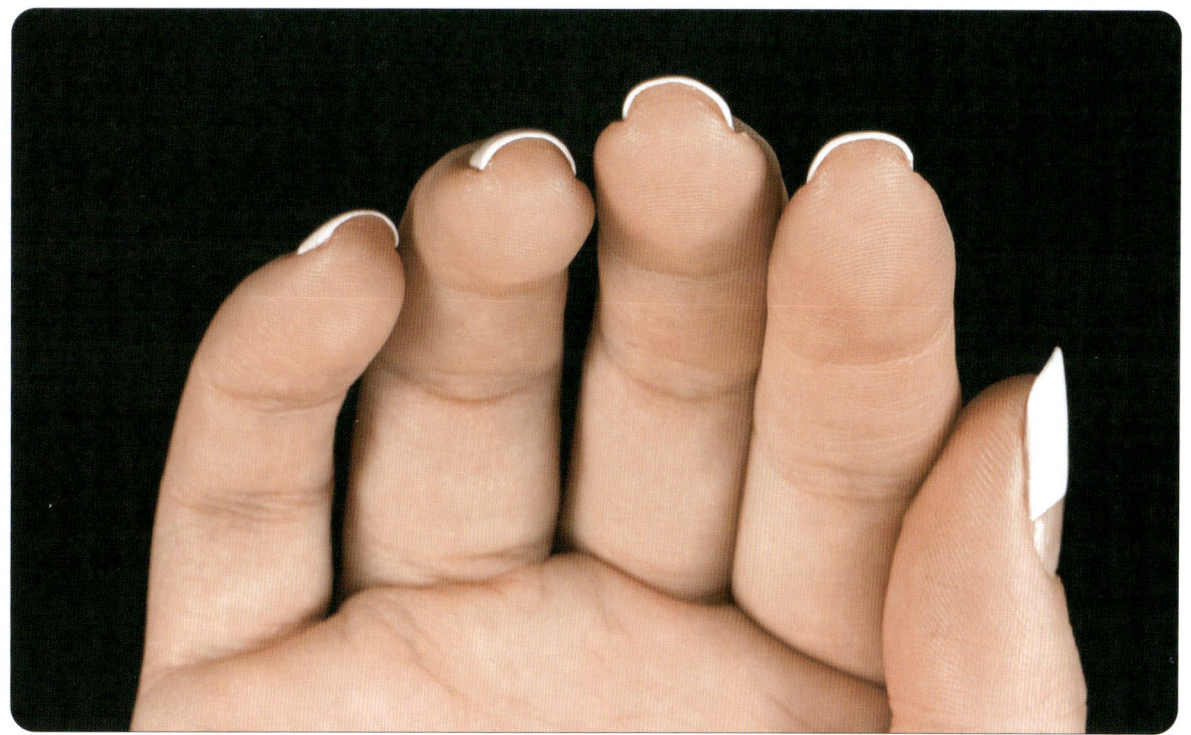

프리에지 선단

4. 그라데이션 매니큐어

프리에지에서 큐티클 라인 쪽으로 갈수록 컬러가 자연스럽게 연해지며 큐티클 쪽으로는 투명감을 표현하는 네일 폴리시 도포 방법

● **그라데이션 매니큐어 과제를 수행하기 위한 요구사항**

① 수험자의 손과 모델의 손, 손톱 소독을 실시한다.
② 모델의 오른손에 도포되어 있는 네일 폴리시를 깨끗하게 제거한다.
③ 오른손 5개의 손톱(1지~5지)에 습식 매니큐어를 실시한다.
④ 모델의 오른손의 1지~5지의 손톱을 라운드로 조형한다.
   라운드 : 스트레스 포인트에서부터 프리에지까지 직선이 존재하고, 끝 부분은 원의 일부를 옮겨다 놓은듯한 라운드 형태를 이루어야 하며 프리에지 어디에도 각이 남아 있지 않은 상태.
⑤ 손톱 주변 큐티클을 오렌지 우드스틱 또는 큐티클 푸셔를 사용하여 안전하게 밀어준다.
⑥ 큐티클 니퍼를 사용하여 손톱 주변의 불필요한 손거스러미를 정리한다.
⑦ 펄이 첨가되지 않은 순수 흰색 네일 폴리시를 사용하여 오른손 1지~5지의 손톱 모두를 그라데이션으로 완성한다. 그라데이션의 범위는 손톱 전체 길이의 1/2이상 부분이어야 하며 스펀지를 이용하여 표현하되, 반월 부분은 침범하지 않도록 한다.
⑧ 그라데이션 도포 시 프리에지 선단까지 완전하게 도포한다.
⑨ 베이스 코트 1회, 흰색 네일 폴리시 2회, 탑 코트 1회를 도포한다.

시술 순서 중 수험자와 모델의 손소독하기에서부터 버핑하기와 유분기 정리하기까지는 매니큐어 4종목 전부의 공통된 순서이므로, 본 교재 각각의 과제에서는 각 과제에 맞는 컬러의 도포 순서부터 시작한다.

매니큐어의 공통된 순서 (22p~34p 참고)

1. 수험자와 모델의 손소독하기
2. 오래된 폴리시 지우기
3. 프리에지 라운드로 조형하기
4. 큐티클 연화 시키기
5. 큐티클 정리하기
6. 버핑하기와 유분기 정리하기

(1) 수험자와 모델의 손소독하기

소독솜에 피부 소독제를 뿌려서 적신다. 손등과 손바닥 손가락 사이사이를 꼼꼼하게 소독한다.

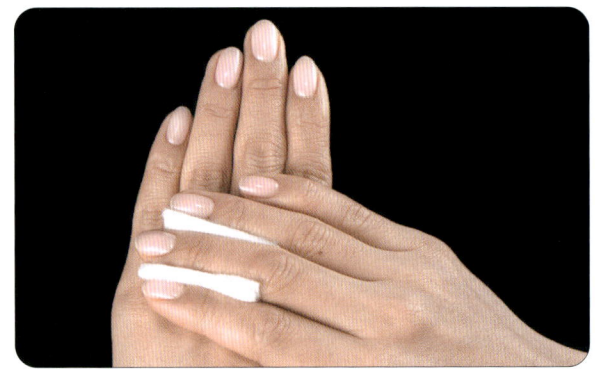

소독 시에는 반드시 수험자의 손소독을 먼저 행한다.
사용한 솜은 일회용 위생 봉투에 처리한다.

(2) 베이스 코트 1회 도포

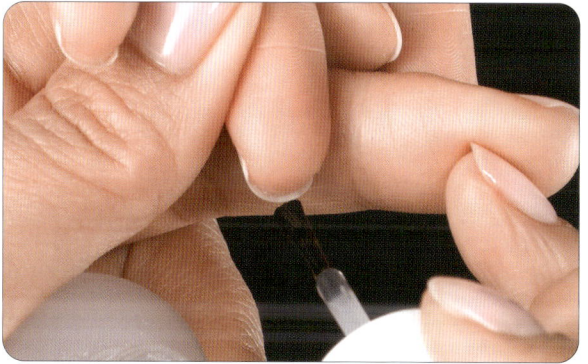

프리에지 선단에 베이스 코트를 도포한다.

손톱 표면 전반적으로 베이스 코트를 도포한다.

(3) 그라데이션 컬러링

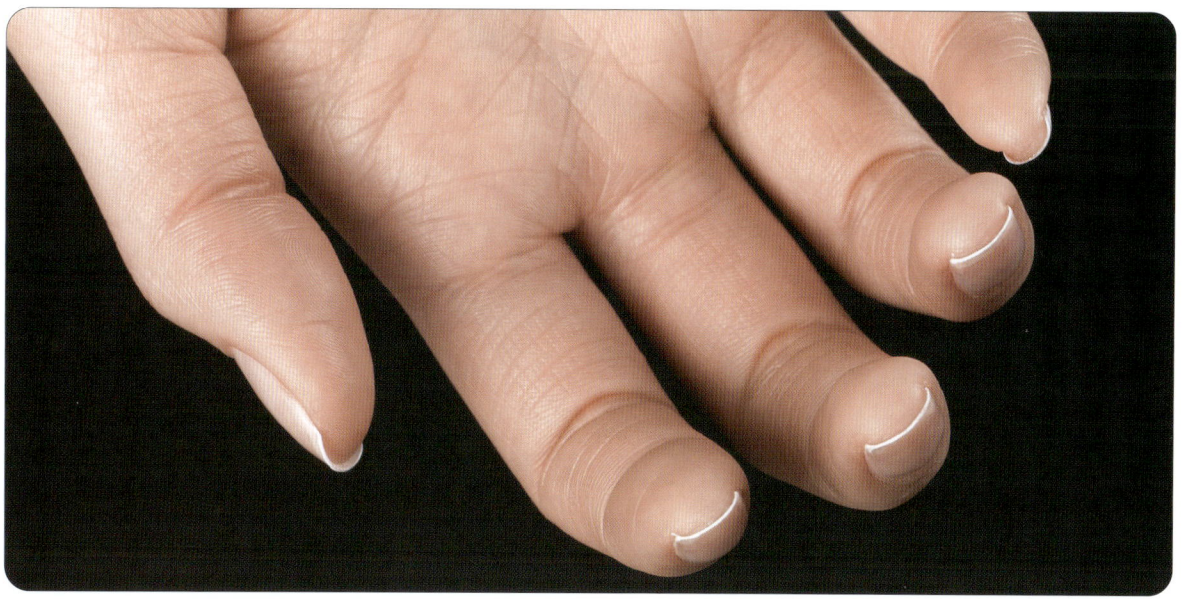

프리에지에 흰색의 네일 폴리시를 도포한다.

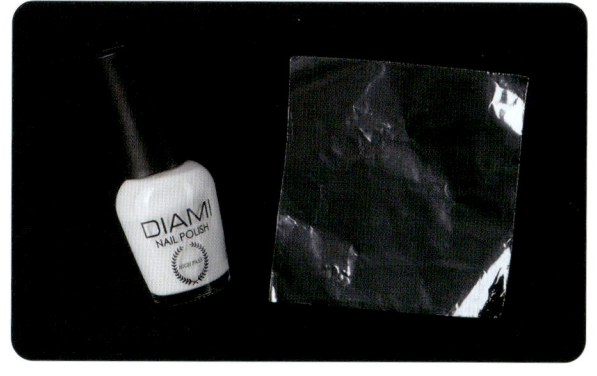

흰색 네일 폴리시와 포일 팔레트를 준비한다.

흰색 네일 폴리시를 덜어낸다.

네일미용 실기 Perfect Nail Technology

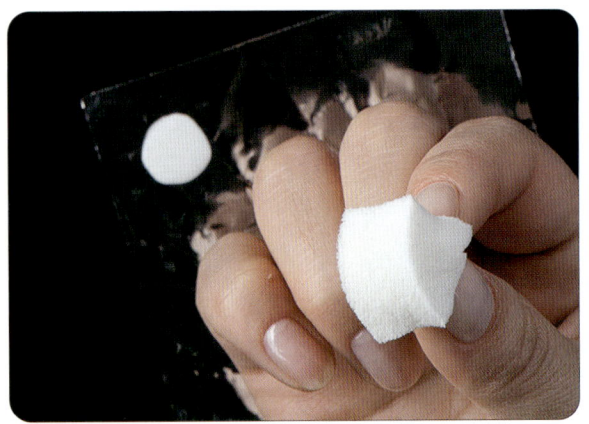

스펀지를 사진과 같은 모양으로 세로가 길게 잡는다.

호일 팔레트 위에서 스펀지를 찍어주면서 스펀지 안에서의 그라데이션을 유도한다.

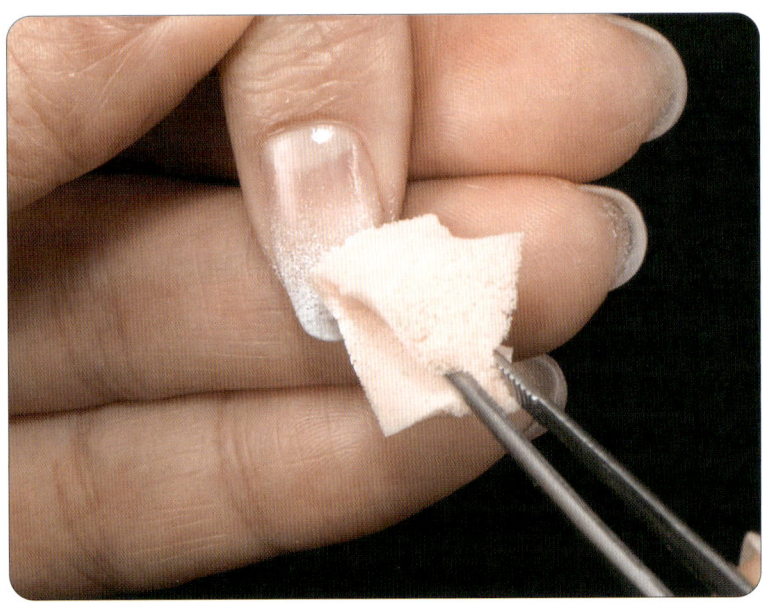

그라데이션이 되어 있는 스펀지를 이용하여 먼저 프리에지 끝에서부터 천천히 표면을 터치하여 두드리며 네일 길이의 2/3지점 까지 컬러링 한다. 핀셋으로 스펀지를 잡아서 터치 할 수 있다.

손으로 스펀지를 잡아서 터치 할 수 있다.

다시 같은 컬러로 프리에지에서부터 1/3지점 정도까지 똑같은 방법으로 컬러링 한다.

손톱 주변에 묻은 네일 폴리시를 오렌지 우드스틱에 폴리시 리무버를 묻혀 제거한다.

손톱 주변에 묻은 네일 폴리시를 오렌지 우드스틱에 폴리시 리무버를 묻혀 제거한다.

(4) 탑 코트 1회 도포

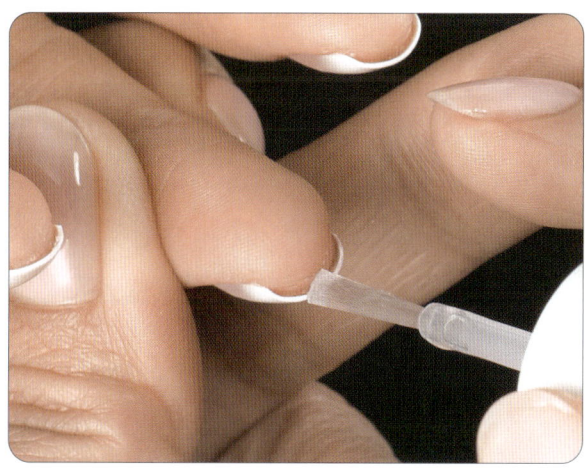
탑 코트 도포 시에도 프리에지 라인을 도포한다.

프리에지 선단을 탑 코트로 도포한 후, 미리 도포된 네일 폴리시를 다 덮을 수 있도록 네일 전반에 걸쳐 꽉 채워 탑 코트를 발라준다. 이때 완성된 그라데이션이 망가지지 않도록 주의한다.

탑 코트가 피부 주변에 넘친것들이 있는지 확인하고 오렌지 우드스틱으로 정리해 준다.

● 그라데이션 네일 폴리시 방법 - 그림으로 설명

(4) 완성

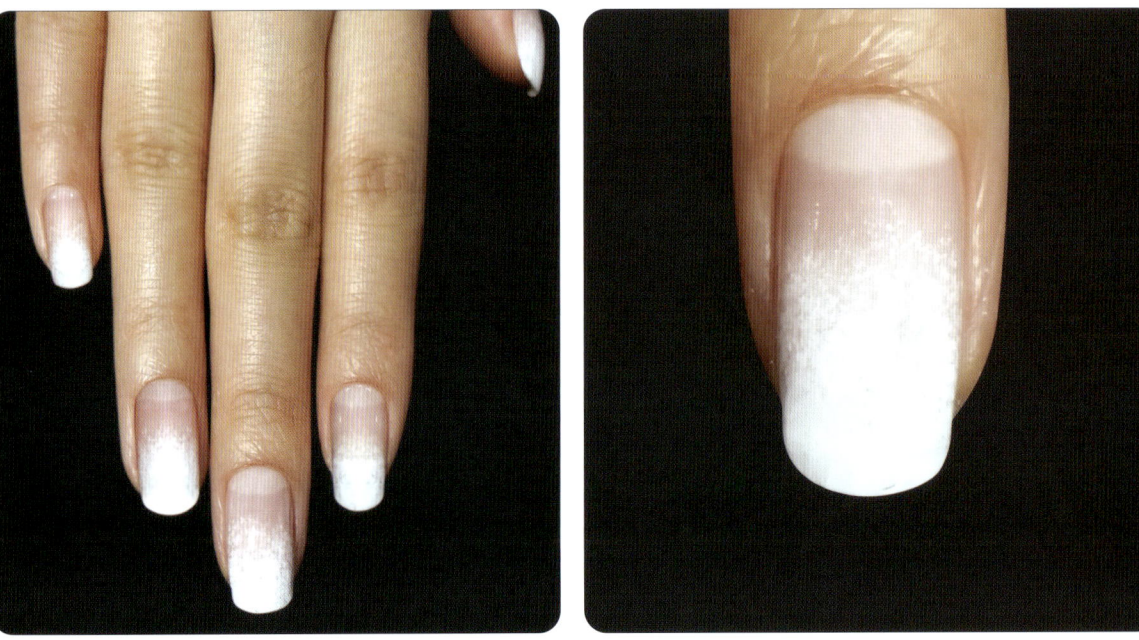

정면   측면

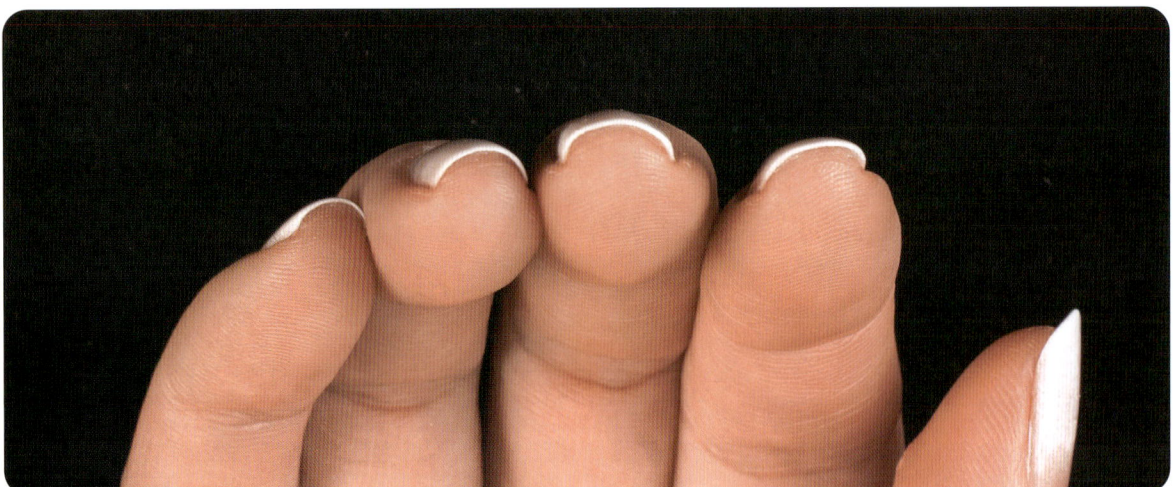

프리에지 선단

제2장

제 1 과제 – 페디큐어

- 수험자 공통 유의사항과 기본점검 목록
- 과제별 재료 세팅과 1과제 재료 설명
- 풀코트 페디큐어 (풀 컬러 레드)
- 딥프렌치 페디큐어 (딥 프렌치 화이트)
- 그라데이션 페디큐어 (그라데이션 화이트)

PERFECT
NAIL
TECHNICIAN

01 제1과제 - 페디큐어

시험 기간	60분 (공통)	
대상 부위	오른손 1~5지 손톱, 오른발 1~5지 발톱	
	손톱	발톱
세부 과제	1. 풀 컬러 레드	1. 풀 컬러 레드
	2. 프렌치 화이트	
	3. 딥 프렌치 화이트	2. 딥 프렌치 화이트
	4. 그라데이션 화이트	3. 그라데이션 화이트
프리에지의 형태	라운드	스퀘어
배점	20점	20점

제1과제 페디큐어 시, 수험자 공통 유의사항

1. 모델 오른발 발톱의 준비상태는 빨강색 폴리시가 도포된 상태여야 한다.
2. 모델 오른발의 발톱은 스퀘어 형태로 사전에 작업 되지 않은 자연 형태를 유지하여야 한다.
3. 자연 네일의 파일링 시 에는 문지르지 아니하며 한 방향으로 파일링한다.
4. 발톱의 길이는 피부의 선단을 넘지 않도록 유의한다.
5. 큐티클 연화제(큐티클 크림, 큐티클 오일, 큐티클 크림)과 멸균 거즈는 적절하게 사용한다.
6. 컬러 도포 시 네일 폴리시의 브러시를 사용해야 한다.
8. 탑 코트 후 마무리 시, 오일을 금한다.
9. 큐티클 니퍼, 큐티클 푸셔, 클리퍼, 네일 더스트 브러시, 오렌지 우드스틱(푸셔용)은 알코올 소독용기에 담가 두어야 한다.

1과제 | 재료 세팅

1. 풀 코트 페디큐어

● 풀 코트 페디큐어 과제를 수행하기 위한 요구사항

① 수험자의 손과 모델의 발·발톱 소독을 실시한다.
② 모델의 오른발에 도포되어 있는 네일 폴리시를 깨끗하게 제거한다.
③ 오른발 5개의 발톱(1지~5지)에 물 분무기를 이용하여 습식 매니큐어를 실시한다.
④ 모델의 오른발의 1지~5지의 발톱을 스퀘어로 조형한다.
   스퀘어 : 스트레스 포인트에서부터 프리에지까지 직선이 존재하고, 끝 부분은 직선의 형태(스퀘어)를
          이루어야하며 각이 있는 모서리가 존재하는 형태
⑤ 발톱 주변 큐티클을 오렌지 우드스틱 또는 큐티클 푸셔를 사용하여 안전하게 밀어준다.
⑥ 큐티클 니퍼를 사용하여 발톱 주변의 불필요한 거스러미를 정리한다.
⑦ 펄이 첨가되지 않은 순수 빨강색 네일 폴리시를 사용하여 오른발 1지~5지의 발톱 모두를 풀 코트 한다.
⑧ 풀 코트 도포 시에는 네일 폴리시를 프리에지 선단까지 완전하게 꽉 채워 도포한다.
⑨ 베이스 코트 1회, 빨강색 네일 폴리시 2회, 탑 코트 1회를 도포한다.

(1) 수험자의 손 소독과 모델의 발소독하기

작업 대상 부위 : 오른발이며 발톱의 준비상태는 빨강색 폴리시가 도포된 상태여야 한다.

▶ 소독제를 뿌린 소독솜을 사용하여 소독을 실시한다.
▶ 수험자, 모델 순서로 소독을 실시한다.
▶ 발등과 발가락 사이사이를 깨끗하게 소독한다

소독솜에 피부 소독제를 뿌려서 적신다. 손등과 손바닥 손가락 사이사이를 꼼꼼하게 소독한다.

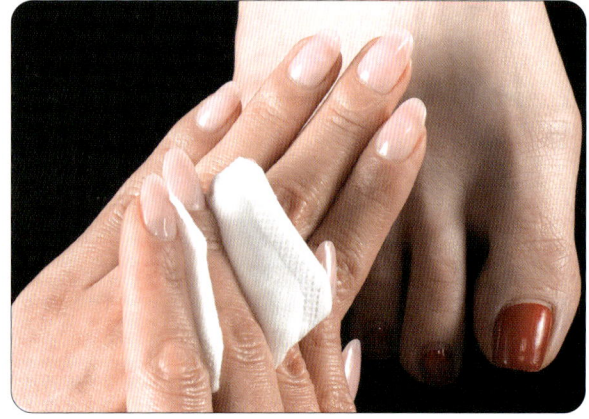

소독 시에는 반드시 수험자의 손소독을 먼저 행한다.
사용한 솜은 일회용 위생 봉투에 처리한다.

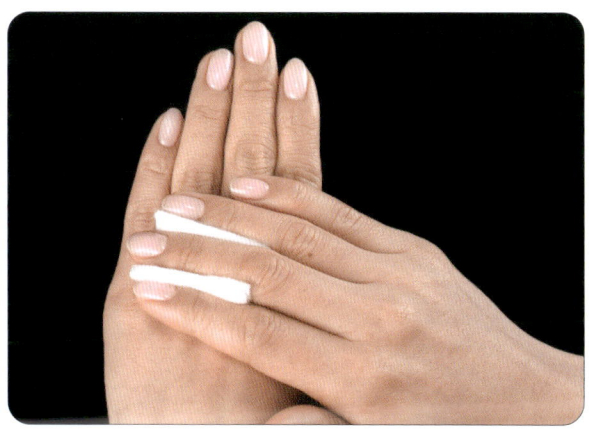
소독 시에는 반드시 수험자의 손소독을 먼저 행한다.

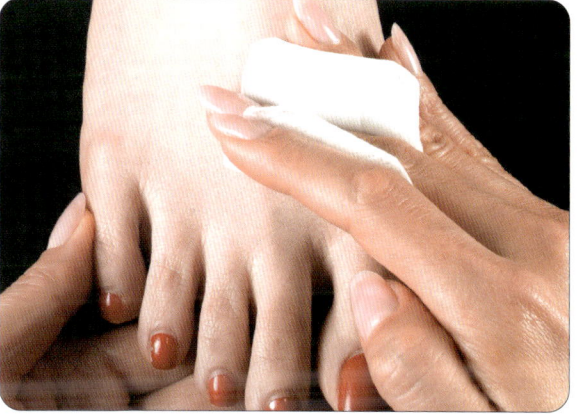
소독이 끝난 후 모델의 소독을 실시한다. 발등, 발가락 사이 순으로 행한다.
사용한 솜은 일회용 위생 봉투에 처리한다.

(2) 오래된 폴리시 지우기

솜에 폴리시 리무버를 충분하게 적시어 발톱에 올려주고 잠시 눌러주어 용해됨을 기다렸다가 부드럽게 움직임이 있을 때 제거하면 잔여물 없이 쉽게 제거된다.

오렌지 우드스틱에 솜을 말아서 여분의 잔여물을 꼼꼼히 지워준다. 이 때 문지르지 않도록 주의한다.

(3) 프리에지 모양 잡기

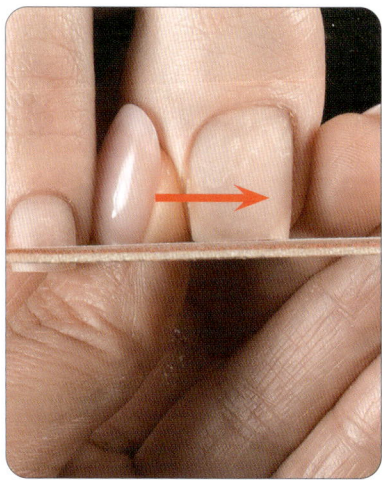
프리에지 선단을 정리하듯 가볍게 파일링한다. (네일 파일의 각도 90°)

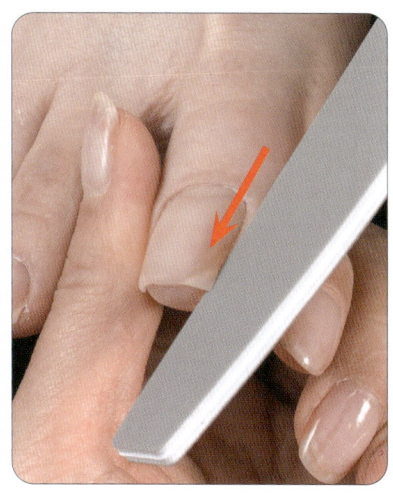
옆선은 스트레스 포인트에서부터 직선을 이루도록 파일링 한다.

Check!!
발톱의 프리에지는 스퀘어 형태로 잡을 것!

(4) 발톱 표면 매끄럽게 하기

샌딩 파일을 사용하거나 샌딩 버퍼를 사용하여 발톱의 표면을 매끈하게 정리해 준다.

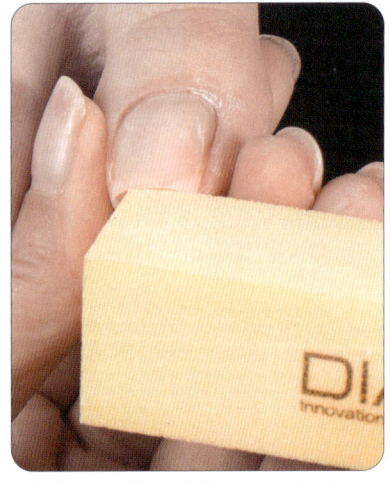
샌딩 파일을 사용하거나 샌딩 버퍼를 사용하여 발톱의 선단과 밑 부분을 매끈하게 정리해 준다.

네일 더스트 브러시를 사용하여 발톱 표면과 밑의 분진들을 깨끗하게 제거한다.

(5) 큐티클 연화하기 (5)-1 물 분무기 분사하기

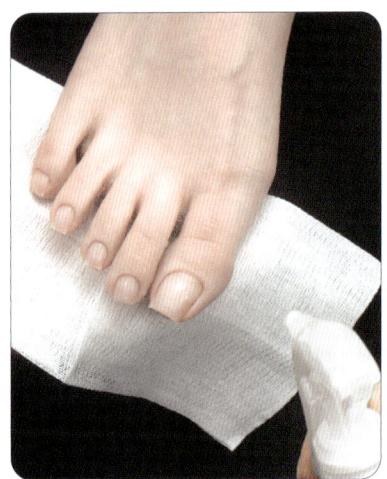
물 분무기와 거즈를 사용하여 습식 페디큐어를 실시한다. 그림과 같이 멸균 거즈로 작업 대상부위인 발을 받치고 물 분무기를 분사하면 바닥에 물이 떨어지는 것을 방지할 수 있다. 물기를 멸균 거즈로 닦으면 편리하고 위생적이다.

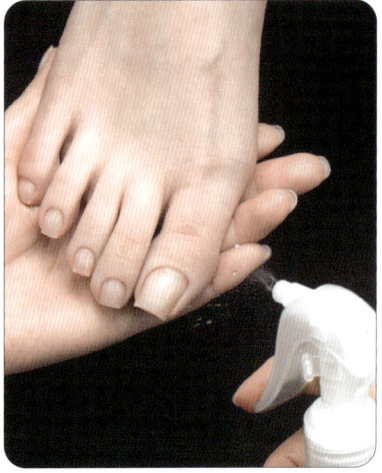
그림과 같이 멸균 거즈 받치지 않고 물 분무기를 분사하면 바닥에 물이 떨어지는 것을 막을 수 없다.

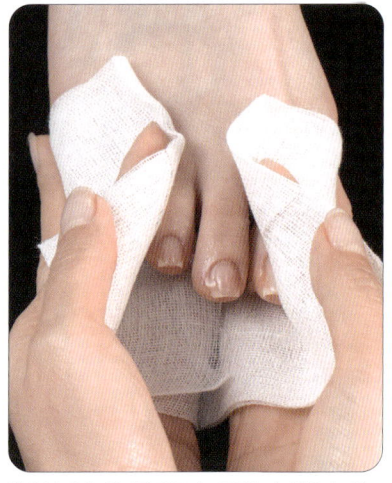
발에 묻어있는 물기를 멸균 거즈로 닦는다. 멸균 거즈의 사용은 편리하고 위생적이다. 사용한 멸균 거즈는 위생 봉투에 버린다.

(5) 큐티클 연화하기 (5)-2 큐티클 연화제 도포하기

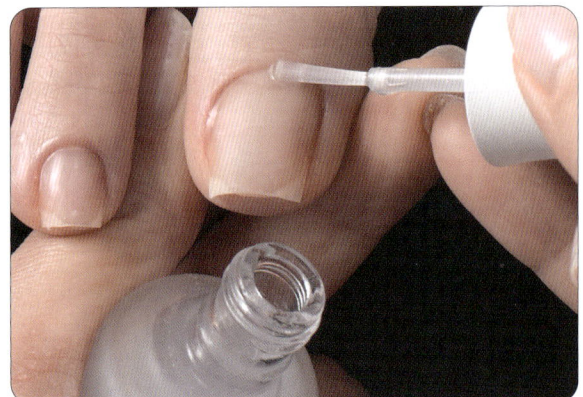

Check!! 큐티클 리무버를 사용하거나 큐티클 오일을 사용하여 큐티클을 연화시킨다.

(6) 큐티클 밀어주기

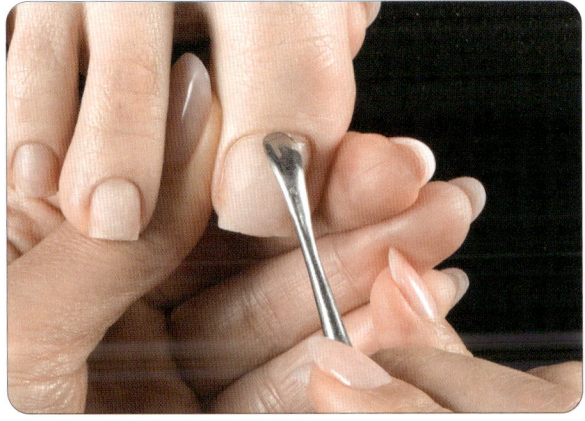
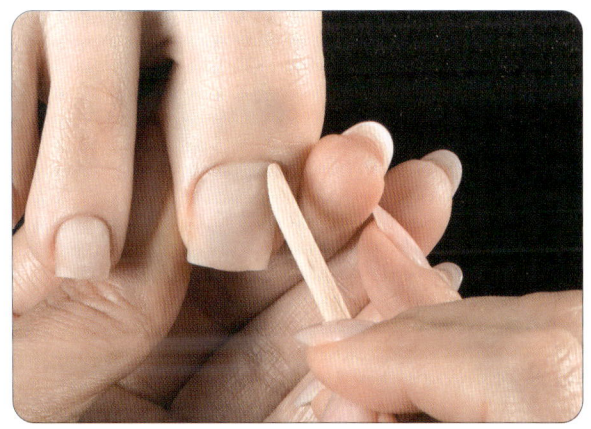

Check!! 오렌지 우드스틱이나 큐티클 푸셔로 발톱위에 붙어 있는 큐티클을 안전하게 밀어준다.

(7) 큐티클 정리하기

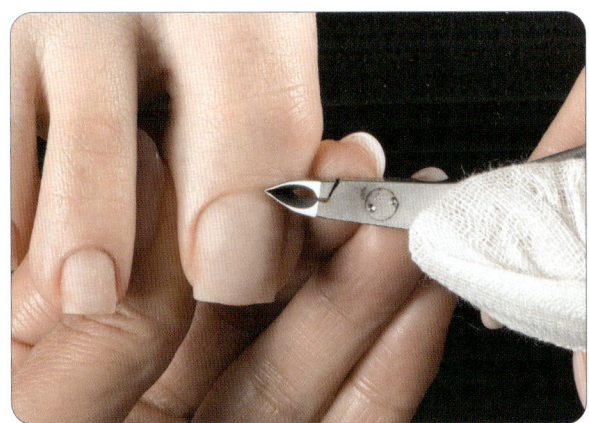
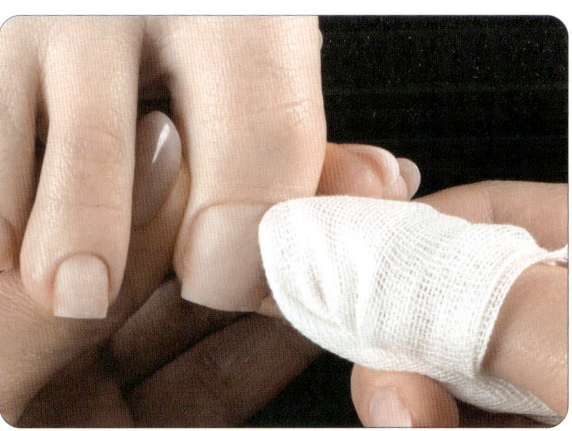

큐티클 니퍼를 사용하여 큐티클을 정리한다.

멸균 거즈를 사용하여 큐티클을 정리한다.

(8) 유분기 제거하기

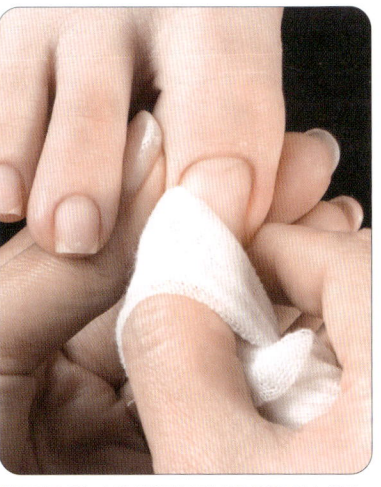
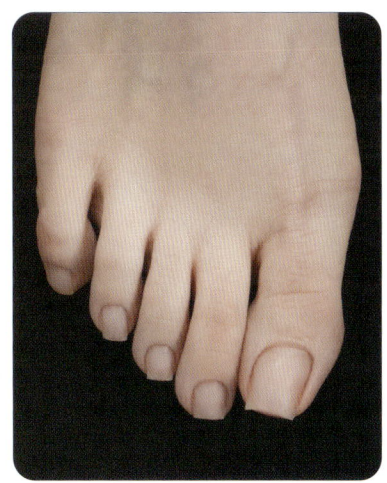

멸균 거즈 또는 솜을 사용하여 유분기를 제거 할 수 있다.

멸균 거즈 또는 솜을 사용하여 유분기를 제거 할 수 있다.

(9) 토우세퍼레이터 끼우기

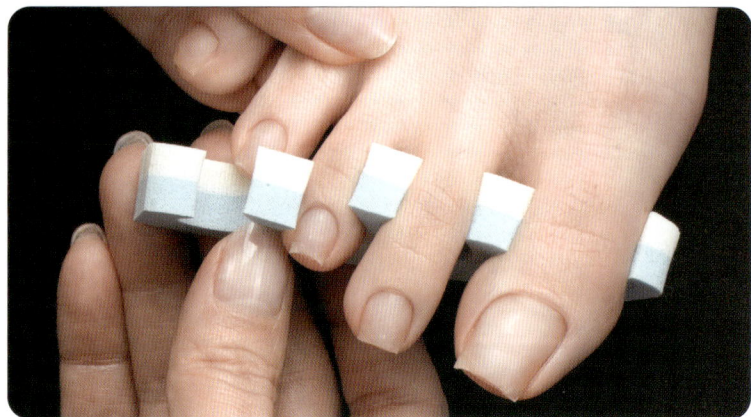

Check!!
토우세퍼레이터는 발톱에 네일 폴리시를 도포하기 쉽도록 해주는 보조 도구이며 일회용 소모품이다. 토우세퍼레이터를 끼울 때에는 발톱에 시술자의 손이 닿지 않도록 유의하고 만일, 닿았을 시에는 다시 한번 발톱 표면을 정리해 준다.(유분기를 제거)

(10) 베이스 코트 1회 도포하기

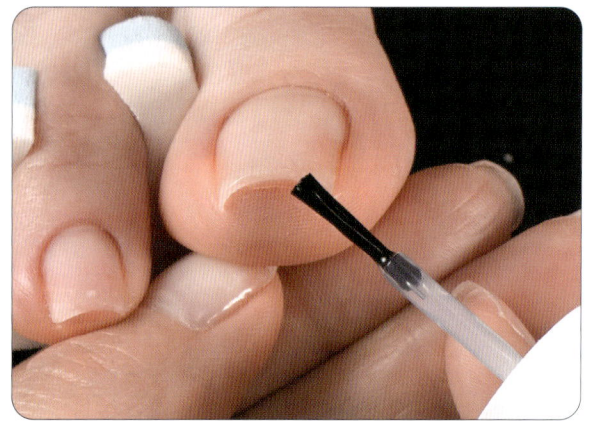 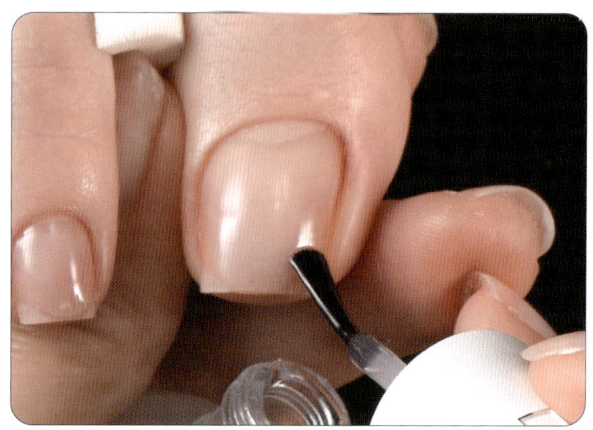

베이스 코트를 프리에지 선단에 1회 도포한다.   발톱 표면에 베이스 코트를 발라준다.

(11) 풀 코트 컬러 도포하기

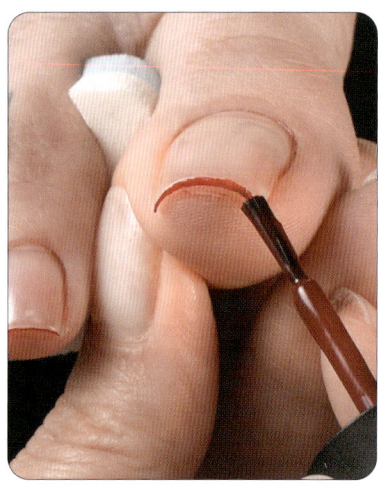 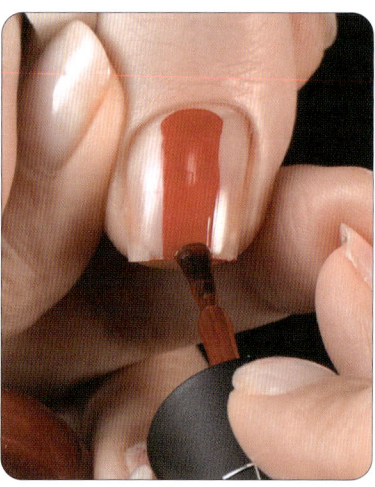

Check!!
풀 코트 컬러 도포란?
네일 자체인 네일 바디 전반에 걸쳐 프리에지 끝단에서 사이드 월 부분, 에포니키움라인 부분까지 꽉 채워 세심하게 도포하는 네일 폴리시 도포 방법이다.

프리에지에도 네일 폴리시를 발라준다.   발톱 표면에 네일 폴리시를 완전하게 채워 풀 컬러로 도포한다. 먼저 발톱의 중심 부분에 네일 폴리시를 도포한다.

발톱의 사이드 월 부분에 네일 폴리시가 닿지 않도록 주의하며 한쪽 사이드 부분을 채워준다.

발톱의 사이드 월 부분에 네일 폴리시가 닿지 않도록 주의하며 다른 한쪽 사이드 부분을 채워준다. 같은 방법으로 빨간색 네일 폴리시를 2회 도포한다.

네일 폴리시가 피부쪽으로 빗나간 부분은 오렌지 우드스틱으로 정리해 준다.

네일 폴리시가 빗나간 부분은 오렌지 우드스틱으로 정리해 준다.

(12) 탑 코트 1회 도포

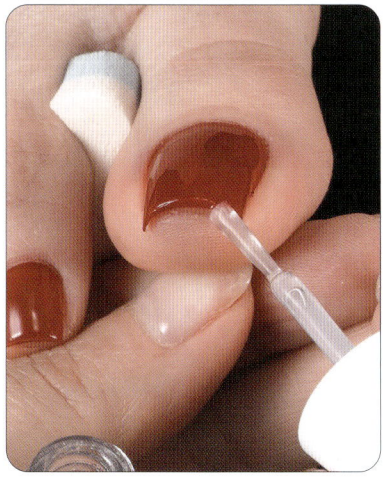

탑 코트를 네일 프리에지에 도포한다.

이미 도포된 네일 폴리시를 충분하게 덮을 수 있도록 발톱 표면 전체에 탑 코트를 도포한다.

탑 코트가 빗나간 부분은 오렌지 우드스틱으로 정리해 준다.

(13) 완성

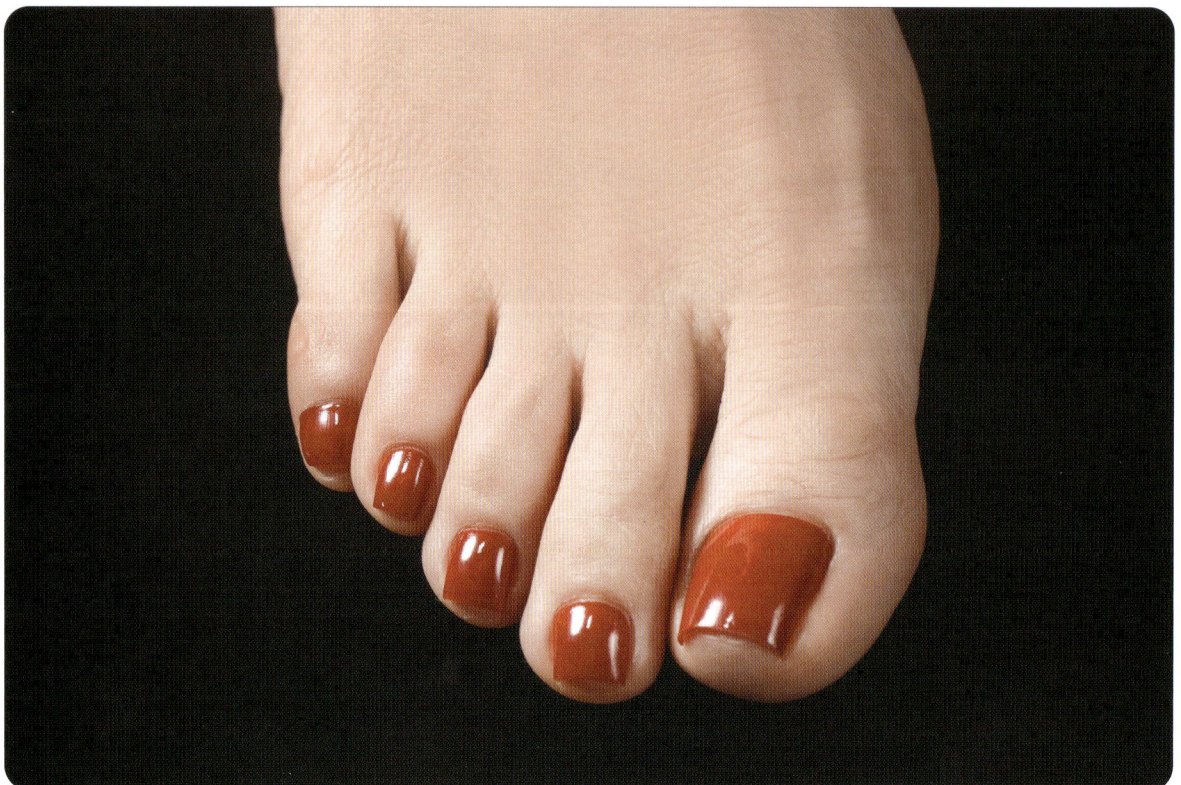

정면

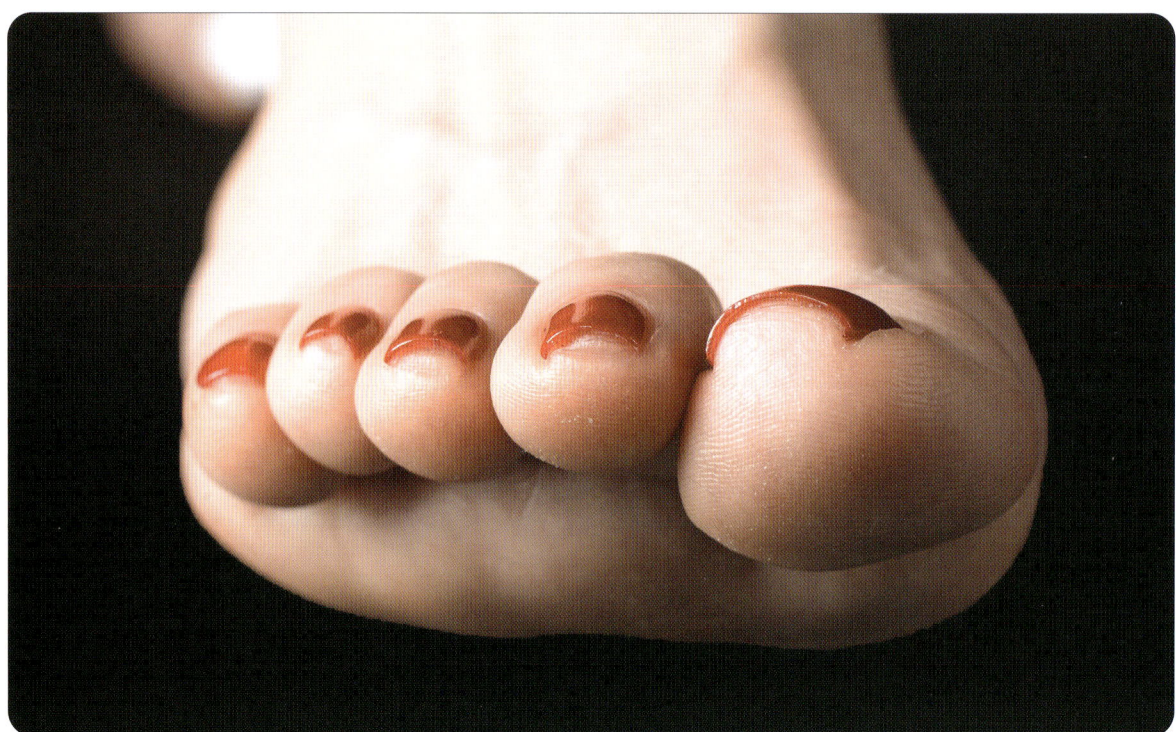

프리에지 선단

2. 딥 프렌치 페디큐어

- **딥 프렌치 페디큐어 과제를 수행하기 위한 요구사항**

  ① 수험자의 손과 모델의 발·발톱 소독을 실시한다.
  ② 모델의 오른발에 도포되어 있는 네일 폴리시를 깨끗하게 제거한다.
  ③ 오른발 5개의 발톱(1지~5지)에 물 분무기를 이용하여 습식 매니큐어를 실시한다.
  ④ 모델의 오른발의 1지~5지의 발톱을 스퀘어로 조형한다.
   스퀘어 : 스트레스 포인트에서 부터 프리에지까지 직선이 존재하고, 끝부분은 직선의 형태(스퀘어)를
      이루어야 하며 각이 있는 모서리가 존재하는 형태
  ⑤ 발톱 주변 큐티클을 오렌지 우드스틱 또는 큐티클 푸셔를 사용하여 안전하게 밀어준다.
  ⑥ 큐티클 니퍼를 사용하여 발톱 주변의 불필요한 거스러미를 정리한다.
  ⑦ 펄이 첨가되지 않은 순수 흰색 네일 폴리시를 사용하여 오른발 1지~5지의 발톱 모두를 딥 프렌치로 완성한다.
   단, 딥 프렌치 라인은 발톱 전체의 길이 1/2이상의 부분이어야 하며 반월 부분은 침범하지 않도록 한다.
  ⑧ 딥 프렌치 시에는 네일 폴리시를 프리에지 선단까지 완전하게 도포한다.
  ⑨ 베이스 코트 1회, 흰색 네일 폴리시 2회, 탑 코트 1회를 도포한다.

(1) 수험자의 손소독과 모델의 발소독하기

작업 대상 부위 : 오른발이며 발톱의 준비상태는 빨강색 폴리시가 도포된 상태여야 한다.

▶ 소독제를 뿌린 소독솜을 사용하여 소독을 실시한다.
▶ 수험자, 모델 순서로 소독을 실시한다.
▶ 발등과 발가락 사이사이를 깨끗하게 소독한다

소독솜에 피부 소독제를 뿌려서 적신다. 손등과 손바닥 손가락 사이사이를 꼼꼼하게 소독한다.

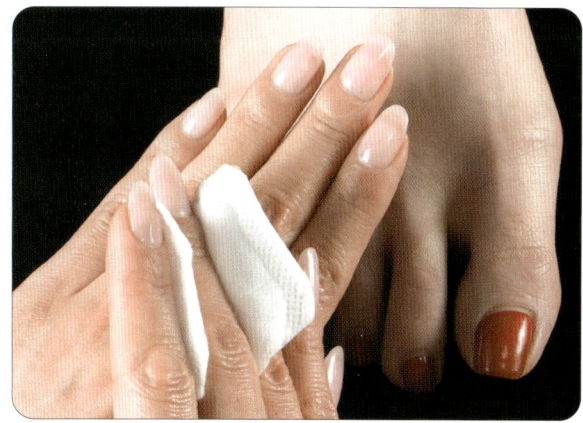

소독 시에는 반드시 수험자의 손소독을 먼저 행한다.
사용한 솜은 일회용 위생 봉투에 처리한다.

네일미용 실기 Perfect Nail Technology

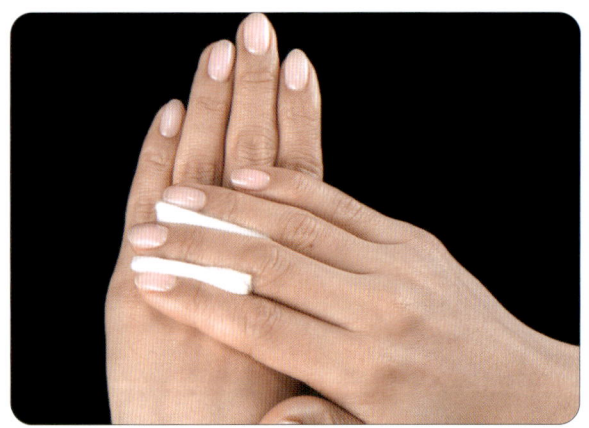

소독 시에는 반드시 수험자의 손소독을 먼저 행한다.

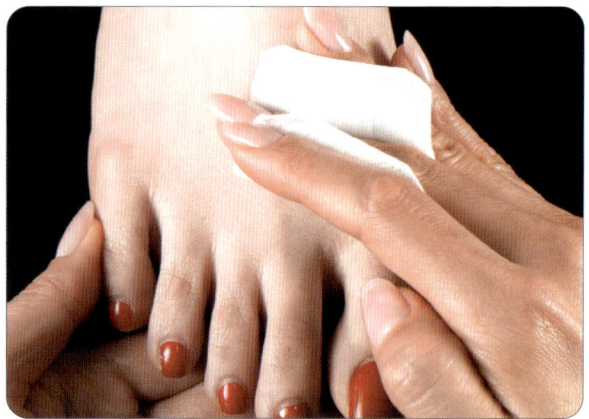

소독이 끝난 후 모델의 소독을 실시한다. 발등, 발가락 사이 순으로 행한다.
사용한 솜은 일회용 위생 봉투에 처리한다.

(2) 오래된 폴리시 지우기

솜에 폴리시 리무버를 충분하게 적시어 발톱에 올려주고 잠시 눌러주어 용해됨을 기다렸다가 부드럽게 움직임이 있을 때 제거하면 잔여물 없이 쉽게 제거된다.

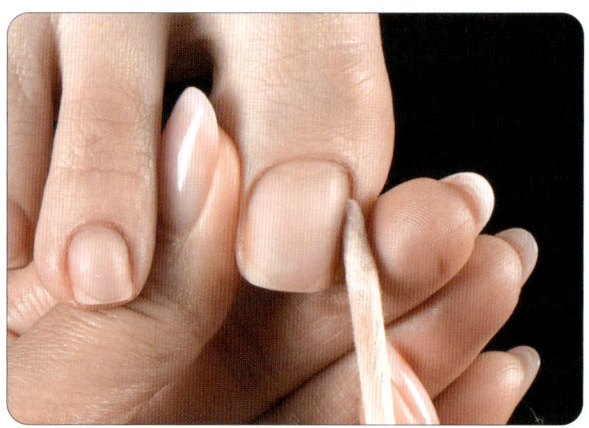

오렌지 우드스틱에 솜을 말아서 여분의 잔여물을 꼼꼼히 지워준다. 이 때 문지르지 않도록 주의한다.

(3) 프리에지 모양 잡기

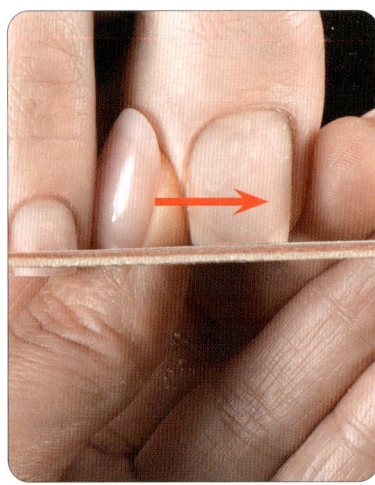

프리에지 선단을 정리하듯 가볍게 파일링한다. (네일 파일의 각도 90°)

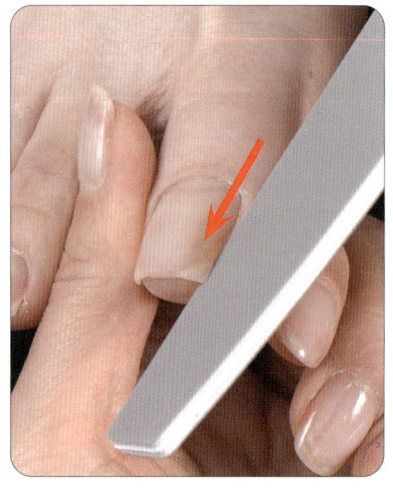

옆선은 스트레스 포인트에서 부터 직선을 이루도록 파일링한다.

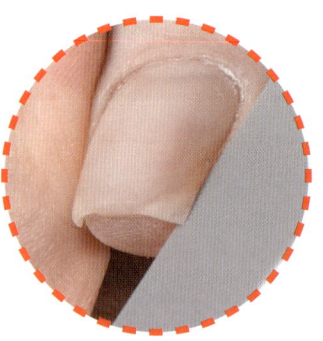

Check!!
발톱의 프리에지는 스퀘어 형태로 잡을 것!

(4) 발톱 표면 매끄럽게 하기

샌딩 파일을 사용하거나 샌딩 버퍼를 사용하여 발톱의 표면을 매끈하게 정리해 준다.

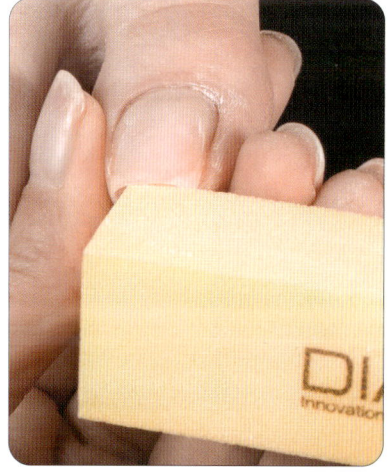
샌딩 파일을 사용하거나 샌딩 버퍼를 사용하여 발톱의 선단과 밑 부분을 매끈하게 정리해 준다.

네일 더스트 브러시를 사용하여 발톱 표면과 밑의 분진들을 깨끗하게 제거한다.

(5) 큐티클 연화하기 (5)-1 물 분무기 분사하기

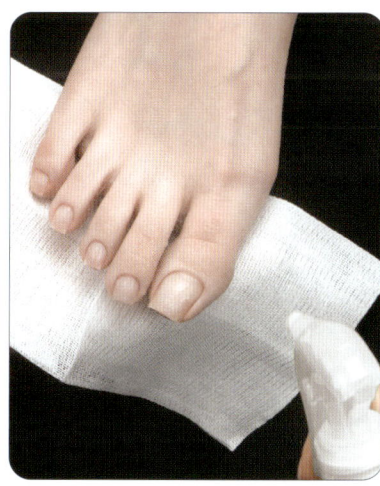
물 분무기와 거즈를 사용하여 습식 페디큐어를 실시한다. 그림과 같이 멸균 거즈로 작업 대상부위인 발을 받히고 물 분무기를 분사하면 바닥에 물이 떨어지는 것을 방지할 수 있다. 물기를 멸균 거즈로 닦으면 편리하고 위생적이다.

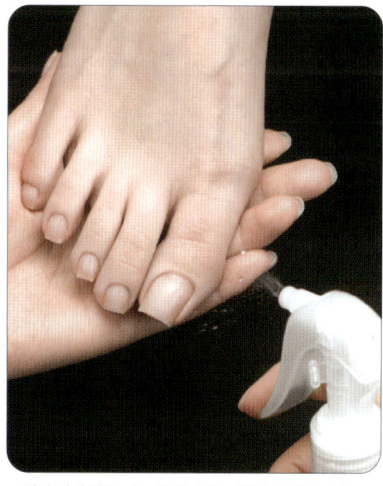
그림과 같이 멸균 거즈 받히지 않고 물 분무기를 분사하면 바닥에 물이 떨어지는 것을 막을 수 없다.

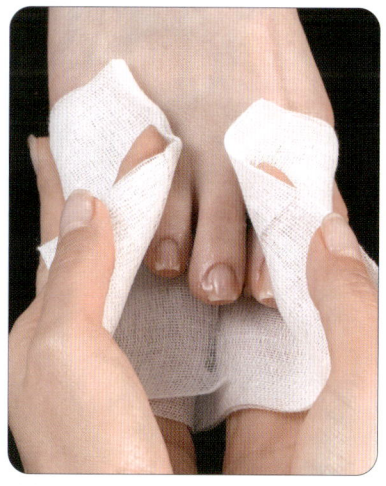
발에 묻어있는 물기를 멸균 거즈로 닦는다. 멸균 거즈의 사용은 편리하고 위생적이다. 사용한 멸균 거즈는 위생 봉투에 버린다.

(5) 큐티클 연화하기 (5)-2 큐티클 연화제 도포하기

Check!! 큐티클 리무버를 사용하거나 큐티클 오일을 사용하여 큐티클을 연화시킨다.

(6) 큐티클 밀어주기

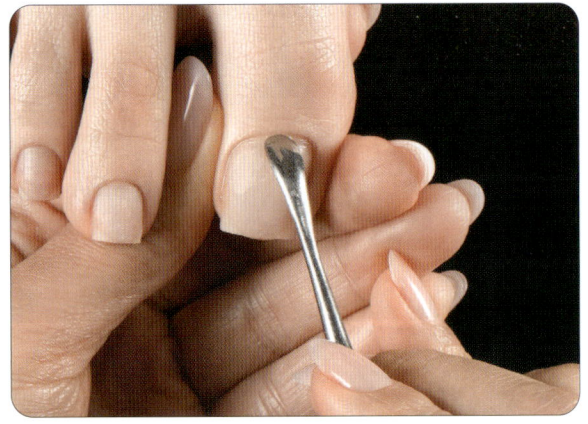 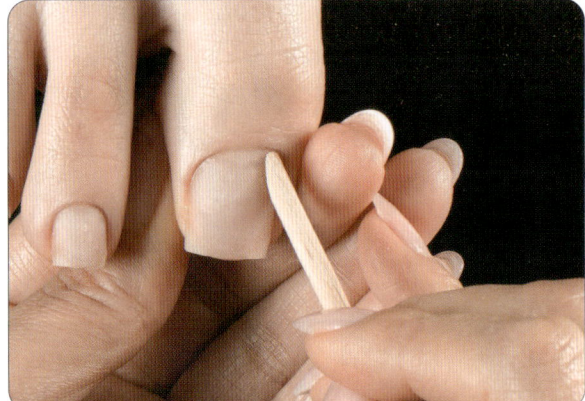

Check!! 오렌지 우드스틱이나 큐티클 푸셔로 발톱위에 붙어 있는 큐티클을 안전하게 밀어준다.

(7) 큐티클 정리하기

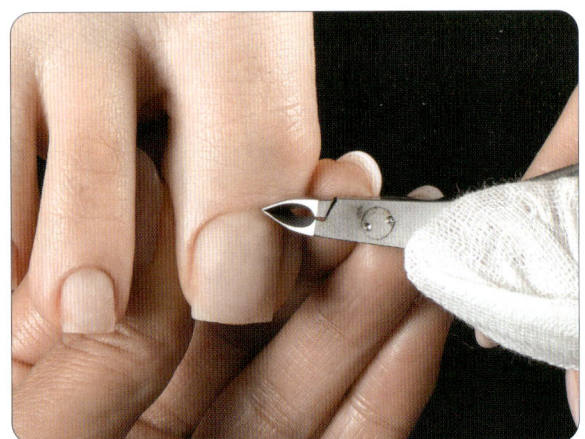 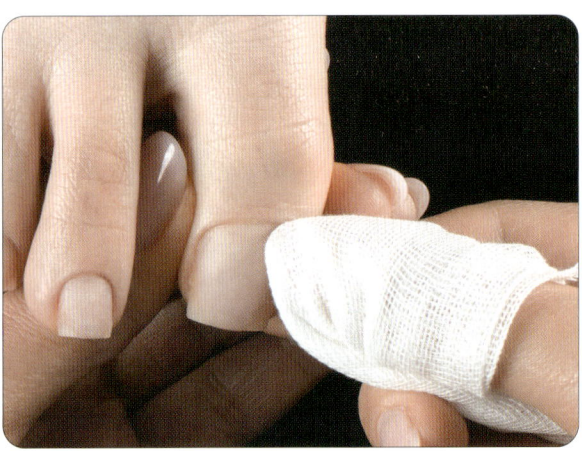

큐티클 니퍼를 사용하여 큐티클을 정리한다. 멸균 거즈를 사용하여 큐티클을 정리한다.

(8) 유분기 제거하기

 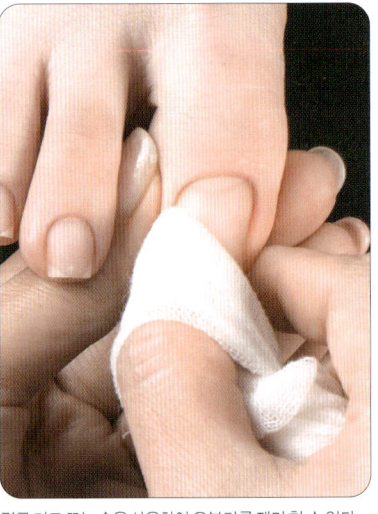 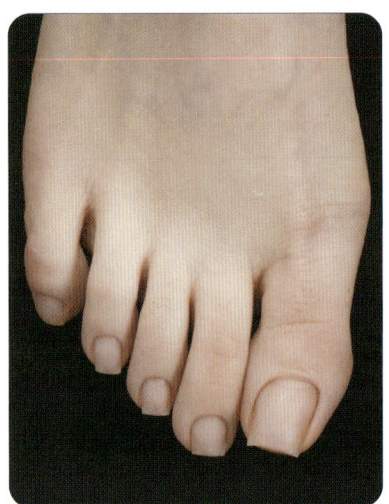

멸균 거즈 또는 솜을 사용하여 유분기를 제거할 수 있다. 멸균 거즈 또는 솜을 사용하여 유분기를 제거할 수 있다.

(9) 토우세퍼레이터 끼우기

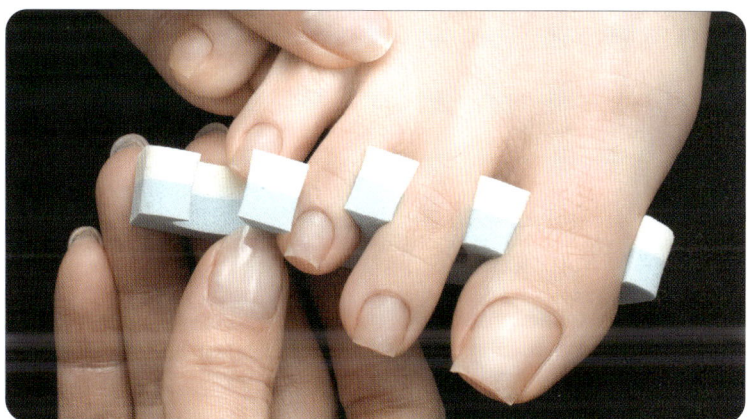

Check!!
토우세퍼레이터는 발톱에 네일 폴리시를 도포하기 쉽도록 해주는 보조 도구이며 일회용 소모품이다. 토우세퍼레이터를 끼울 때에는 발톱에 시술자의 손이 닿지 않도록 유의하고 만일, 닿았을 시에는 다시 한번 발톱 표면을 정리해 준다.(유분기를 제거)

(2) 베이스 코트 1회 도포

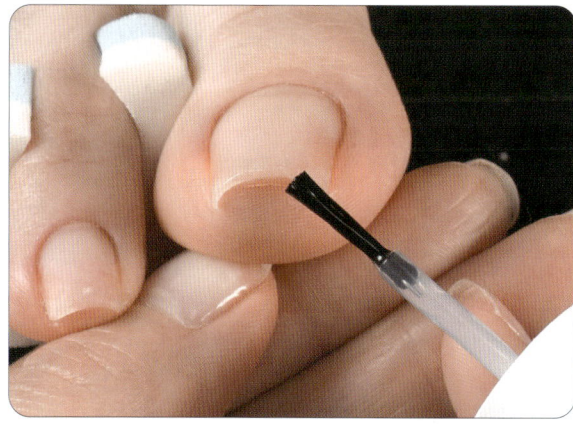 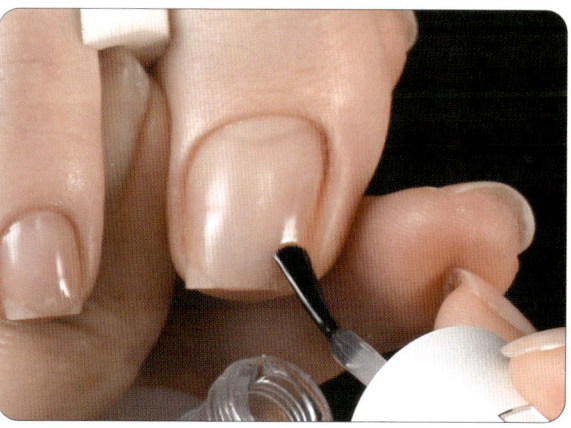

베이스 코트를 프리에지 선단에 1회 도포한다.   발톱 표면에 베이스 코트를 발라준다.

(11) 딥 프렌치 컬러 도포하기

 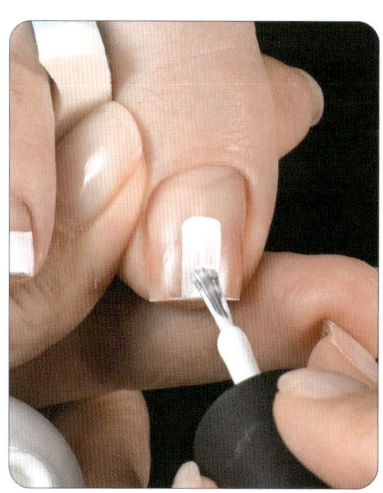

Check!!
딥 프렌치 도포하는 방법은 다양하다. 본 교재에서는 손톱의 딥 프렌치 바르는 방법과 발톱의 딥 프렌치 바르는 방법을 달리하여 다양한 도포 방법을 소개하였다. 연습하여 본인에게 맞는 방법을 찾으세요.!

프리에지의 선단에 흰색 네일 폴리시를 도포한다.   첫 번째, 딥 프렌치의 스마일라인의 위치를 정하고 발톱의 중심 부분에 선을 칠해 준다.

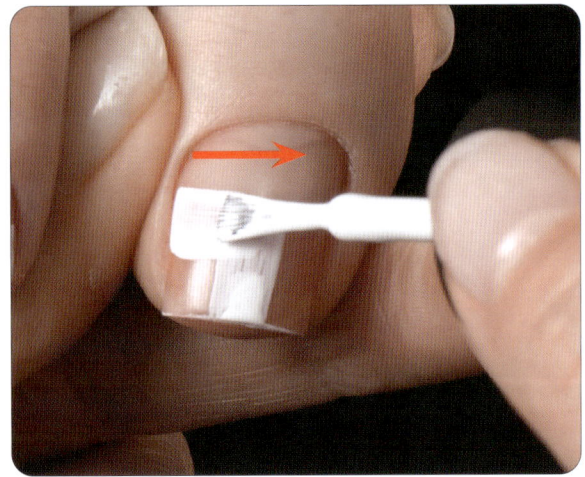

두 번째, 중심선을 향해 왼쪽에서 오른쪽으로 라인을 그려 준다.

세 번째, 반쪽의 스마일 라인을 형성한 후, 붓을 아래 방향, 일자로 내려서 컬러를 도포한다.

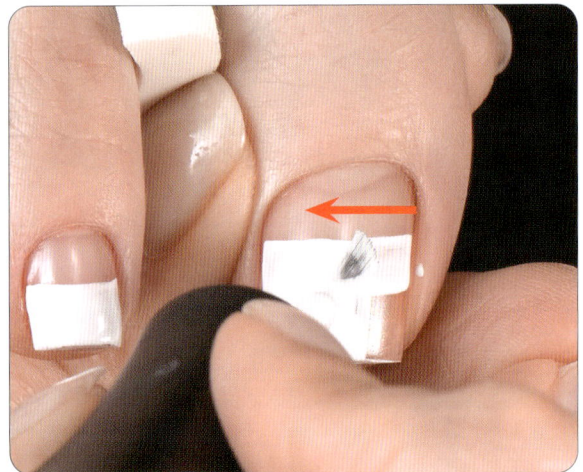

네 번째, 중심선을 향해 오른쪽에서 왼쪽으로 라인을 그려준다.

다섯 번째, 붓을 일자로 내려 남은 공간을 칠해 준다.

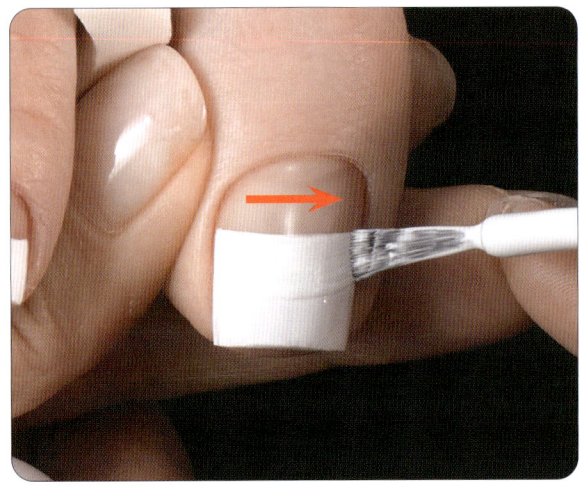

다시 한번 스마일 라인을 오른쪽에서 왼쪽으로 칠해 준다.

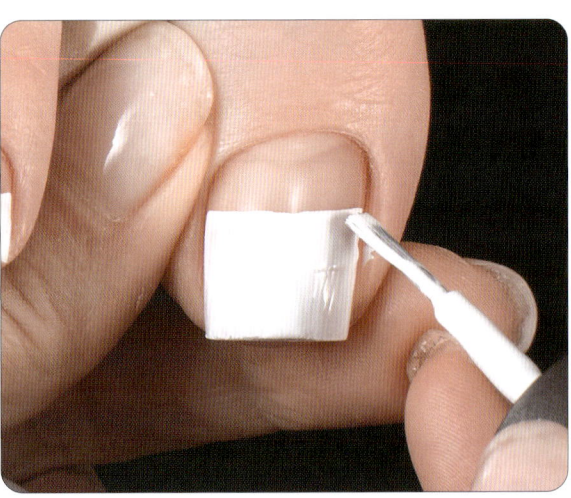

전반적으로 컬러를 덧 입혀 준다.

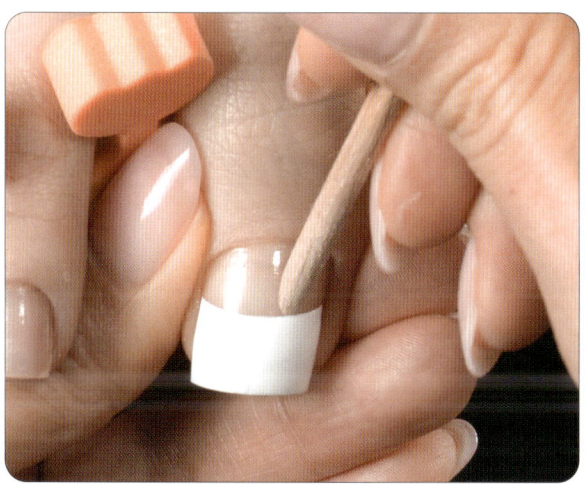

오렌지 우드스틱으로 스마일 라인을 교정해 준다.

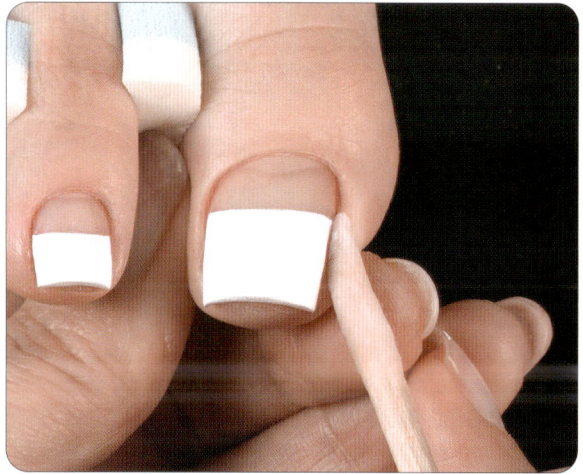

사이드 부분에 묻은 네일 폴리시를 오렌지 우드스틱을 사용하여 제거해 준다.

(12) 탑 코트 1회 도포

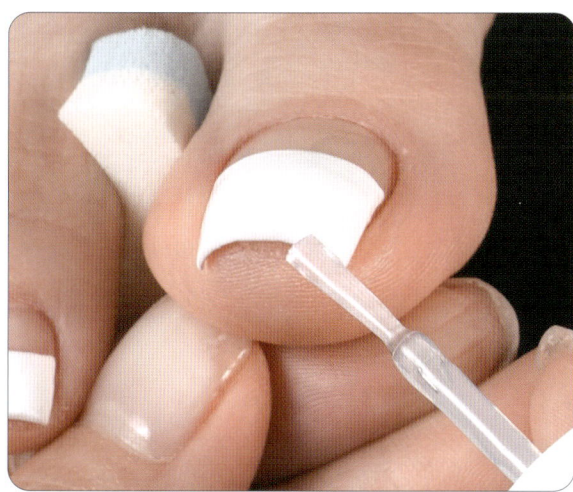

탑 코트를 1회 도포한다. 프리에지 선단에 도포한다.

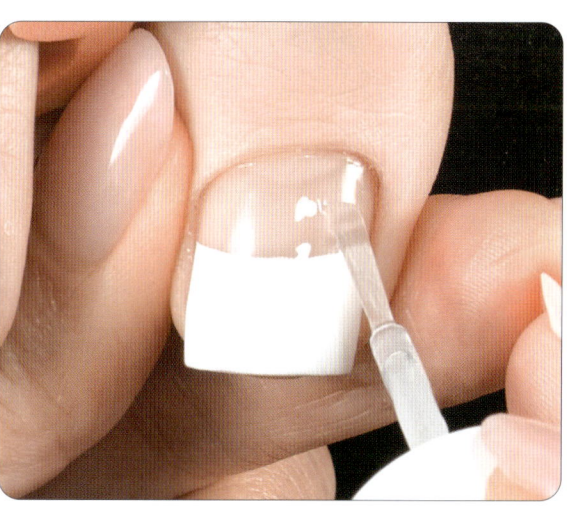

탑 코트를 1회 도포한다. 발톱 전반에 걸쳐 도포한다.

탑 코트가 피부 주변에 넘친것들이 있는지 확인하고
오렌지 우드스틱으로 정리해 준다.

(13) 완성

정면

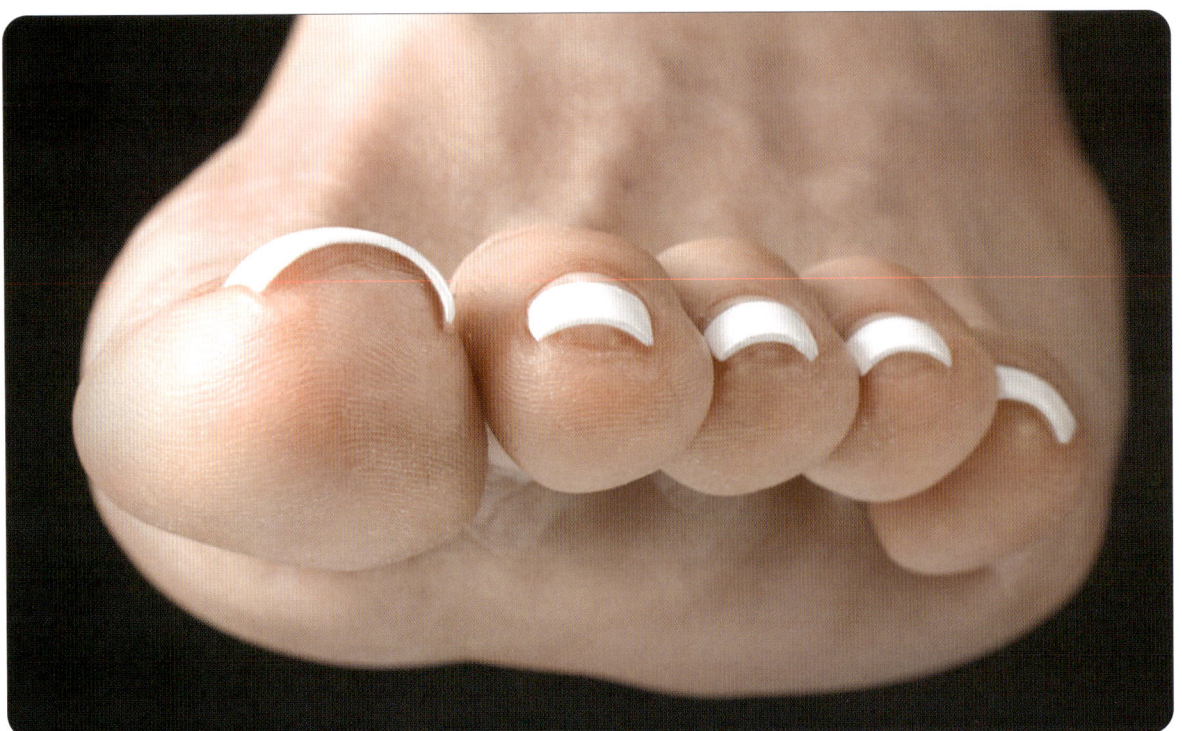

프리에지 선단

3. 그라데이션 페디큐어

● 그라데이션 과제를 수행하기 위한 요구사항

① 수험자의 손과 모델의 발·발톱 소독을 실시한다.
② 모델의 오른발에 도포되어 있는 네일 폴리시를 깨끗하게 제거한다.
③ 오른발 5개의 발톱(1지~5지)에 물 분무기를 이용하여 습식 매니큐어를 실시한다.
④ 모델의 오른발의 1지~5지의 발톱을 스퀘어로 조형한다.
   스퀘어 : 스트레스 포인트에서부터 프리에지까지 직선이 존재하고, 끝 부분은 직선의 형태(스퀘어)를
          이루어야 하며 각이 있는 모서리가 존재하는 형태
⑤ 발톱 주변 큐티클을 오렌지 우드스틱 또는 큐티클 푸셔를 사용하여 안전하게 밀어준다.
⑥ 큐티클 니퍼를 사용하여 발톱 주변의 불필요한 거스러미를 정리한다.
⑦ 펄이 첨가되지 않은 순수 흰색 네일 폴리시를 사용하여 오른발 1지~5지의 발톱 모두를 그라데이션으로 완성한다. 단, 그라데이션의 범위는 발톱 프리에지에서 시작하여 전체 길이의 1/2이상이며, 스펀지를 이용하되 반월 부분은 침범하지 않는다.
⑧ 그라데이션 시에는 네일 폴리시를 프리에지 선단까지 완전하게 도포한다.
⑨ 베이스 코트 1회, 흰색 그라데이션 도포, 탑 코트 1회를 도포한다.

(1) 수험자의 손소독과 모델의 발소독하기

작업 대상 부위 : 오른발이며 발톱의 준비상태는 빨강색 폴리시가 도포된 상태여야 한다.

▶ 소독제를 뿌린 소독솜을 사용하여 소독을 실시한다.
▶ 수험자, 모델 순서로 소독을 실시한다.
▶ 발등과 발가락 사이사이를 깨끗하게 소독한다

소독솜에 피부 소독제를 뿌려서 적신다. 손등과 손바닥 손가락 사이사이를 꼼꼼하게 소독한다.

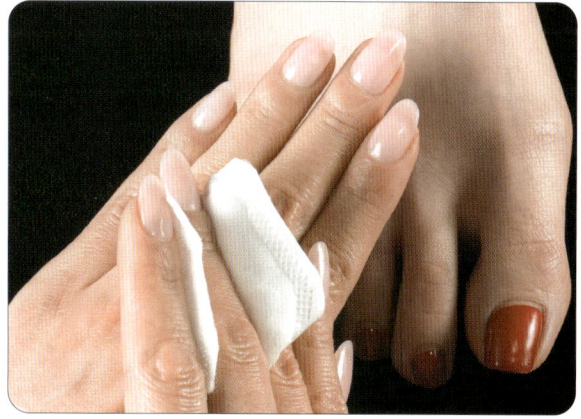

소독 시에는 반드시 수험자의 손소독을 먼저 행한다. 사용한 솜은 일회용 위생 봉투에 처리한다.

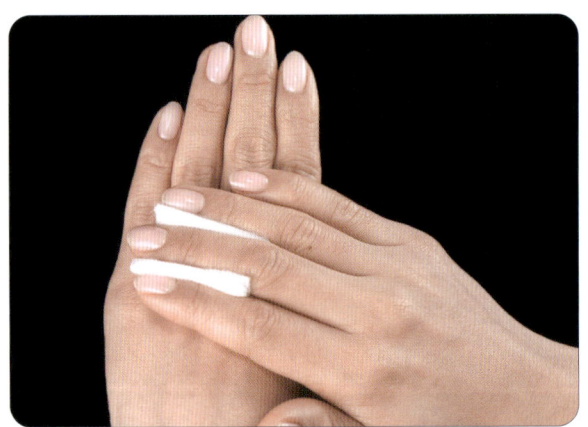

소독 시에는 반드시 수험자의 손소독을 먼저 행한다.

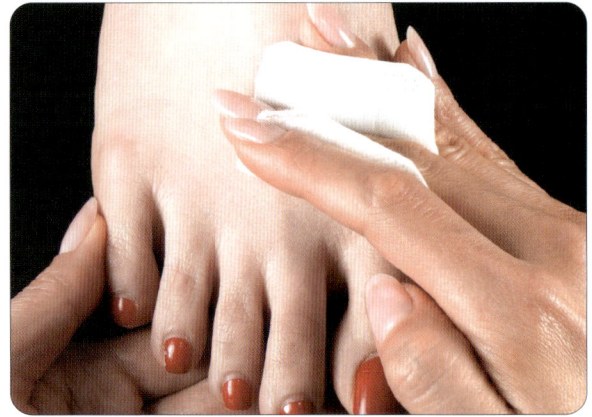

소독이 끝난 후 모델의 소독을 실시한다. 발등, 발가락 사이 순으로 행한다.
사용한 솜은 일회용 위생 봉투에 처리한다.

(2) 오래된 폴리시 지우기

솜에 폴리시 리무버를 충분하게 적시어 발톱에 올려주고 잠시 눌러주어 용해됨을 기다렸다가 부드럽게 움직임이 있을 때 제거하면 잔여물 없이 쉽게 제거된다.

오렌지 우드스틱에 솜을 말아서 여분의 잔여물을 꼼꼼히 지워준다. 이 때 문지르지 않도록 주의한다.

(3) 프리에지 모양 잡기

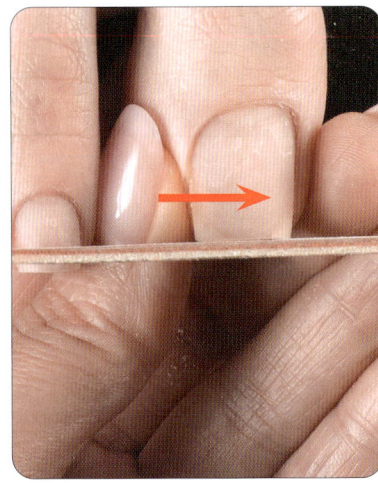

프리에지 선단을 정리하듯 가볍게 파일링한다. (네일 파일의 각도 90°)

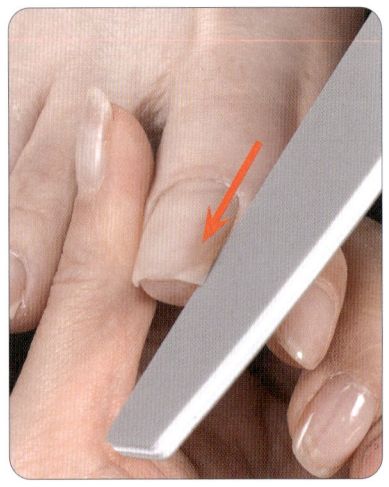

옆선은 스트레스 포인트에서 부터 직선을 이루도록 파일링 한다.

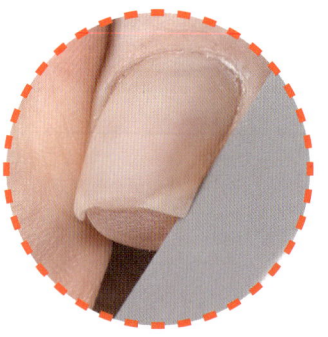

Check!!
발톱의 프리에지는 스퀘어 형태로 잡을 것!

(4) 발톱 표면 매끄럽게 하기

샌딩 파일을 사용하거나 샌딩 버퍼를 사용하여 발톱의 표면을 매끈하게 정리해 준다.

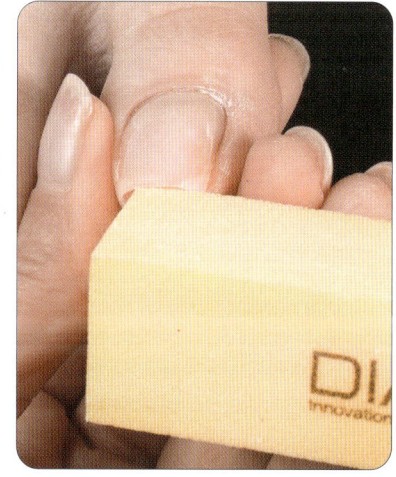
샌딩 파일을 사용하거나 샌딩 버퍼를 사용하여 발톱의 선단과 밑 부분을 매끈하게 정리해 준다.

네일 더스트 브러시를 사용하여 발톱 표면과 밑의 분진들을 깨끗하게 제거한다.

(5) 큐티클 연화하기 (5)-1 물 분무기 분사하기

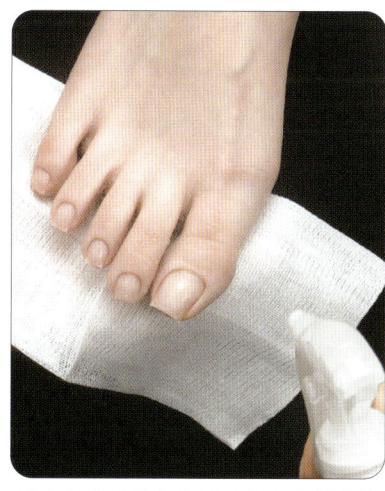
물 분무기와 거즈를 사용하여 습식 페디큐어를 실시한다. 그림과 같이 멸균 거즈로 작업 대상부위인 발을 받히고 물 분무기를 분사하면 바닥에 물이 떨어지는 것을 방지할 수 있다. 물기를 멸균 거즈로 닦으면 편리하고 위생적이다.

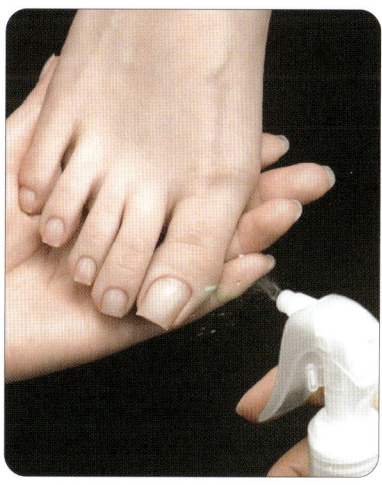
그림과 같이 멸균 거즈 받히지 않고 물 분무기를 분사하면 바닥에 물이 떨어지는 것을 막을 수 없다.

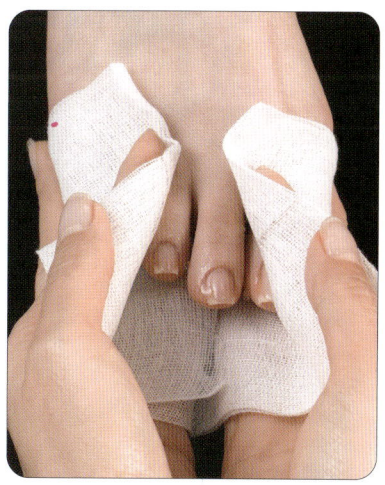
발에 묻어있는 물기를 멸균 거즈로 닦는다. 멸균 거즈의 사용은 편리하고 위생적이다. 사용한 멸균 거즈는 위생 봉투에 버린다.

(5) 큐티클 연화하기 (5)-2 큐티클 연화제 도포하기

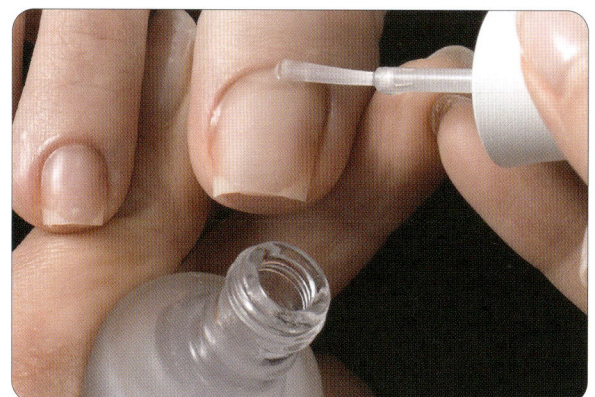

Check!! 큐티클 리무버를 사용하거나 큐티클 오일을 사용하여 큐티클을 연화시킨다.

(6) 큐티클 밀어주기

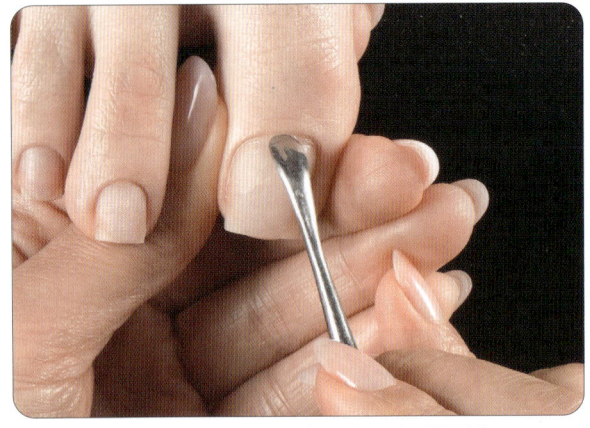
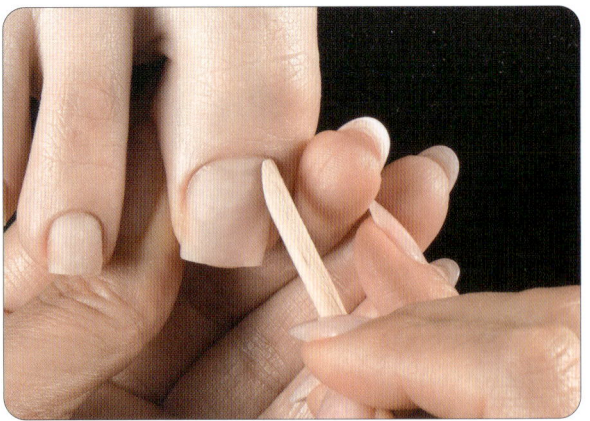

Check!! 오렌지 우드스틱이나 큐티클 푸셔로 발톱위에 붙어 있는 큐티클을 안전하게 밀어준다.

(7) 큐티클 정리하기

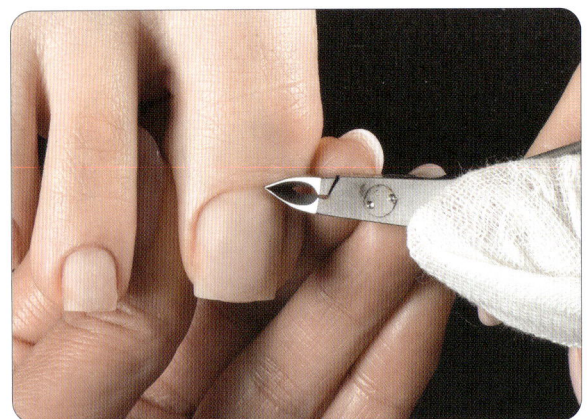
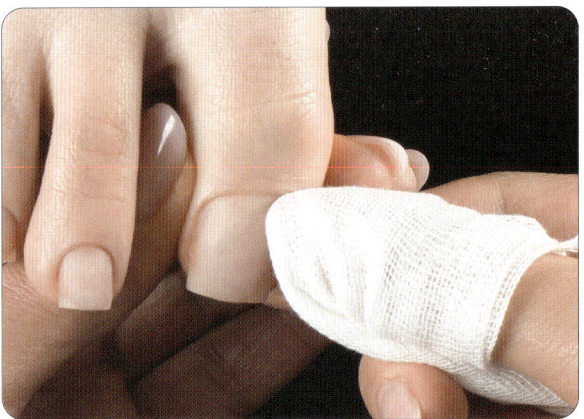

큐티클 니퍼를 사용하여 큐티클을 정리한다.

멸균 거즈를 사용하여 큐티클을 정리한다.

(8) 유분기 제거하기

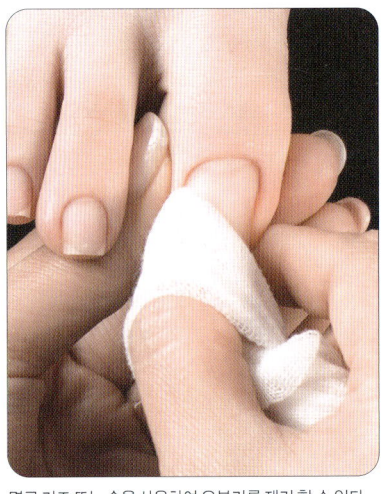
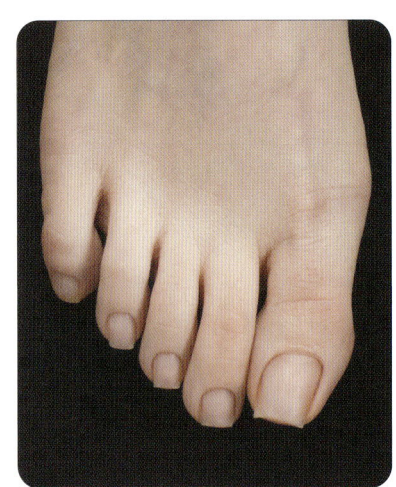

멸균 거즈 또는 솜을 사용하여 유분기를 제거 할 수 있다.

멸균 거즈 또는 솜을 사용하여 유분기를 제거 할 수 있다.

(9) 토우세퍼레이터 끼우기

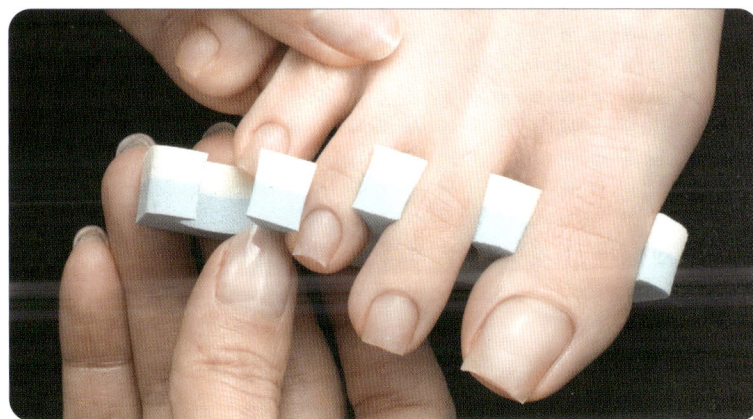

Check!!
토우세퍼레이터는 발톱에 네일 폴리시를 도포하기 쉽도록 해주는 보조 도구이며 일회용 소모품이다. 토우세퍼레이터를 끼울 때에는 발톱에 시술자의 손이 닿지 않도록 유의하고 만일, 닿았을 시에는 다시 한번 발톱 표면을 정리해 준다.(유분기를 제거)

(2) 베이스 코트 1회 도포

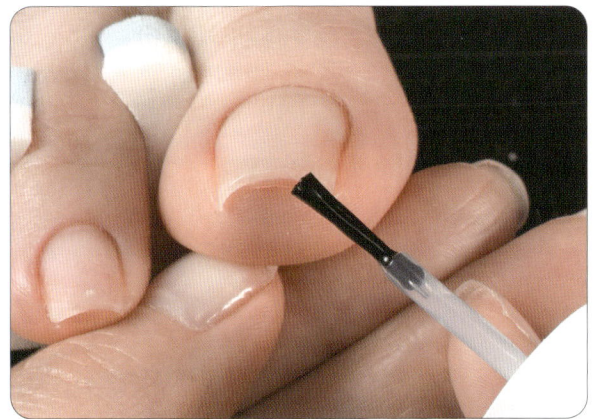

베이스 코트를 프리에지 선단에 1회 도포한다.

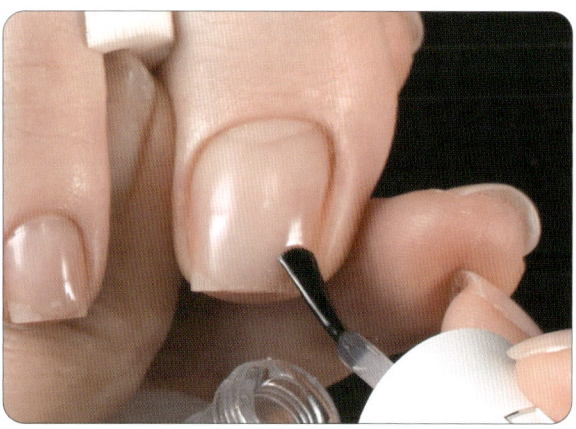

발톱 표면에 베이스 코트를 발라준다.

(11) 그라데이션컬러 도포하기

흰색 네일 폴리시와 포일 팔레트를 준비한다.

흰색 네일 폴리시를 덜어낸다.

네일미용 실기 Perfect Nail Technology

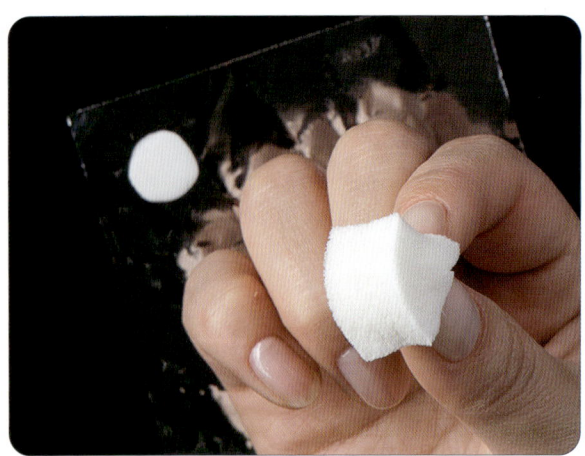

스펀지를 사진과 같은 모양으로 세로가 길게 잡는다.

호일 팔레트 위에서 스펀지를 찍어주면서 스펀지 안에서의 그라데이션을 유도한다.

그라데이션이 되어 있는 스펀지를 이용하여 먼저 프리에지 끝에서부터 천천히 표면을 터치하여 두드리며 네일 길이의 2/3지점 까지 컬러링 한다. 스펀지를 핀셋으로 잡아 사용 할 수 있다.

다시 같은 컬러로 프리에지에서부터 1/3지점 정도까지 똑같은 방법으로 컬러링 한다. 스펀지를 손으로 잡아 사용 할 수 있다.

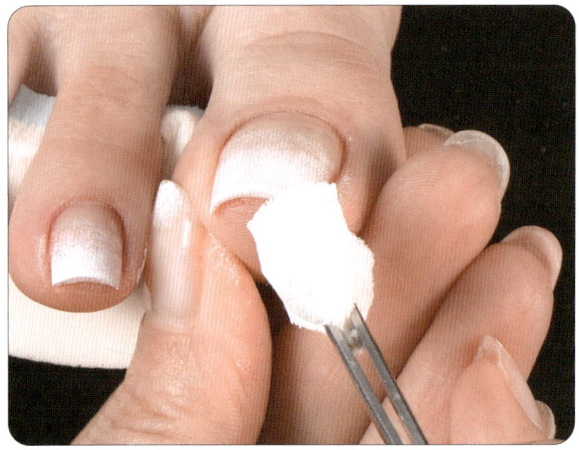

프리에지 선단에 폴리시를 발라준다.

네일 폴리시가 피부쪽으로 빗나간 부분은 오렌지 우드스틱으로 정리해 준다.

(12) 탑 코트 1회 도포하기

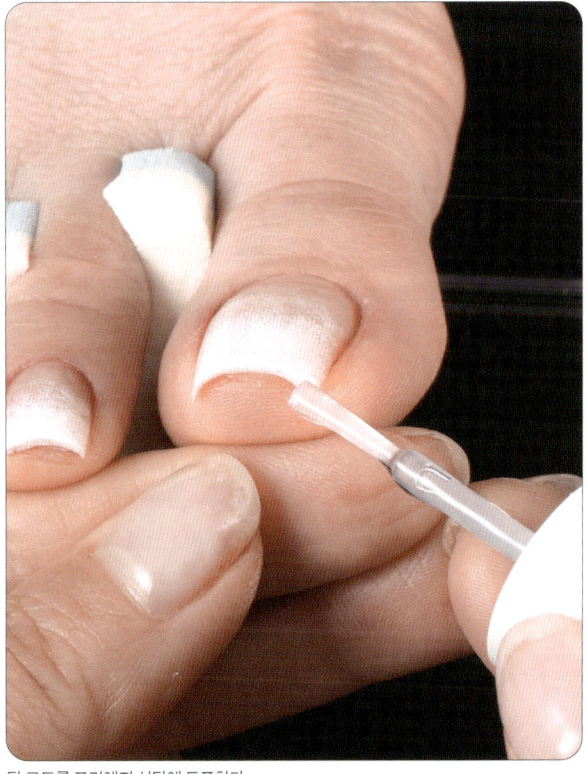

탑 코트를 프리에지 선단에 도포한다.

탑 코트를 도포한다. 이미 도포된 네일 폴리시를 충분하게 덮을 수 있도록 발톱 표면 전체와 프리에지까지 도포한다.

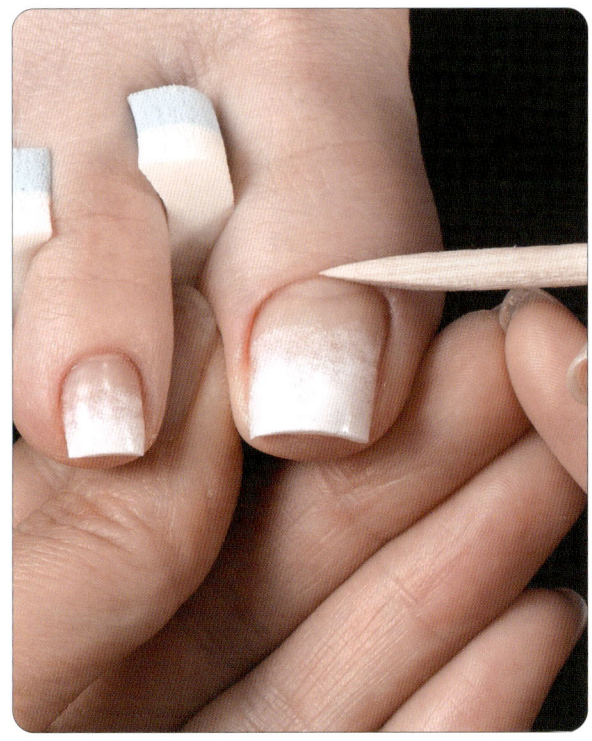

탑 코트가 피부쪽으로 넘쳐서 흐른 경우에는 오렌지 우드스틱을 사용하여 닦아준다.

탑 코트가 피부쪽으로 넘쳐서 흐른 경우에는 오렌지 우드스틱을 사용하여 닦아준다.

(13) 완성

정면

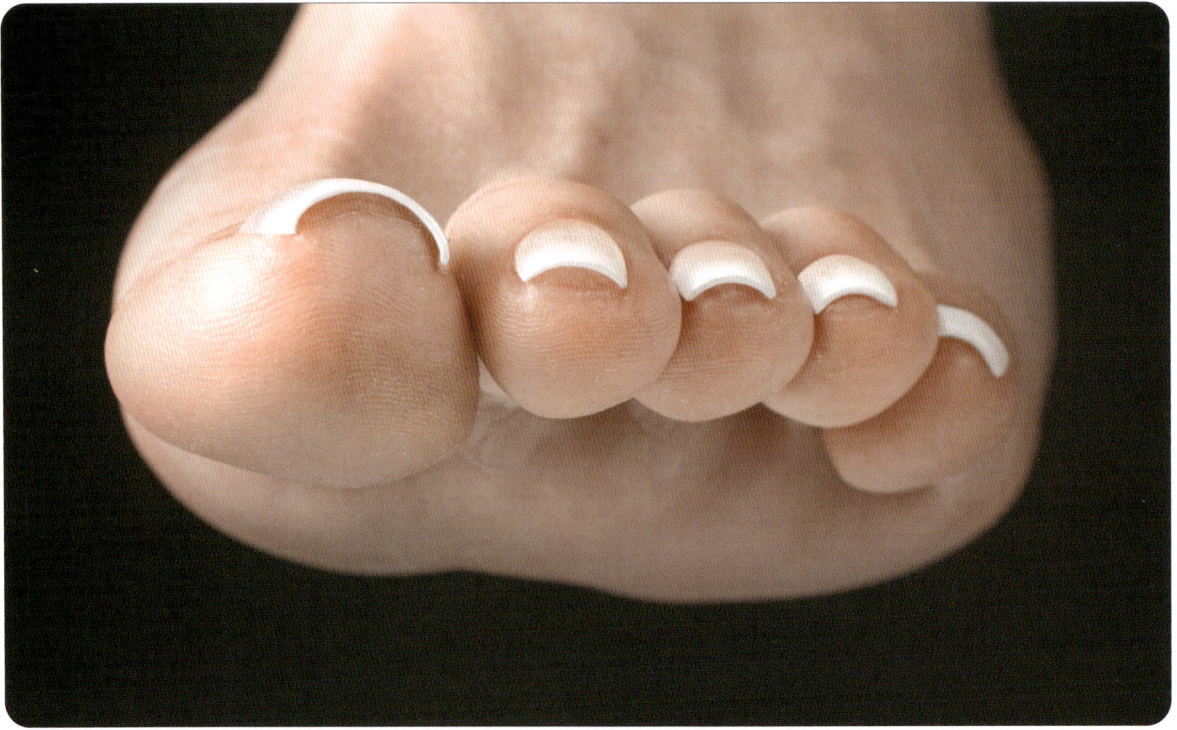

프리에지 선단

※ 리페어(보수)가 필요한 발톱의 경우

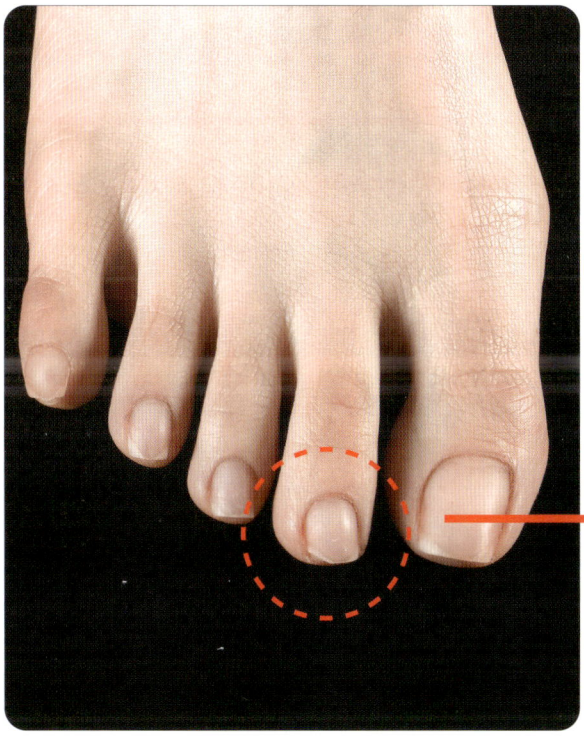

두 번째 발톱에 리페어가 필요한 경우 - 발톱의 일부가 찢어져서 탈락 된 경우

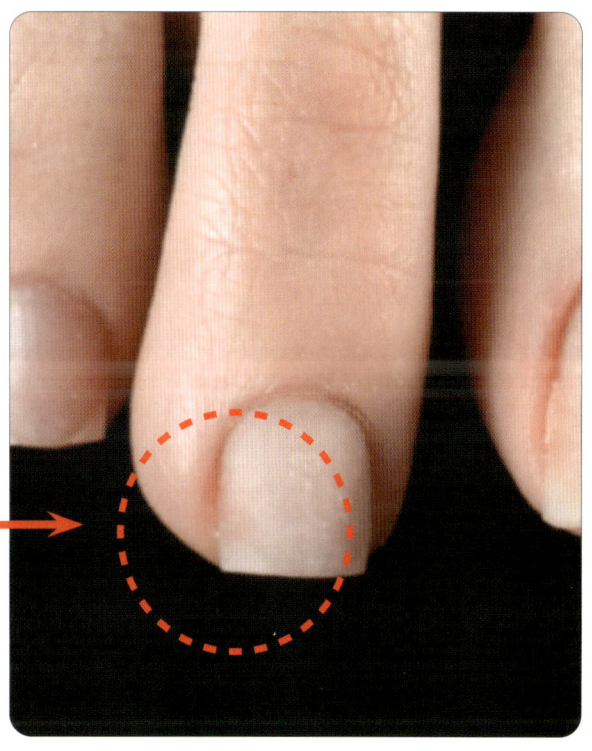

리페어를 통해 완성된 네일의 예시
- 전체 길이 연장이 아닌, 일부 탈락 된 부분을 보수한 경우

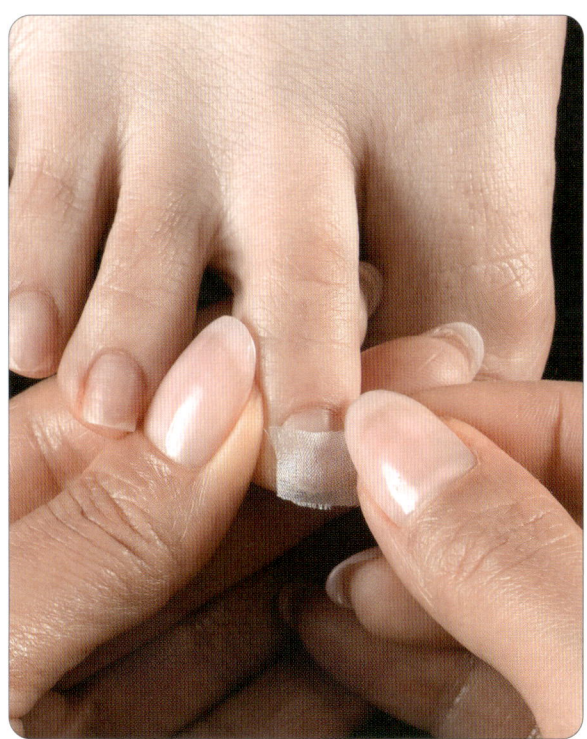

실크랩으로 리페어를 할 경우 글루, 젤글루, 필러파우더를 사용한다.

아크릴릭으로 리페어를 할 경우 클리어폴리머와 모노머를 사용한다.

네일
미용

네일그랜마와
예지쌤이
추천해요 ♥

 국시 합격자들의 필수코스
유튜브 네일그랜마

제3장

제 2 과제 – 젤 매니큐어

- 수험자 공통 유의사항과 기본점검 목록
- 과제별 재료 세팅과 2과제 재료 설명
- 선 마블링 젤 매니큐어
 (선긋기, 레드&화이트)
- 부채꼴 마블링 젤 매니큐어
 (부채꼴, 레드&화이트)

PERFECT
NAIL
TECHNICIAN

01 제 2 과제 – 젤 매니큐어

시험 기간	35분
대상 부위	왼손 1~5지 손톱
	손톱
세부 과제	1. 선 마블링 (선긋기, 레드 & 화이트)
	2. 부채꼴 마블링 (부채꼴, 레드 & 화이트)
프리에지의 형태	라운드
배점	20점

제 2과제 젤 매니큐어 시, 수험자 공통 유의사항

1. 모델 왼손의 손톱은 사전에 큐티클 정리가 되어 있어야 한다.
2. 모델 왼손의 손톱은 스퀘어 또는 스퀘어 오프 상태로 준비되어 있어야 한다.
3. 모델의 손톱의 프리에지 형태는 라운드로 조형한다.
   - 자연 네일의 파일링 시에는 문지르지 아니하며 한 방향으로 파일링 한다.
4. 손톱의 길이는 옐로우 라인의 중심에서 5mm 이내의 길이로 일정하게 작업한다.
5. 큐티클 연화제(큐티클 크림, 큐티클 오일, 큐티클 크림)과 멸균 거즈는 적절하게 사용한다.
6. 젤 폴리시외 부적합한 제품(물감, 통젤, 빨강색, 흰색을 벗어난 색 등)을 제한한다.
7. 컬러 도포 시 아트용 브러시를 사용 할 수 있다.
8. 젤 경화 시 시간을 준수하고 미경화젤이 남지 않도록 주의한다.
9. 젤 탑 코트 후 마무리 시, 오일을 금한다.
10. 큐티클 니퍼, 큐티클 푸셔, 클리퍼, 네일 더스트 브러시, 오렌지 우드스틱(푸셔용)은 알코올 소독용기에 담가 두어야 한다.

기본점검 목록

기본적인 복장	흰 가운, 마스크, 긴 바지, 운동화
기본적인 세팅	- 알코올 소독용기 (70% 알코올을 200ml 정도의 무색 투명한 유리컵에 80% 이상 채워 준비 할 것) - 알코올 소독용기에 큐티클 니퍼, 큐티클 푸셔, 클리퍼, 네일 더스트 브러시, 오렌지 우드 스틱을 담글것. - 위생봉투를 수험자 오른편 테이블에 접착시켜 준비 할 것. - 흰색 타올, 손목 받침대 - 매 과제 작업 완료 후, 작업 테이블 정리까지 작업의 완료임을 숙지 할 것.
모델의 준비	- 모델 왼손 손톱의 큐티클 부분은 정리가 되어있으며 프리에지의 모양은 스퀘어 또는 스퀘어 오프 상태로 유지. - 리페어는 2개까지 허용함. - 손톱의 길이는 옐로우 라인의 중심에서 5mm이내로 준비

네일미용 실기 Perfect Nail Technology

2과제 — 재료 세팅

핀 타입 젤 램프기기는 추가 지참및 일반형 램프기기와 혼용사용이 가능합니다.

사용한 우드스틱과 스펀지, 솜, 멸균 거즈등은 위생 봉투에 처리해주세요!

2과제 재료

흰색 타올, 손목 받침대
시술 테이블을 덮어 작업 환경을 정리하며 시술 시 고객의 손목, 팔을 올려놓음으로써 안락함을 제공한다. 시술자에게도 시술의 편리성을 제공한다.- 40×80cm 내외

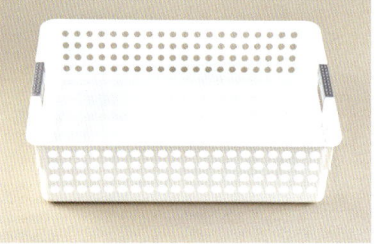

정리함
시술 시 사용되는 도구나 재료를 정리하여 사용하기 쉽도록 배치하여 놓을 수 있는 받침대이다.
- 정리함, 도구 재료수납용(20×30cm이상), 1개

투명 위생 비닐봉투
시술 시 배출되는 모든 소모품과 쓰레기, 폐기물, 오물 등을 처리하는데 용이한 쓰레기 봉투이다.
- 시술자의 오른편 테이블에 부착, 소모품 처리용

소독용기
알코올 소독용기는 70% 알코올을 200ml정도의 무색 투명한 유리컵에 80% 이상 채워 준비한다. 이 때 큐티클 니퍼, 큐티클 푸셔, 클리퍼, 네일 더스트 브러시, 오렌지 우드스틱을 담가 소독을 유지한다.

도구 소독제
모든 시술 전 도구를 소독하는데 사용하는 도구 소독제로 소독과 위생에 꼭 필요한 항균제이다.

소독제
모든 시술 전 시술자와 모델 모두를 소독하는데 사용하는 피부 소독제로 소독과 위생에 꼭 필요한 항균제이다.
- 피부소독제

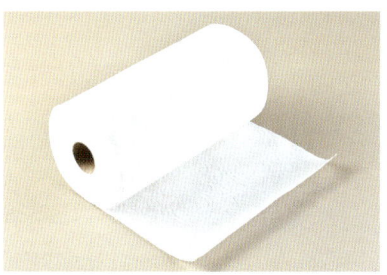

페이퍼 타월
매니큐어, 페디큐어 시술 시 발생되는 여러 가지 잔여물들을 처리하는 일회용 클린 타월이다. 매 시술 시 교체하여야 하며 청결함을 유지하도록 한다.
- 예) 도구를 닦거나 제품의 양을 조절할 때 사용.

탈지면과 거즈용기
네일관리 시에 사용되는 솜과 거즈를 넣어두는 용기는 뚜껑이 있는 것으로 준비하여 먼지가 달라 붙지 않도록 유의한다.
- 소독용, 폴리시 제거, 인조네일 등에 사용

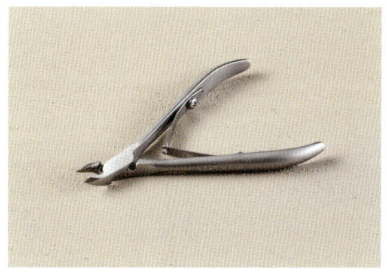

큐티클 니퍼
손톱과 발톱 주변의 큐티클과 거스러미 제거 시 사용하며 반드시 소독이 필요하다.
- 소독 필요, 스테인레스스틸

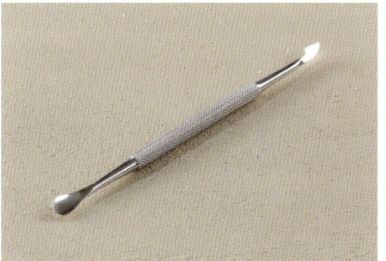

큐티클 푸셔
손톱과 발톱 주변의 각질인 큐티클을 밀어 올리는 역할을 하며 소독이 반드시 필요하다.
- 소독 필요

클리퍼
손톱과 발톱을 자를 때 사용하는 일자형 클리퍼이다.
- 소독 필요

자연네일용 파일
자연네일용 파일은 일반적으로 180grit 이상의 것을 사용하며 우드 파일 또는 소독이 가능한 워셔블 파일도 있다. 자연 손톱의 길이를 조절할 때 사용한다. 미사용품준비

샌딩 파일
샌딩 파일류는 스펀지위에 샌드를 곱게 입힌 것으로 일반적인 네일 파일의 형태와 블럭 형태의 샌딩 블럭 버퍼가 있다. 손톱 표면과 프리에지 주변을 정리 할 때 사용한다. 미사용품준비

오렌지우드스틱
손톱 주변의 큐티클을 밀어 올리거나 네일 주변의 여분의 폴리시를 제거 할 때 또는 폴리시 제거 시 솜을 감아 구석진 곳의 폴리시의 여분을 섬세하게 닦아내는 용도로 사용한다.

프리 프라이머
손톱 표면에 유분, 수분기를 제거하여 젤 매니큐어의 유지력을 돕는다.

베이스 젤
유색의 젤 네일 폴리시를 바르기 전 자연손톱에 도포하는 것으로 젤 폴리시가 자연 네일에 스며들어 변색이 되는 것을 방지 해주고 젤 네일 폴리시를 부드럽게 밀착시키는 역할을 한다.
- 베이스 젤

흰색 젤 네일 폴리시
네일 젤 폴리시는 유색의 젤 폴리시로 자외선이나 가시광선에 반응되는 컬러 젤이며 제 2과제에서 흰색 네일 젤 폴리시는 풀코트, 부채꼴 마블, 선 마블을 작업할 때 사용 되어진다.
- 순수 흰색이 아닌 투명한 흰색, 아이보리색, 펄이 들어있는 흰색 등 순수 흰색을 벗어난 색은 사용할 수 없다. 통젤은 사용할 수 없다.

빨간색 젤 네일 폴리시
네일 젤 폴리시는 유색의 칼라로 자외선이나 가시광선에 반응되는 컬러 젤이며 제 2과제에서 빨간색 네일 젤 폴리시는 풀 코트, 부채꼴 마블, 선 마블을 작업할 때 사용 되어진다.
- 순수 빨간색이 아닌 투명한 빨간색색, 주홍색, 펄이 들어있는 빨간색 등 순수 빨간색을 벗어난 색은 사용할 수 없다. 통젤은 사용할 수 없다.

네일미용 실기 — Perfect Nail Technology

큐티클 오일
큐티클과 손톱 주변의 피부조직을 부드럽게 만들어 주는 연화작용을 하며 영양을 공급한다.
- 큐티클 연화제

톱젤 또는 논 와이프 톱젤
젤 네일 폴리시를 바른 후에 그 위에 바르는 것으로 젤 네일 폴리시에 광택과 강도를 더하여 주고 네일 폴리시를 보호하여 오랫동안 접착을 지속시켜 주는 역할을 한다.

젤 클렌져
미 경화된 젤 네일 폴리시를 닦아내어 작업 시 원활한 진행을 도와주며 완성도를 높여주는 역할을 한다.
- 알코올이 주성분이다.

지혈제
매니큐어 시술 시 부주의로 발생 될 수도 있는 출혈을 멈추게 하는 상처 처치용으로 사용. - 수렴제

UV램프, LED램프
핀 타입 젤 램프기기는 추가지참이 가능하며 일반형 젤 램프기기와 혼용사용 또한 가능하다.

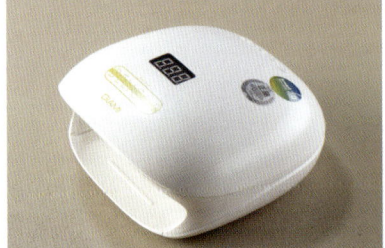

UV램프, LED램프
핀 타입 젤 램프기기는 추가지참이 가능하며 일반형 젤 램프기기와 혼용사용 또한 가능하다.

더스트 브러시
네일 관리 시 발생되는 먼지, 분진 등을 제거할 때 사용하는 것으로 알코올 소독이 가능한 나일론 모를 선택한다.
- 네일용, 소독필요

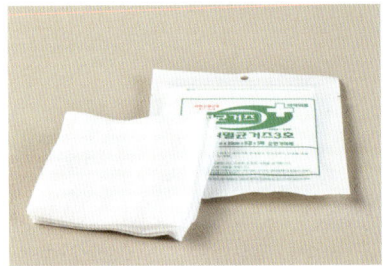

멸균 거즈
손톱 주변의 큐티클이나 거스러미 등을 정리하기 쉽도록 해준다. 거즈의 직조가 큐티클을 무리없이 제거해 주는 역할을 담당하여 과도한 니퍼의 사용을 막아 건강한 네일 관리를 돕는다. 또한, 네일 관리 시, 다용도로 활용된다.

분무기
네일케어 시에 깨끗한 물을 담아 멸균 거즈에 뿌려주어 거즈를 적셔 사용할 수 있다.

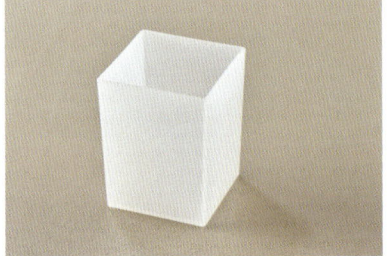

파일꽂이
네일파일. 브러시등을 보관한다.

세필 젤 브러시
선 마블 시, 부채꼴 마블 시에 섬세한 라인 작업에 사용된다. 0.5호, 1호 모량이 적고 가는 브러시등을 선택한다.
- 본인 필요수량

호일
알루미늄 호일을 사용하여 네일 디자인 시 팔레트로 활용한다.
- 기타 필요한 지참 재료
- 8cm X 8cm 이내의 사이즈를 준비

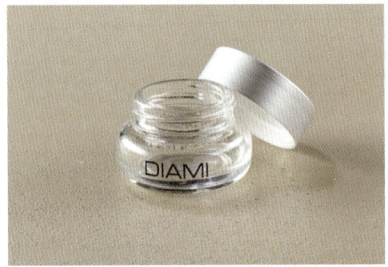

뚜껑있는 다펜디시
선 마블, 부채꼴 마블 작업 시에 사용. 브러시 세척에 유용하게 사용된다.

1. 선 마블링 젤 매니큐어

● 선 마블링 젤 매니큐어 과제를 수행하기 위한 요구사항

① 수험자의 손과 모델의 손·손톱 소독을 실시한다.
② 모델의 왼손의 1지~5지의 손톱을 라운드로 조형한다.
    라운드 : 스트레스 포인트에서 부터 프리에지까지 직선이 존재하고, 끝부분은 원의 일부를 옮겨다 놓은듯한 라운드 형태를 이루어야 하며 프리에지 어디에도 각이 남아있지 않은 상태.
③ 모델의 왼손은 사전에 큐티클 정리가 되어 있으므로 필요 시, 건식케어를 할 수 있다.
④ 자연손톱 표면을 버퍼로 정리한 후, 주변의 잔여물 및 유분기를 제거한다.
    - 네일 표면에 전 처리제를 사용 할 수 있다.
⑤ 펄이 첨가되지 않은 순수 빨강색과 순수 흰색 젤 네일 폴리시를 사용하여 왼손 1지~5지의 손톱 모두를 선 마블링으로 완성한다.
    - 세로 선을 빨간색 4줄, 흰색 4줄 교대로 그어준다.
    - 단, 새끼 손가락의 경우 세로선 6개(빨간색 3줄, 흰색 3줄), 가로 교차선 3줄로 줄여서 작업 할 수 있다.
    - 일정한 선의 간격을 유지한다.
    - 엄지~ 약지까지 면적은 달라도 세로 선의 갯수는 8개이다.
    - 가로 마블링 선은 5줄로 좌·우 교차선을 일정한 간격으로 만든다.
    - 처음 선의 시작은 스마일 라인 선임을 유의한다.
    - 명료한 선으로 완성한다.
⑥ 컬러 도포 시 프리에지 단면 앞선까지 세심하게 도포한다.
⑦ 젤 베이스 코트 1회, 빨강색, 흰색 젤 네일 폴리시 선 마블링, 젤 탑 코트 1회를 도포한다.
⑧ 젤 램프 기기는 수험자의 상황에 맞게 적절하게 사용한다.

(1) 수험자와 모델의 손소독하기

작업 대상 부위 : 왼손이며 프리에지는 스퀘어 또는 스퀘어 오프 형태로, 사전에 큐티클 정리가 되어 있어야 함.

시술자 손소독
소독 시에는 반드시 수험자의 손소독을 먼저 행한다.
사용한 솜은 일회용 위생 봉투에 처리한다.

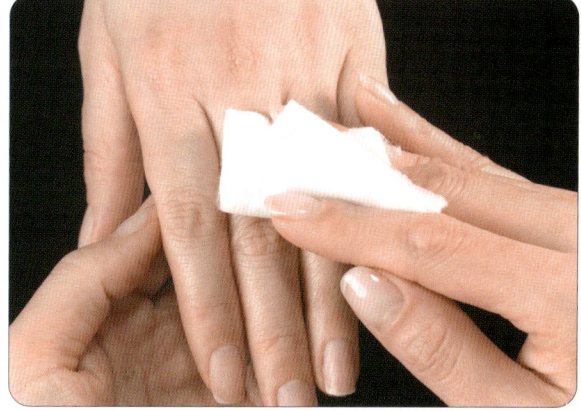

모델 손소독
수험자의 소독이 끝난 후 모델의 소독을 실시한다. 손등, 손바닥이 순으로 행한다.
사용한 솜은 일회용 위생 봉투에 처리한다.

(2) 프리에지 라운드로 조형하기

자연네일은 반드시 한 방향으로 파일링한다. / 자연네일용 네일 파일(180grit이상)을 사용한다.

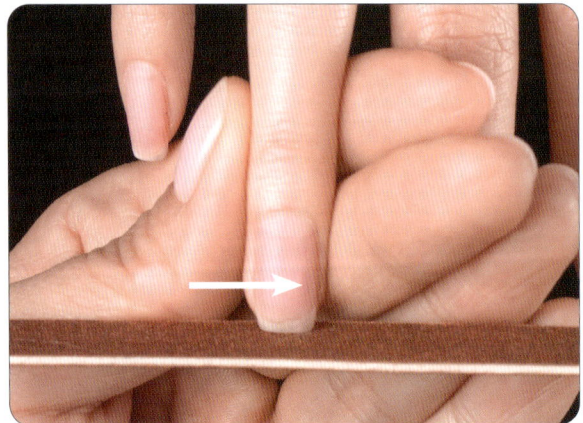

프리에지 선단을 정리하듯 가볍게 파일링한다.

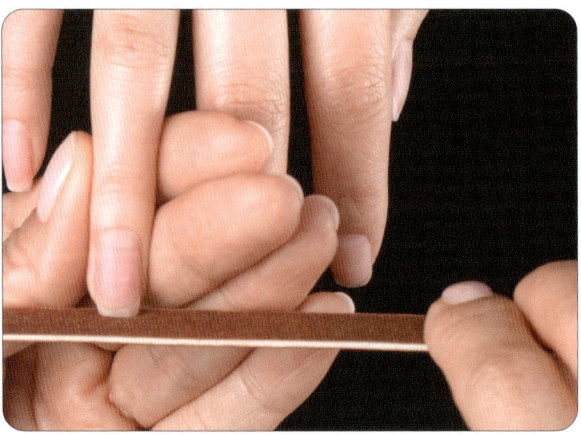

프리에지 파일링 시, 파일 잡은 손의 자세

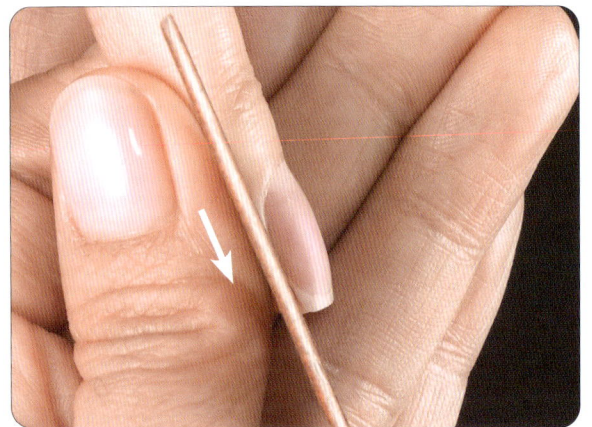

스트레스 포인트에서 부터 프리에지까지 일자로 네일의 좌·우 사이드 월 부분을 파일링 한다.

모서리에서부터 프리에지 중심까지 부드럽게 연결시켜주는 파일링을 실시한다.

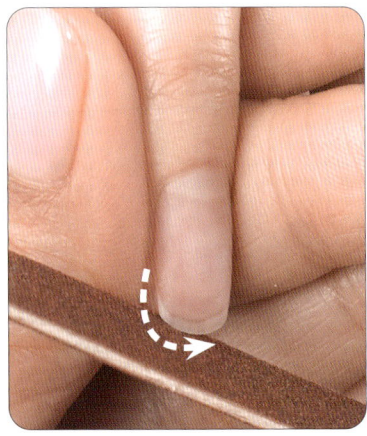

한쪽 방향을 부드럽게 완만한 라운드 모양으로 연결 시킨 후

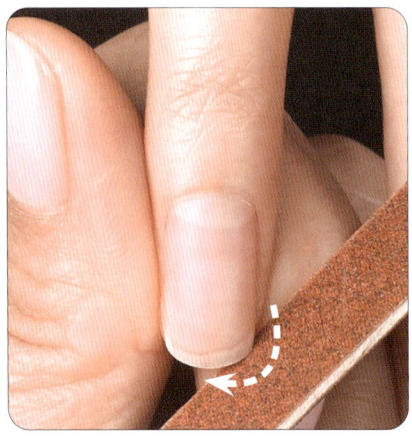

다른 쪽의 모서리 부분에서 프리에지 중심 부위까지 완만한 라운드 모양으로 만든다.

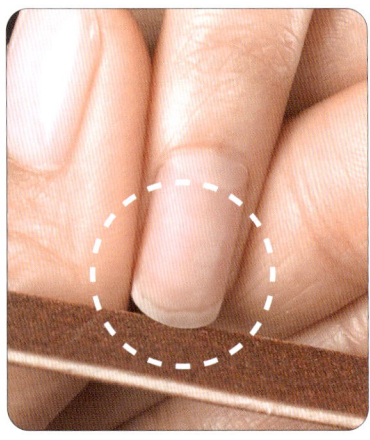

양쪽 스트레스 포인트 부분에서 직선이 존재하고 모서리가 없는 완만한 라운드 모양이 완성된 모습이다.

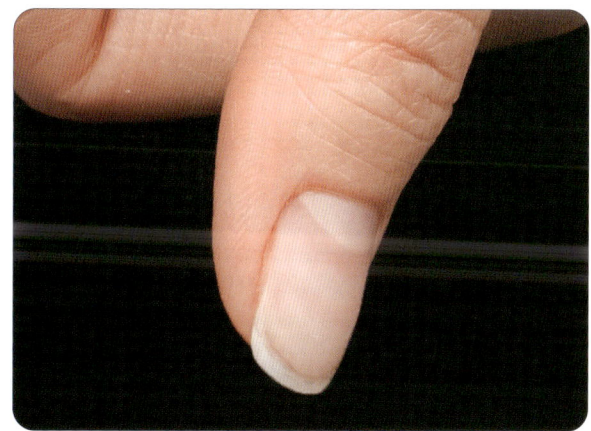

프리에지 라운드 형태 옆라인 예시

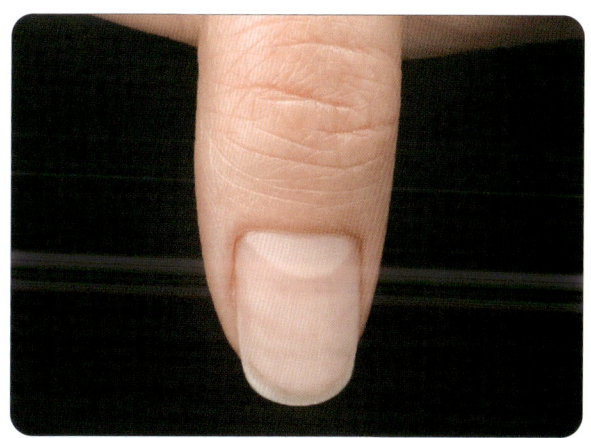

프리에지 라운드 형태 정면 예시

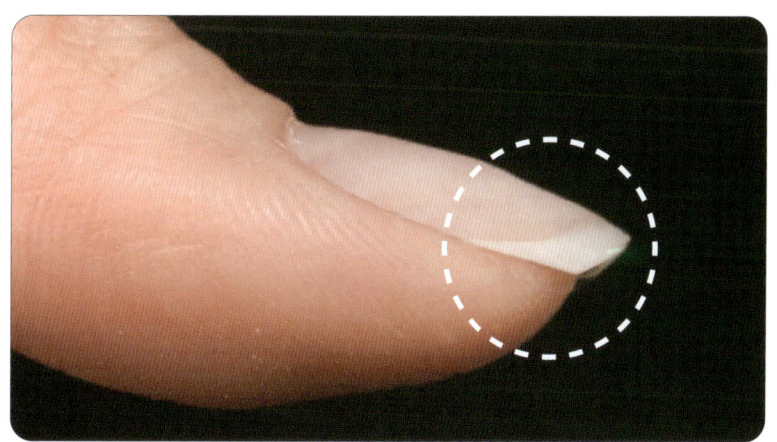

모서리를 파일링 하지 못한 프리에지 라운드 형태 옆라인 예시

Check!!
모서리가 잘 제거되어 있는지 확인하자!

● 네일 프리에지 라운드와 오발 비교

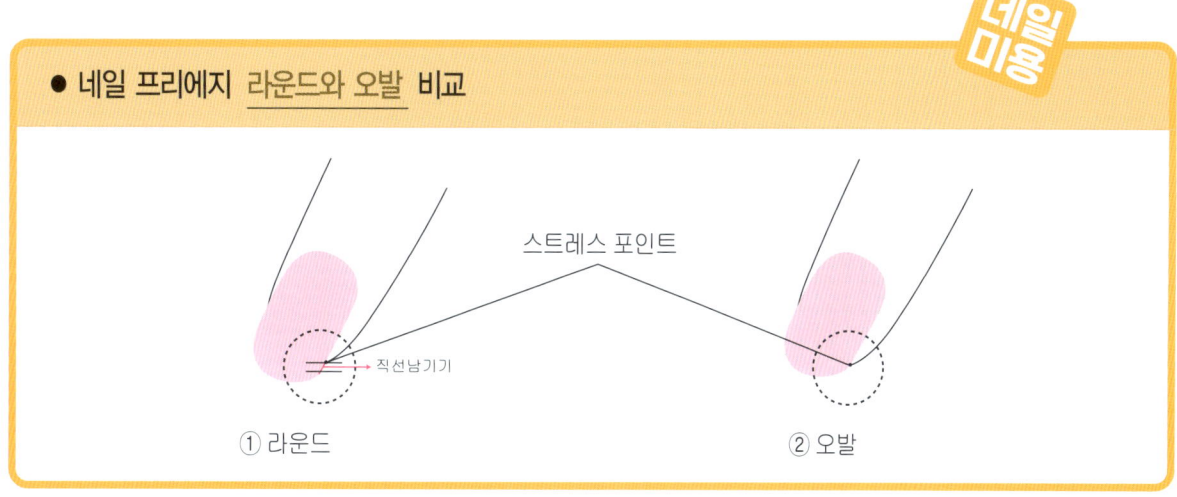

스트레스 포인트

직선남기기

① 라운드　　　② 오발

(3) 자연손톱 버퍼, 전처리하기

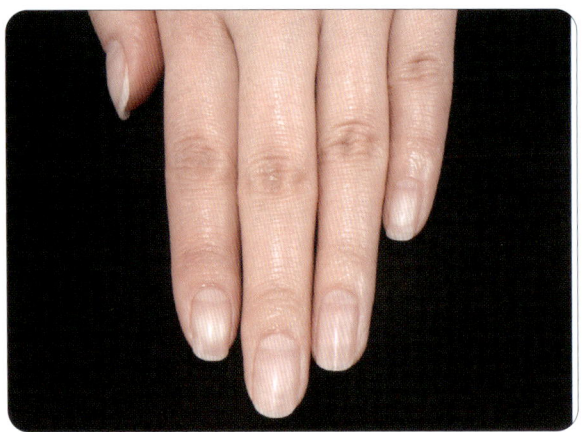

프리에지 라운드의 완성.

샌딩 파일로 손톱 표면을 정리하고 손톱밑의 거스러미를 세심하기 처리한다.

더스트 브러시로 손톱 표면과 밑의 분진들을
깨끗하게 처리한다.

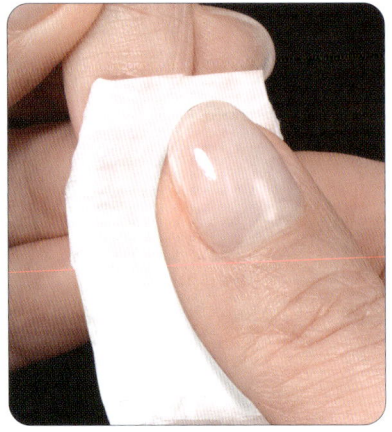

젤클렌저를 사용하여 손톱에 남아있는 유.수분기를
다시 한번제거한다. 필요 시 프리 프라이머를
추가적으로 사용할 수 있다.

Check!!

젤의 적은 먼지 임을 기억하자!

(4) 젤 네일 폴리시 아트하기(선 마블링 아트)

Check!!

선 마블링 시 두개의 세필 브러시를
준비하여 한 개는 빨간색, 나머지 한 개는 흰
색을 사용하는 것이 좋다. 깔끔한 선의 표현
과 높은 완성도를 위해서는 각 색깔별로
전용 브러시를 사용한다.
젤 클린저를 담아 브러시를 세척하는
다펜디시를 사용한다.

(5) 베이스 젤 도포하기

베이스 젤 1회를 도포한다. 손톱의 프리에지 선단에도 잊지 말고 도포한다.

젤 램프기기를 사용하여 경화시켜준다. (30초 이상)

Check!! 젤 제품의 경화 시간을 확인 하자. 아트가 들어가는 작업이므로 베이스젤이 잘 벗겨지지 않는 제품을 사용하는 것이 좋다.

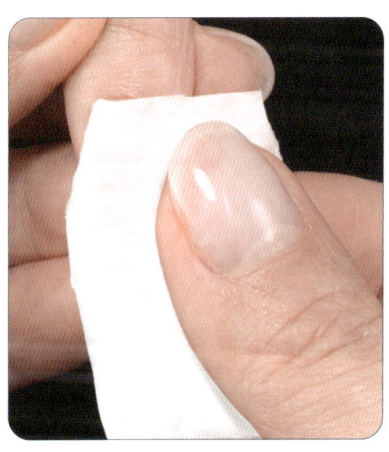

젤 클렌저로 닦아준다.

(6) 세로선 8줄 그리기

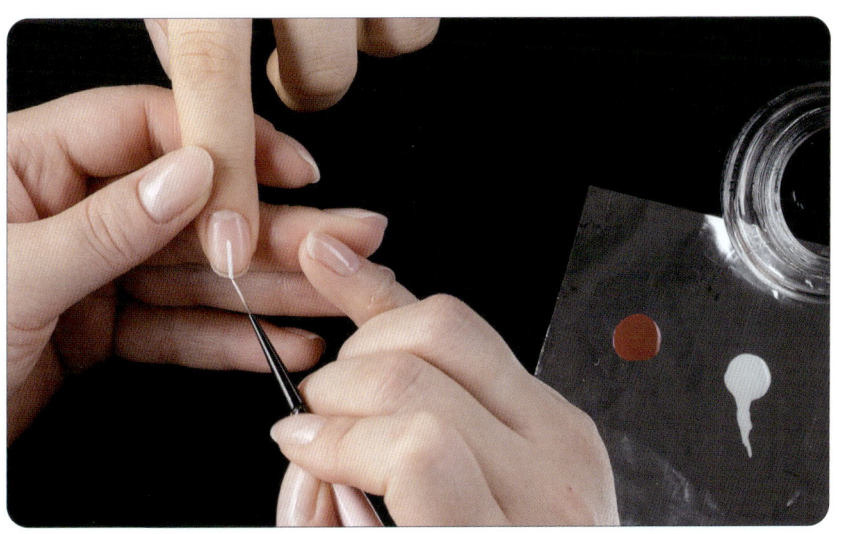

Check!!
1. 아트용 세필 브러시를 사용하여 빨간색과 흰색의 세로 선을 그린다.
2. 오른쪽 방향과 왼쪽 방향의 선을 교차선으로 그린다.
3. 일정한 간격으로 디자인하며 젤이 섞이거나 흐려지지 않도록 주의한다.
4. 프리에지 밑단까지 잘 그려졌는지 확인한다.

첫 번째 세로 선은 마음으로 손톱 중심선을 잡고, 중심선의 왼쪽에 치우치듯 세로선을 긋는다.

왼쪽 여백의 정 중앙에 흰색 선을 긋는다.

오른쪽 가장 끝에 일정한 두께의 흰색 세로선을 긋는다.

오른쪽 여백의 중앙에 일정한 두께의 흰색 세로 선을 긋는다.

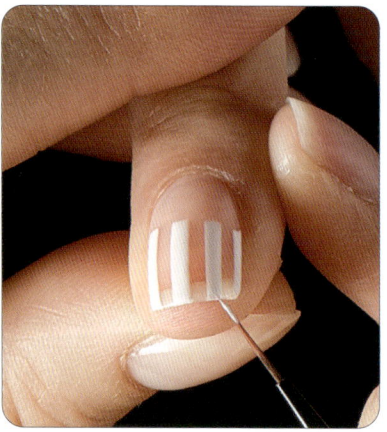
흰색 세로선에 맞춰 프리엣지 선단에 흰색 젤 네일 폴리시 채우기

비어있는 곳에 빨간색 젤 네일 폴리시로 세로선 긋기. 빨간색 세로 선에 맞춰서 프리엣지 선단도 꼼꼼하게 채워준다.

(7) 가로 마블선 5줄 그리기

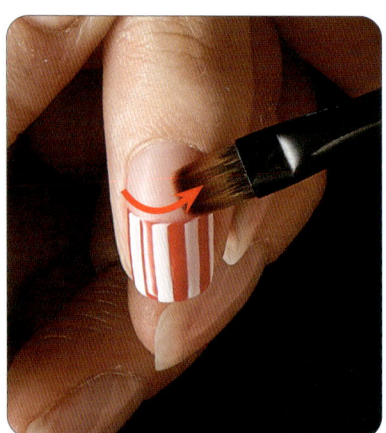
첫번째 교차선은 넓은 형태의 젤브러시를 이용해 브러시의 옆날을 이용해 라운드 형태의 곡선(스마일 라인)을 넣어 아름다운 스마일 라인을 만들어 준다.
(오른쪽 방향으로)

세필브러시에 빨간색 젤 폴리시를 묻혀 붓 끝을 얇게 정리 한 후, 프리엣지에서 1~2mm 띄운 곳에 위치를 잡은 후 오른쪽 방향으로 마블링한다.

첫 번째 교차선과 두 번째 교차선 사이의 중앙에 세번째 교차선을 그려준다.

네번째 교차선은 세필브러시에 흰색 젤 폴리시를 묻혀 붓 끝을 얇게 정리 한 후, 오른쪽에서 왼쪽 방향으로 면적을 나누어 놓은 교차선 사이에 그려준다.

다섯번째 교차선도 같은 방법으로 면적을 나누어 놓은 교차선 사이에 그려준다.

Check!! 손을 뒤집어서 그려 주면 일정한 선을 그리기가 아주 쉬워집니다.

(8) 젤 램프기기를 사용하여 경화시키기와 젤 탑 마무리하기

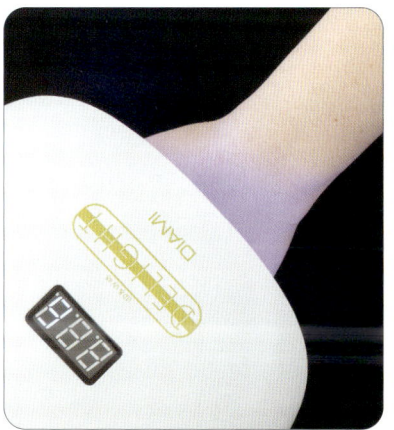
젤 램프기기에 경화한다. (30초 이상)

선 마블링 후 경화를 시키고 탑 젤을 바르기 전 클린 작업을 하면 미경화된 젤로 인한 색 번짐을 막을 수 있다.

선 마블링 후 경화를 시키고 미경화젤이 남지 않는 젤 폴리 시의 경우에는 클린 작업을 생략하고 탑젤을 도포한다.

탑 젤을 1회 도포한다. 논와이프 탑젤도 사용 가능하다. 탑젤 도포시 표면이 매끄럽게 완성될 수 있도록 유의한다.

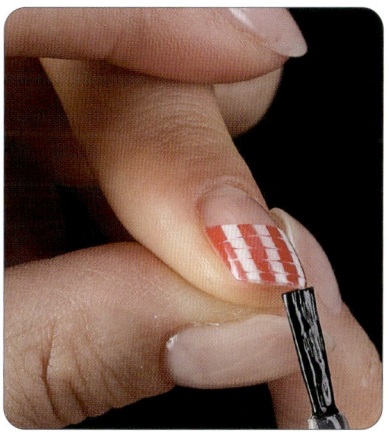
프리에지도 잊지 말고 탑 젤을 도포한다.

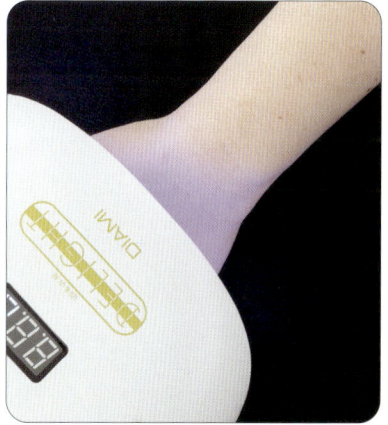
경화시간을 지킨다. (1분 이상)

젤클렌저를 사용하여 미경화젤을 닦아낸다.

(9) 완성

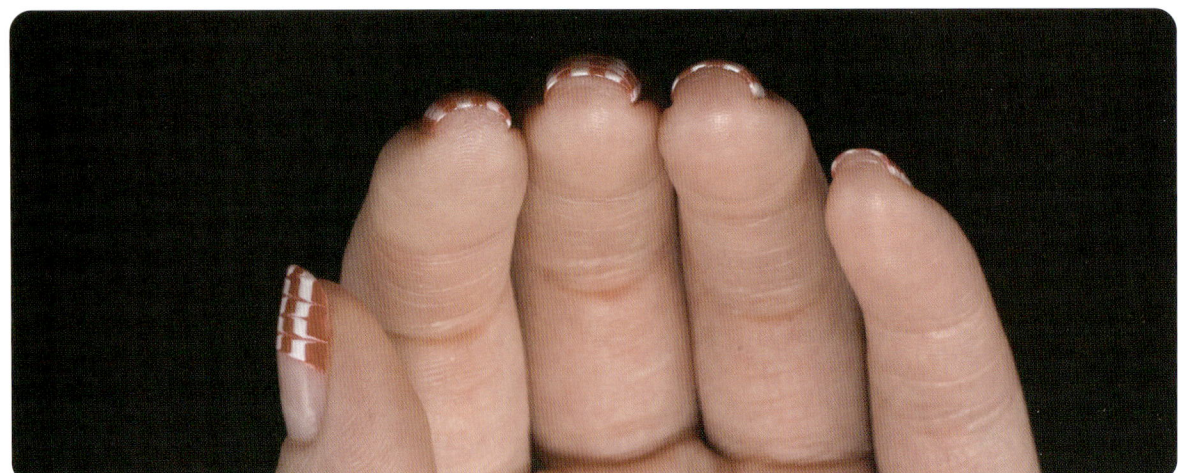

정면

프리에지 선단

※ 다시 한번 콕 짚어주기

중심에 가상의 선을 생각한 후, 중심선의 왼쪽편에 흰 선 긋기.

왼쪽 빈 곳의 정 중앙에 흰색 선 긋기

가장 오른쪽 끝단에 흰색 선 긋기.

오른쪽 빈 곳의 중앙에 흰색 선 긋기
흰색 선의 위치에 맞춰서
프리에지 도포도 잊지 않도록 유의해주세요.

왼쪽부터 빨간 색 선 채우기
흰색이 번지지 않도록 주의하세요.

빨간 색 선에 맞춰 프리에지 도포도 잊지 않도록 유의해주세요.

스마일라인을 쉐입의 둥글기(라운드)와 비슷하게 닦아 주는 것이 첫번째 가로 마블 선입니다.

브러시에 빨간색 젤을 묻혀
프리에지에서 1~2mm 띄운 위치에 두번째 마블선 긋기.
쉐입과 같은 형태로 둥글게 그어주세요.

첫 번째, 두 번째 마블선 사이의 정 중앙을 지나가는 세 번째 마블선 긋기.

첫번째, 세번째 마블선 사이를 지나가는
반대 방향 마블선 긋기.
브러시에 흰색 젤을 묻혀 그어주세요.

두 번째, 세 번째 마블선 사이의 정 중앙을 지나가는 흰색
마블선을 그어 완성.

※ 잘못된 예

젤 네일 폴리시(아트) 사례

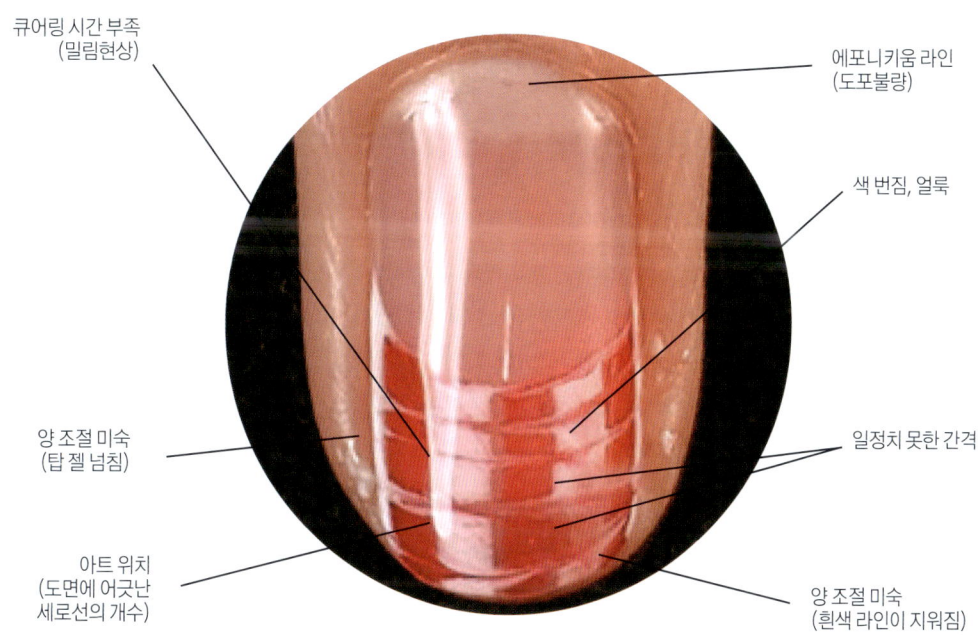

- 큐어링 시간 부족 (밀림현상)
- 에포니키움 라인 (도포불량)
- 색 번짐, 얼룩
- 양 조절 미숙 (탑 젤 넘침)
- 일정치 못한 간격
- 아트 위치 (도면에 어긋난 세로선의 개수)
- 양 조절 미숙 (흰색 라인이 지워짐)

프리에지 사례

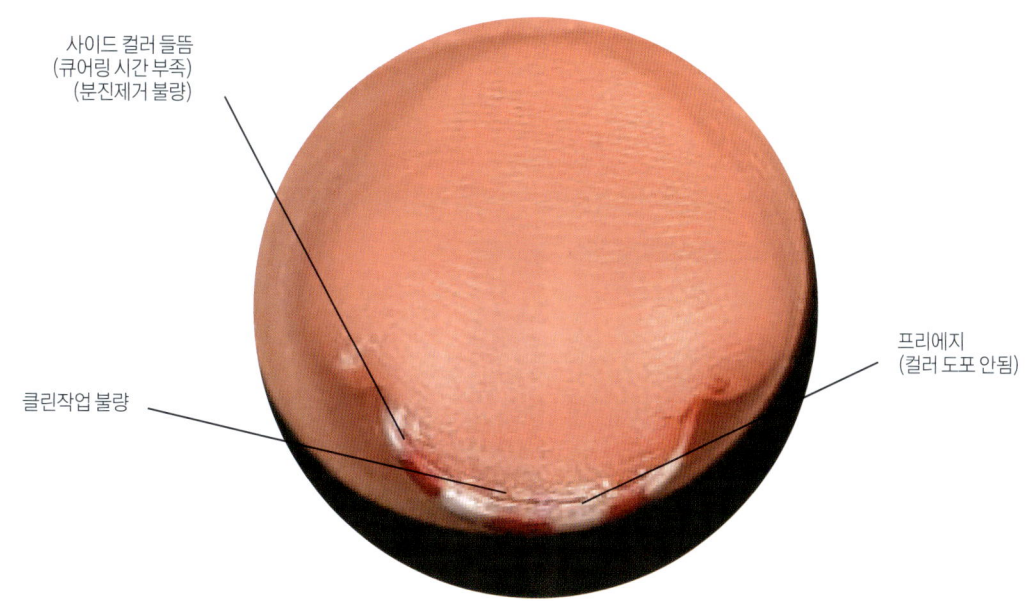

- 사이드 컬러 들뜸 (큐어링 시간 부족) (분진제거 불량)
- 프리에지 (컬러 도포 안됨)
- 클린작업 불량

2. 부채꼴 마블링 젤 매니큐어

● 부채꼴 마블링 젤 매니큐어 과제를 수행하기 위한 요구사항

① 수험자의 손과 모델의 손·손톱 소독을 실시한다.
② 모델의 왼손의 1지~5지의 손톱을 라운드로 조형한다.
　　라운드 : 스트레스 포인트에서 부터 프리에지까지 직선이 존재하고, 끝 부분은 원의 일부를 옮겨다 놓은듯한 라운드 형태를 이루어야 하며 프리에지 어디에도 각이 남아 있지 않은 상태.
③ 모델의 왼손은 사전에 큐티클 정리가 되어 있으므로 필요 시, 건식케어를 할 수 있다.
④ 자연 손톱 표면을 버퍼로 정리한 후, 주변의 잔여물 및 유분기를 제거한다.
　- 네일 표면에 전 처리제를 사용 할 수 있다.
⑤ 펄이 첨가되지 않은 순수 빨강색과 순수 흰색 젤 네일 폴리시를 사용하여 왼손 1지~5지의 손톱 모두를 부채꼴 마블링으로 완성한다.
　- 가로 선을 흰색 4줄, 빨강색 3줄을 교대로 부채꼴 모양으로 둥글게 그어준다.
　- 일정한 선의 간격을 유지한다.
　- 엄지~약지까지 면적은 달라도 가로 선의 갯수는 7개이다.
　- 세로 마블링 선은 7줄로 구심점을 중심으로 명료하게 그어준다.
　- 개별 손톱내에서 가로선의 폭은 동일하게 그어준다.
　- 단, 5지 손톱(새끼손가락)의 경우 가로선 총 5개(흰색 3개, 빨강색 2개) 세로선 5줄로 줄여서 작업 할 수도 있다.
⑥ 컬러 도포 시 프리에지 단면 앞선까지 세심하게 도포한다.
⑦ 젤 베이스 코트 1회, 빨강색 젤 네일 폴리시 풀코트 1회 이상, 젤 네일 폴리시 부채꼴 마블링, 젤 탑 코트 1회를 도포한다.
⑧ 젤 램프 기기는 수험자의 상황에 맞게 적절하게 사용한다.

(1) 수험자와 모델의 손소독하기

작업 대상 부위 : 왼손이며 프리에지는 스퀘어 또는 스퀘어 오프 형태로, 사전에 큐티클 정리가 되어 있어야 함.

시술자 손소독
소독 시에는 반드시 수험자의 손소독을 먼저 행한다.
사용한 솜은 일회용 위생 봉투에 처리한다.

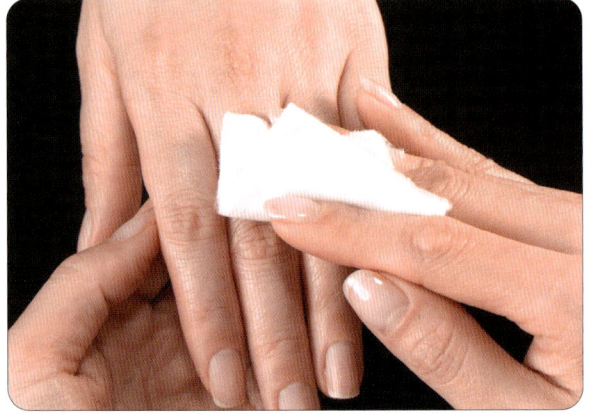

모델 손소독
수험자의 소독이 끝난 후 모델의 소독을 실시한다. 손등, 손바닥이 순으로 행한다.
사용한 솜은 일회용 위생 봉투에 처리한다.

(2) 프리에지 라운드로 조형하기

자연네일은 반드시 한 방향으로 파일링한다. / 자연네일용 네일 파일(180grit이상)을 사용한다.

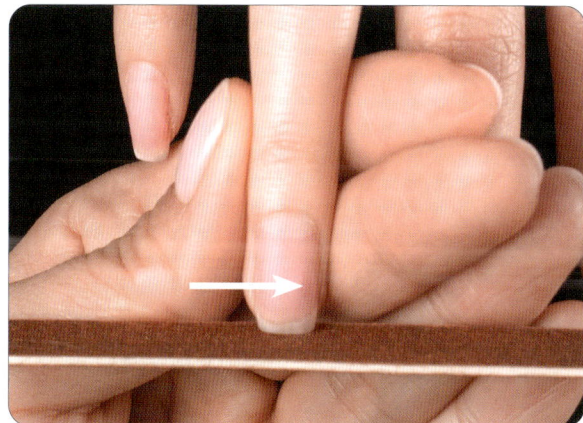

프리에지 선단을 정리하듯 가볍게 파일링한다.

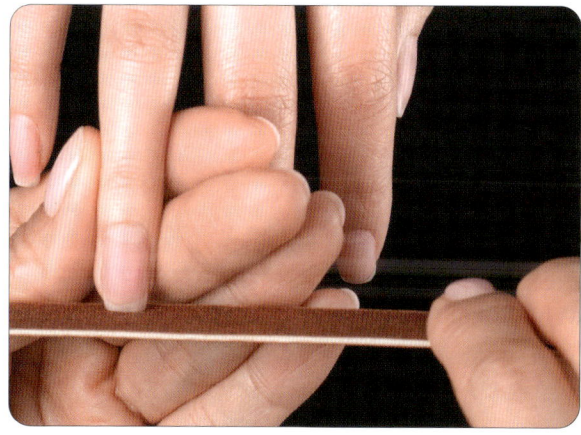

프리에지 파일링 시, 파일 잡은 손의 자세

스트레스 포인트에서 부터 프리에지까지 일자로 네일의 좌·우 사이드 월 부분을 파일링 한다.

모서리에서부터 프리에지 중심까지 부드럽게 연결시켜주는 파일링을 실시한다.

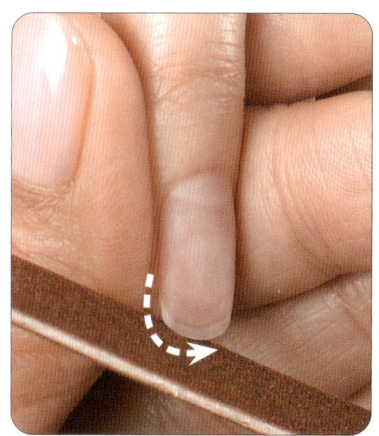

한쪽 방향을 부드럽게 완만한 라운드 모양으로 연결 시킨 후

다른 쪽의 모서리 부분에서 프리에지 중심 부위까지 완만한 라운드 모양으로 만든다.

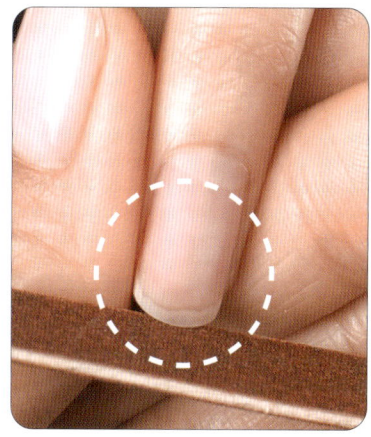

양쪽 스트레스 포인트 부분에서 직선이 존재하고 모서리가 없는 완만한 라운드 모양이 완성된 모습이다.

네일미용 실기 — Perfect Nail Technology

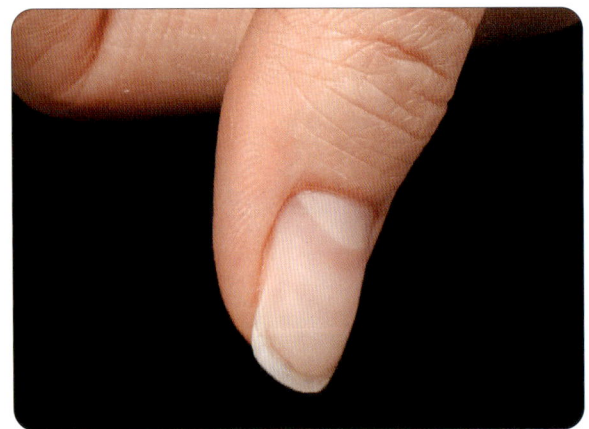
프리에지 라운드 형태 옆라인 예시

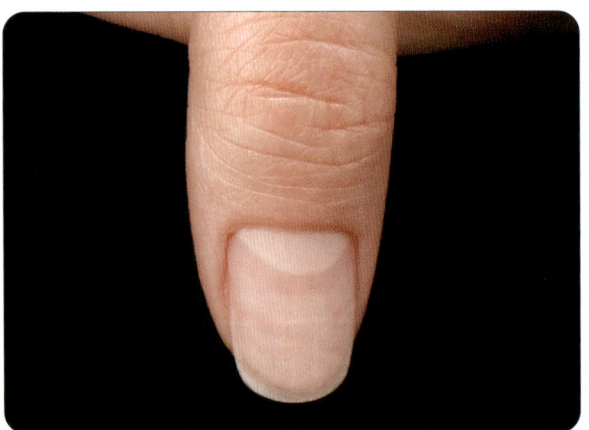
프리에지 라운드 형태 정면 예시

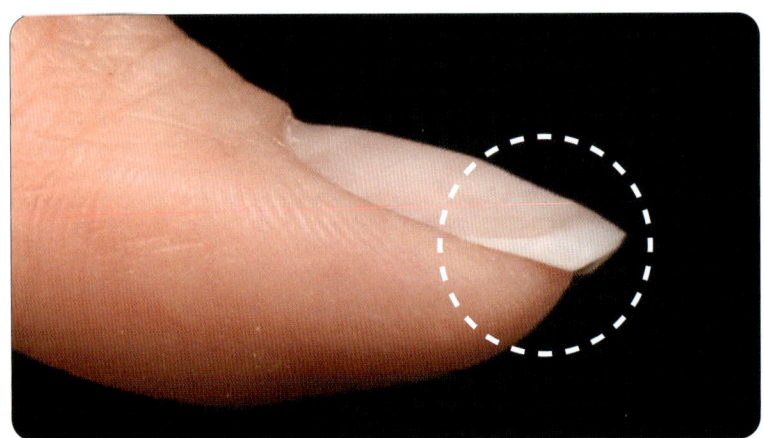
모서리를 파일링 하지 못한 프리에지 라운드 형태 옆라인 예시

Check!!
모서리가 잘 제거되어 있는지 확인하자!

● 네일 프리에지 <u>라운드와 오발</u> 비교

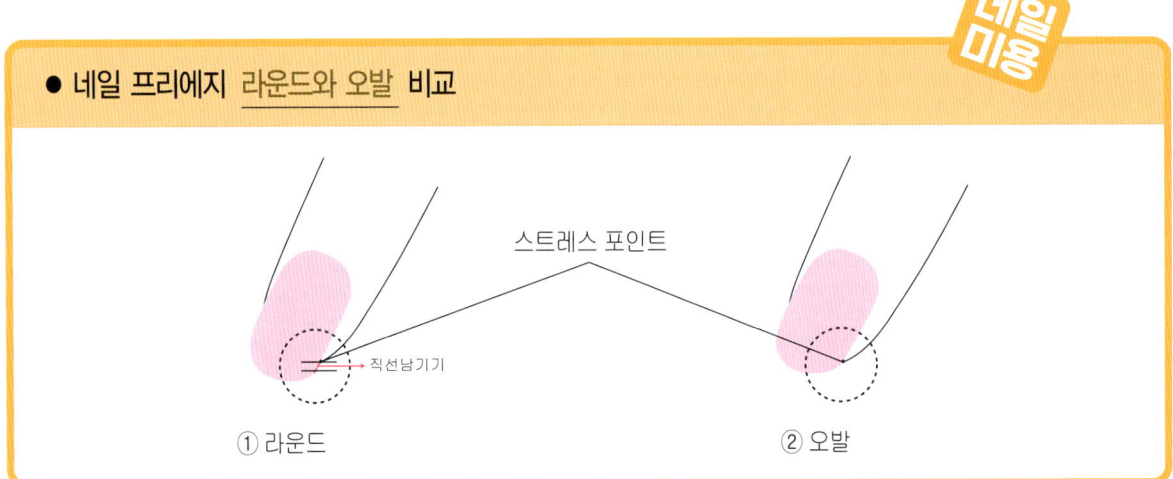

스트레스 포인트 · 직선남기기
① 라운드　② 오발

(3) 자연손톱 버퍼, 전처리하기

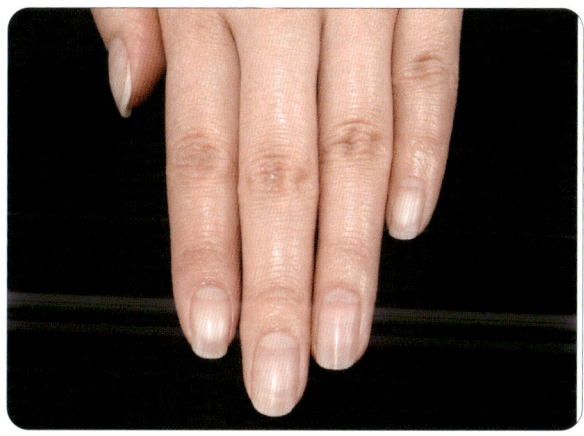

프리에지 라운드의 완성.

샌딩 파일로 손톱 표면을 정리하고 손톱밑의 거스러미를 세심하기 처리한다.

더스트 브러시로 손톱 표면과 밑의 분진들을 깨끗하게 처리한다.

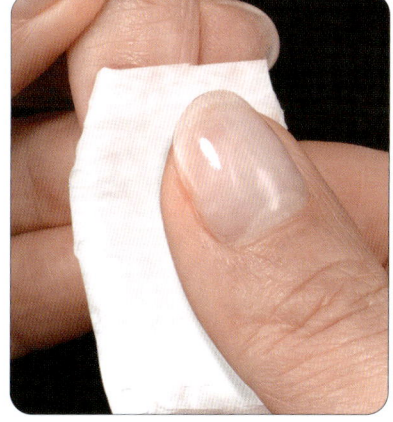

젤클렌저를 사용하여 손톱에 남아있는 유.수분기를 다시 한번 제거한다. 필요 시 프리 프라이머를 추가적으로 사용할 수 있다.

Check!!

젤의 적은 먼지 임을 기억하자!

(4) 젤 네일 폴리시 아트하기(부채꼴 마블링 아트)

Check!!

부채꼴 마블링 시 두개의 세필 브러시를 준비하여 한 개는 빨간색, 나머지 한 개는 흰색을 사용하는 것이 좋다.
깔끔한 선의 표현과 높은 완성도를 위해서는 각 색깔별로 전용 브러시를 사용한다.
젤 클린저를 담아 브러시를 세척하는 다펜디시를 사용한다.

(5) 베이스 젤 도포하기

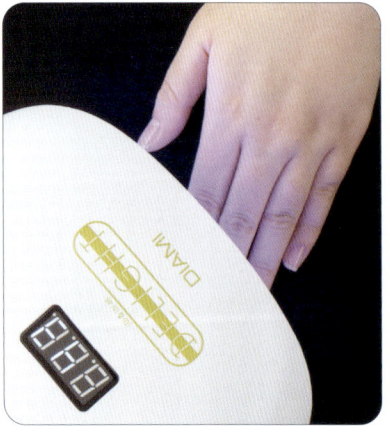

Check!!
젤 제품의 경화 시간을 확인 하자. 아트가 들어가는 작업이므로 베이스젤이 잘 벗겨지지 않는 제품을 사용하는 것이 좋다.

베이스 젤 1회를 도포한다. 손톱의 프리에지 선단에도 잊지 말고 도포한다.

젤 램프기기를 사용하여 경화시켜준다. (30초 이상)

(6) 빨간색 컬러 젤 도포하기

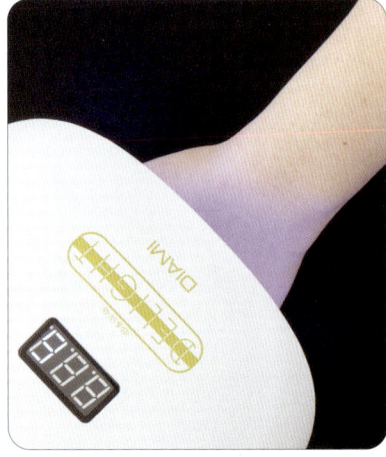

빨간색 컬러 젤 1회 도포한다. 풀코트 도포 시에는 라인을 예쁘게 그리는 것에 집중하고 에포니키움 라인과 사이드 월, 프리에지 부분에 최대한 채워 발라야 한다.

프리에지 선단에도 최대한 채워 발라야 한다.

젤 램프기기에 경화시킨다. (30초 이상)

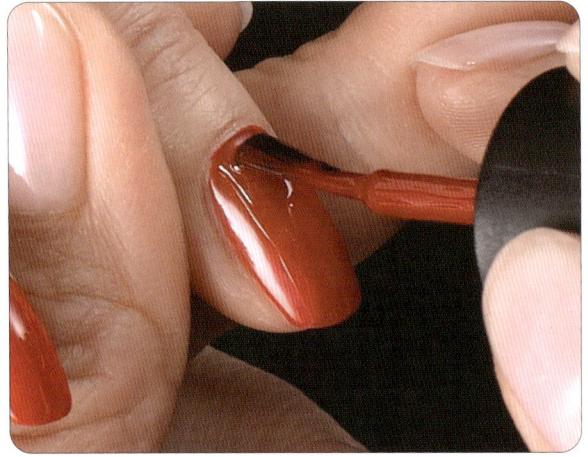
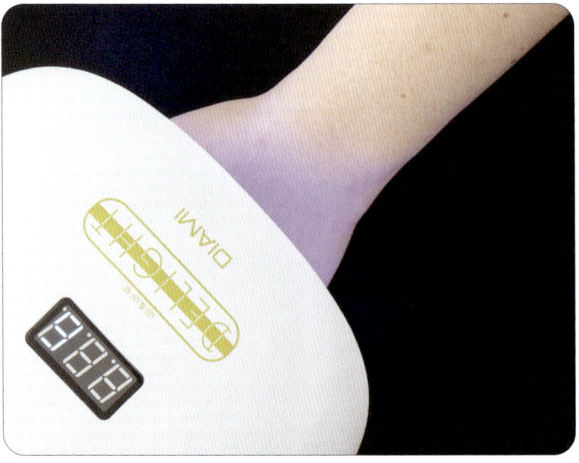

발색이 부족한 경우에는 선택적으로 2회 도포 할 수 있다.

젤 램프기기에 경화시킨다. (30초 이상)

(7) 가로 부채꼴 선 7줄 그리기

깔끔한 선 작업을 위해 미경화젤을 닦아준다.

흰색 젤 네일 폴리시로 첫 번째 포물선을 그려준다.
전체 손톱길이의 1/2 지점 이상 높이에서 그려준다.
흰색은 총 4개의 포물선을 그린다.
(양이 너무 많지 않아야 함.)

두번째 포물선은 가장 아래쪽, 작은 반달의 형태로
그어준다. 손톱의 너비의 2/3 정도 크기가 적당하다.

첫 번째, 두 번째 포물선 사이에 일정한 간격으로 점 두개
를 찍어준다. 이 점이 세 번째, 네 번째 선의 기준점 된다.

두 번째 포물선의 형태를 따라서
아래의 점을 이어 세번째 포물선을 완성한다.

세 번째 포물선과 첫 번째 포물선의 형태를 따라 네 번째 흰
색 포물선을 그어준다. 빨간색이 들어갈 빈 부분의 두께와
흰색 선의 두께가 모두 동일해야 한다.

맨 윗줄의 빈 곳 부터 빨간색 선을 채워준다. 이때 빨간색
젤이 제대로 채워지지 않을 경우 마블링이 되지 않으므로,
빈 곳 없이 정확히 채워준다.

두번째 빈 곳에 빨간색 선을 채워준다.

세번째 빈 곳에 빨간색 선을 채워준다.
빨간색을 채우면서 흰색 선이 번지지 않도록 주의한다.

(8) 세로 마블 선 7줄 그리기

빨간색으로 풀 컬러가 되어 있으므로 브러시에 빨간색을 묻혀 세로선을 그어준다.

제일 먼저 중심 지점의 세로 선을 그린다.

중심의 왼쪽편 모서리에서 1mm를 띄우고 구심점 주변을 향하여 간격을 두고 세로 선을 긋는다.

세로 선을 그을 시에는 브러시를 닦아주며 하나하나의 선들을 그려주는 것이 좋다. 반대쪽도 동일하게 마블링 해준다.

7개의 세로 선을 그리므로 구심점을 향하여 왼쪽 3개 오른쪽 3개의 선을 그린다.

첫 번째, 두 번째 세로선의 중앙에 마블선을 긋는다.

흰색 선의 가장 왼쪽 끝단에 맞춰 세로선을 그린다.

반대쪽도 동일하게 세로선을 그린다.

(9) 젤 램프기기를 사용하여 경화시키기와 젤 클렌져로 미경화 젤 닦아내기

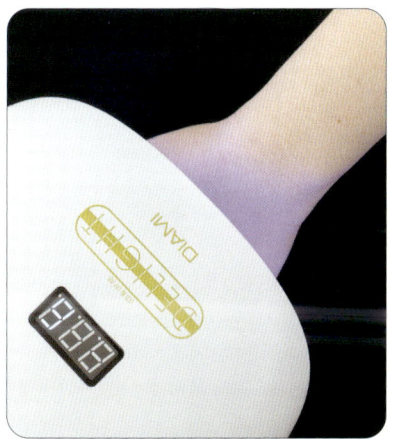

젤 램프기기에 경화한다. (30초 이상)

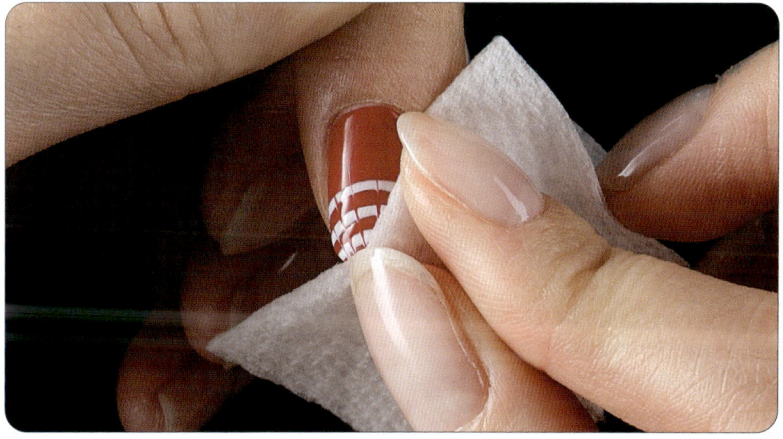

부채꼴 마블링 후 경화를 시키고 탑 젤을 바르기 전 클린 작업을 하면 미경화된 젤로 인한 색 번짐을 막을 수 있다.

(10) 젤 탑 1회 도포하기

탑젤을 도포한다. 탑젤 도포시 표면이 매끄럽게 완성될 수 있도록 유의한다. 논와이프 탑젤도 사용 가능하다.

젤 탑 코트 도포 시 프리에지 선단에도 잊지 않도록 한다.

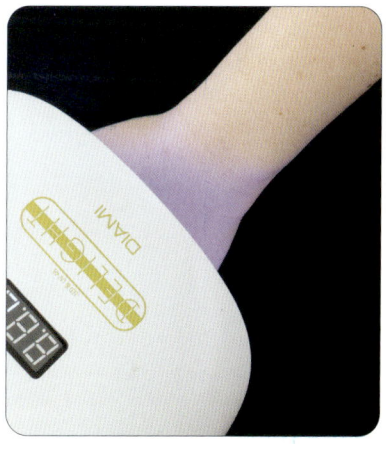

젤 램프기기에 경화한다. (1분 이상)

말끔하게 젤 클렌저를 사용하여 미경화 젤을 닦아낸다.

(11) 완성

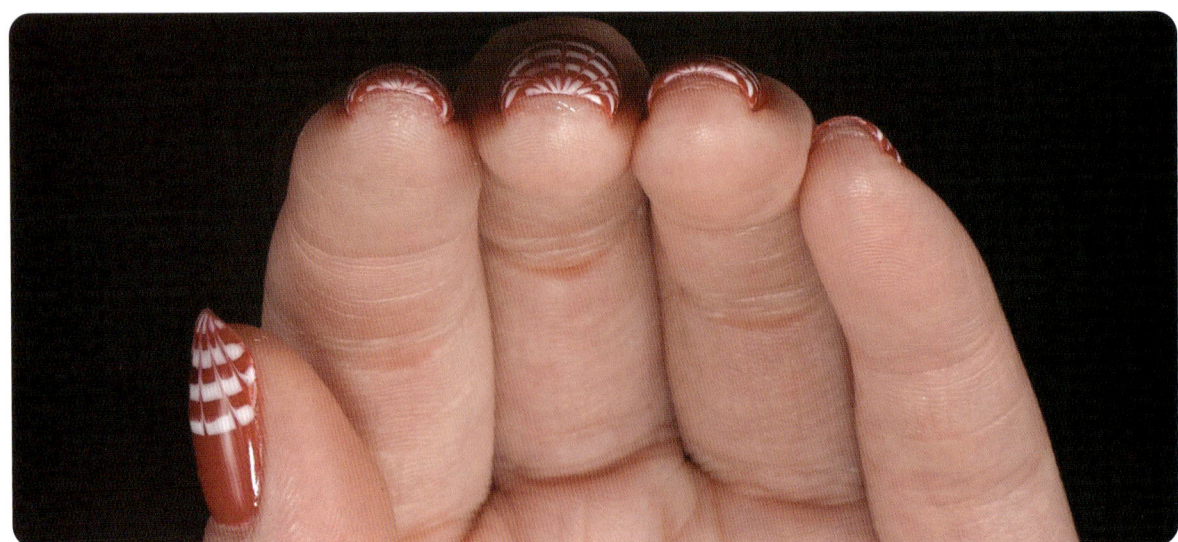

정면

프리에지 선단

※ 다시 한번 콕 짚어주기

본문에서는 흰색과 빨간색 포물선을 교대로 그려 주었지만 콕 짚어주기 코너에서는 4개의 흰색 포물선을 다 그려준 후 흰색 포물선 사이사이에 빨간색 포물선을 그려주는 방법을 보여준다. 각자의 쉬운 방법대로 연습해보자.

젤 네일 폴리시로 풀 컬러(레드) 후, 램프에 경화 시킨다.

흰색 젤 네일 폴리시로 첫 번째 포물선을 그어 준다. (1/2 이상 높이)

두 번째로 제일 아래 포물선 그리기 (가로 폭의 2/3 정도)

흰색 두 줄 사이에 일정한 간격으로 점 찍기

세 번째, 네 번째 흰색 포물선 그리기. 흰색 포물선과 빨간색 빈 곳의 두께가 모두 동일하게 그려준다.
흰색 포물선 완성 후 빨간색으로 빈 곳을 모두 채워준다.

배경 색이 빨간색이므로, 브러시에 빨간색 젤을 묻혀 정 중앙에 세로 마블선을 그어준다.

첫 번째 흰색 선의 좌/우 끝단에서 1mm 띄운 곳에 위치를 잡고 구심점 주변을 향하여 세로 마블 선을 그어준다.

중앙 마블선과 두 번째 마블선 사이의 가운데에 세로 마블선 긋기.

첫번째 흰색 선의 양 쪽 끝단에 마블선 긋기.

※ 잘못된 예

젤 네일 폴리시(아트) 사례

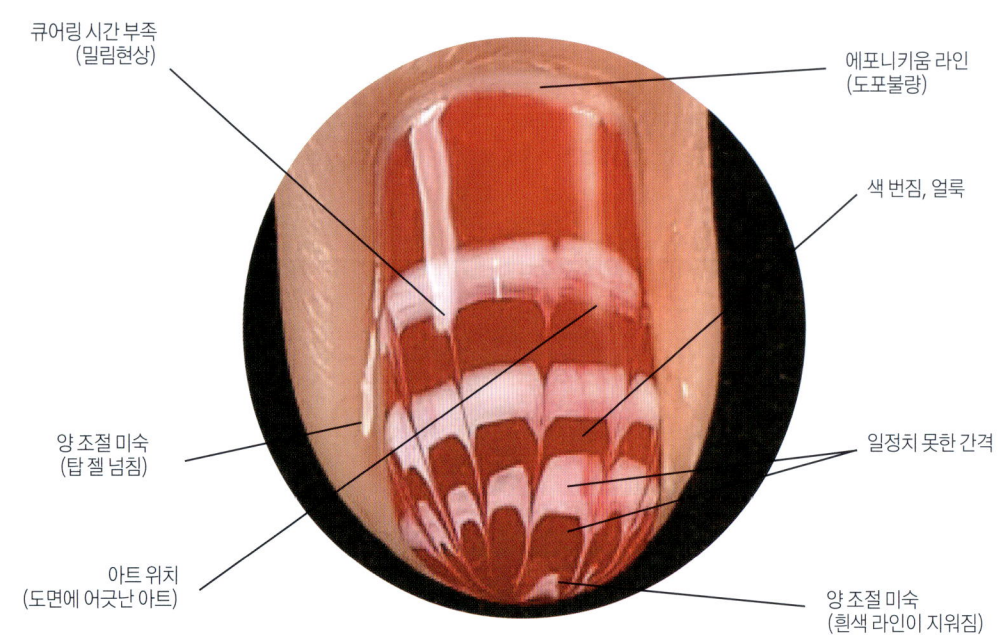

- 큐어링 시간 부족 (밀림현상)
- 에포니키움 라인 (도포불량)
- 색 번짐, 얼룩
- 양 조절 미숙 (탑 젤 넘침)
- 일정치 못한 간격
- 아트 위치 (도면에 어긋난 아트)
- 양 조절 미숙 (흰색 라인이 지워짐)

프리에지 사례

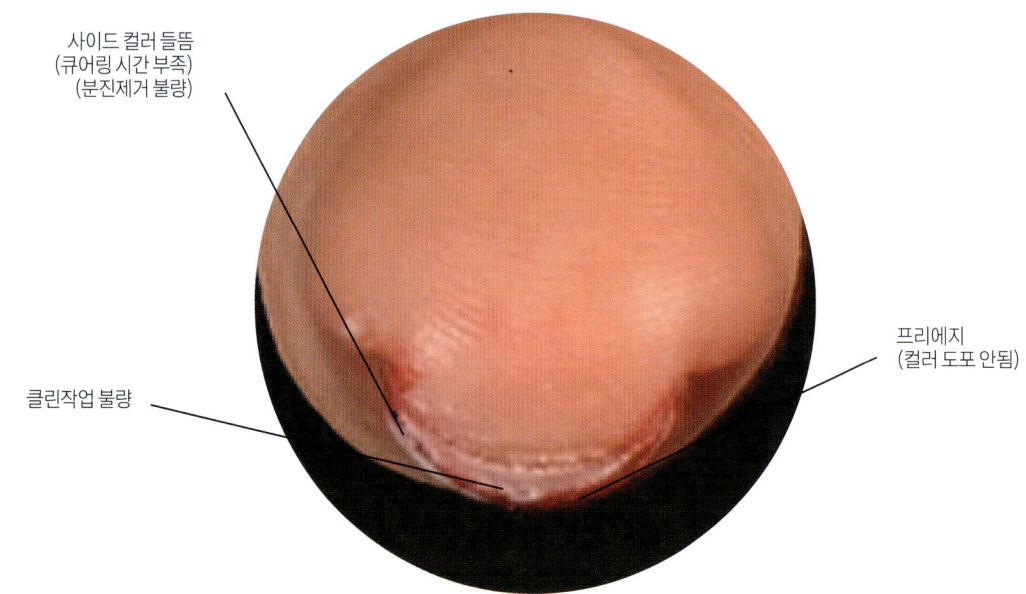

- 사이드 컬러 들뜸 (큐어링 시간 부족) (분진제거 불량)
- 프리에지 (컬러 도포 안됨)
- 클린작업 불량

ⓒ 표지네일작품 Designed by 류예지

네일 미용

네일그랜마와
예지쌤이
추천해요 ♥

국시 합격자들의 필수코스
 유튜브 네일그랜마

제4장

제 3 과제 - 인조네일

- 수험자 공통 유의사항과 기본점검 목록
- 과제별 재료 세팅과 3과제 재료 설명
- 내추럴 팁 위드 랩
- 젤 원톤 스컬프쳐
- 아크릴 프렌치 스컬프쳐
- 네일 랩 익스텐션

PERFECT
NAIL
TECHNICIAN

01 제 3 과제 - 인조네일

시험 기간	40분(소독, 전처리과정, 인조네일 완성을 포함)
대상 부위	오른손 3, 4지 손톱
	손톱
세부 과제	1. 내추럴 팁 위드 랩
	2. 젤 원톤 스컬프쳐
	3. 아크릴 프렌치 스컬프쳐
	4. 네일 랩 익스텐션
프리에지의 형태	스퀘어
배점	30점

제 3과제 인조네일 시, 수험자 공통 유의사항

1. 시작 전, 팁 크기를 선택해 놓거나 실크 랩을 재단해 놓거나 네일 폼을 재단해 놓지 않아야 한다.
2. 네일 팁을 미리 붙여 놓아서는 안된다.
3. 자연 네일 파일링 시 문지르거나 비비지 말고 한 방향으로 파일링 한다.
4. 모델의 손과 손톱에 지저분한 큐티클 및 거스러미, 먼지나 분진이 없도록 항상 깨끗하게 정리한다.
5. 작업자와 모델 모두 보안경을 착용하여, 작업 시작부터 끝까지 눈을 보호한다.
6. 구조를 위한 네일도구(핀칭봉-C 커브스틱, 핀칭텅, 핀셋)는 작업 내용에 맞게 적절하게 사용 할 수 있다.
7. 마무리 작업의 먼지 및 오일 제거 시 핑거볼, 네일 더스트 브러시, 멸균 거즈, 큐티클 오일을 사용할 수 있다.

기본점검 목록

기본적인 복장	- 흰 가운, 마스크, 긴바지, 운동화, 고글(보안경)
기본적인 세팅	- 알코올 소독용기 (70% 알코올을 200ml 정도의 무색 투명한 유리컵에 80% 이상 채워 준비 할 것) - 알코올 소독용기에 큐티클 니퍼, 큐티클 푸셔, 클리퍼, 네일 더스트 브러시, 오렌지 우드 스틱을 담글것. - 위생봉투를 수험자 오른편 테이블에 접착시켜 준비 할 것. - 흰색 타올, 손목 받침대 - 매 과제 작업 완료 후, 작업 테이블 정리까지 작업의 완료임을 숙지 할 것.
모델의 준비	- 1교시 1과제를 마친 상태로 준비

3과제 　재료 세팅

제3과제는 네개의 종목 1.내추럴 팁 위드랩 2.젤 원톤 스컬프쳐 3.아크릴프렌치 스컬프쳐 4.네일랩 익스텐션으로 구성되어 있다. 각 과제별 세팅은 과제 유형별로 다르게 구성한다.

1. 내추럴 팁 위드랩

2. 젤원톤 스컬프쳐

3. 아크릴프렌치 스컬프쳐

4. 네일랩 익스텐션

인조네일 마무리 시 핑거볼을 사용할 수 있으므로 보온병을 지참하며 인조네일 작업 시 고글이나 안경도 착용함을 숙지하세요!

3과제 재료

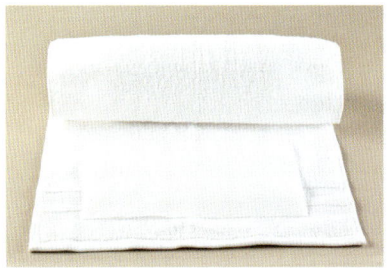

흰색 타월, 손목 받침대
시술 테이블을 덮어 작업 환경을 정리하며 시술 시 고객의 손목, 팔을 올려놓음으로서 안락함을 제공한다. 시술자에게도 시술의 편리성을 제공한다. - 40×80cm 내외

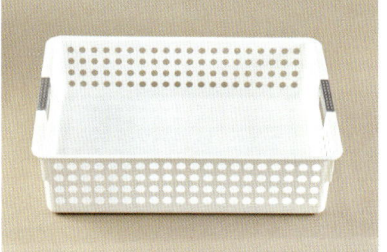

정리함
시술 시 사용되는 도구나 재료를 정리하여 사용하기 쉽도록 배치하여 놓을 수 있는 받침대이다.
- 정리함, 도구 재료수납용 (20×30cm이상), 1개

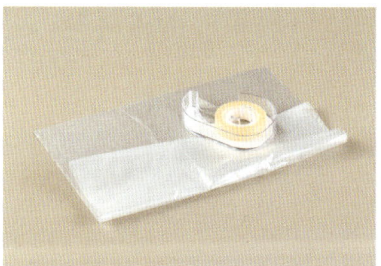

투명 위생 비닐봉투
시술 시 배출되는 모든 소모품과 쓰레기, 폐기물, 오물 등을 처리하는데 용이한 쓰레기 봉투이다.
- 시술자의 오른편 테이블에 부착, 소모품 처리용

소독용기
알코올 소독용기는 70% 알코올을 200ml정도의 무색 투명한 유리컵에 80% 이상 채워 준비한다. 이 때 큐티클 니퍼, 큐티클 푸셔, 클리퍼, 네일 더스트 브러시, 오렌지 우드스틱을 담가 소독을 유지한다.

도구 소독제
모든 시술 전 도구를 소독하는데 사용하는 도구 소독제로 소독과 위생에 꼭 필요한 항균제이다.

소독제
모든 시술 전 시술자와 모델 모두를 소독하는데 사용하는 피부 소독제로 소독과 위생에 꼭 필요한 항균제이다.
- 피부소독제

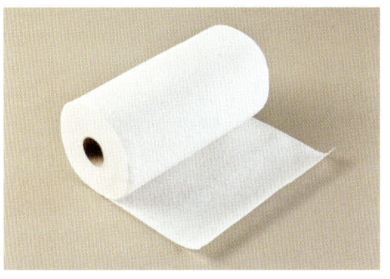

페이퍼 타월
매니큐어, 페디큐어 시술 시 발생되는 여러 가지 잔여물들을 처리하는 일회용 클린 타월이다. 매 시술 시 교체하여야 하여 청결함을 유지하도록 한다.
- 예) 도구를 닦거나 제품의 양을 조절 할때 사용.

탈지면과 용기
네일관리 시에 사용되는 거즈와 솜을 넣어두는 용기는 뚜껑이 있는 것으로 준비하여 먼지가 달라 붙지 않도록 유의한다.
- 소독용, 폴리시 제거, 인조네일 작업등에 사용

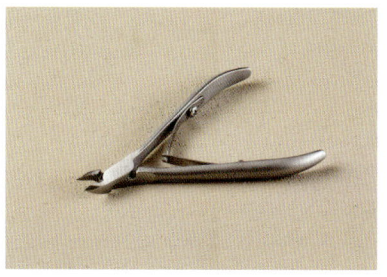

큐티클 니퍼
손톱과 발톱 주변의 큐티클과 거스러미 제거 시 사용하며 반드시 소독이 필요하다.
- 소독 필요

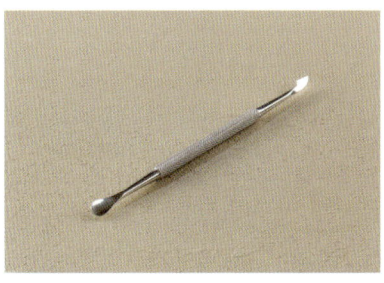

큐티클 푸셔
손톱과 발톱 주변의 각질인 큐티클을 밀어 올리는 역할을 하며 소독이 반드시 필요하다.
- 소독 필요

클리퍼
손톱과 발톱을 자를 때 사용하는 일자형 클리퍼이다.
- 소독 필요

자연네일용 파일
자연네일용 파일은 일반적으로 180grit이상의 것을 사용하며 우드 파일 또는 소독이 가능한 워셔블 파일도 있다. 자연 손톱의 길이를 조절할 때 사용한다. 미사용품준비

네일미용 실기 — Perfect Nail Technology

샌딩 파일
샌딩 파일류는 스펀지 위에 샌드를 곱게 입힌 것으로 일반적인 네일 파일의 형태와 블럭 형태의 샌딩 블럭 버퍼가 있다. 손톱 표면과 프리에지 주변을 정리 할 때 사용한다.
- 미사용품

인조네일용 파일
인조손톱을 시술한 후 불필요한 부분을 정리하고 인조손톱의 모양과 형태를 만드는데 사용. 미사용품 (150grit)

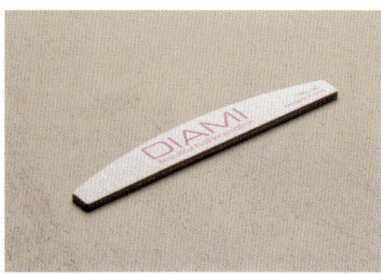

인조네일용 파일
인조손톱을 시술한 후 불필요한 부분을 정리하고 인조손톱의 모양과 형태를 만드는데 사용. 미사용품 (180grit) - 자연네일 에칭 시 사용 가능하다.

광택용 파일
인조손톱의 마무리용 파일로 광택을 내는 샤이닝버퍼.
- 미사용품

오렌지 우드스틱
손톱 주변의 큐티클을 밀어 올리거나 네일 주변의 여분의 폴리시를 제거할 때 또는 폴리시 제거 시 솜을 감아 구석진 곳의 폴리시의 여분을 섬세하게 닦아내는 용도로 사용한다.
- 소독 필요

지혈제
인조네일 시술 시 부주의로 발생 될 수도 있는 출혈을 멈추게 하는 상처 처치용으로 사용.
- 수렴제

큐티클 오일
큐티클과 손톱 주변의 피부조직을 부드럽게 만들어 주는 연화작용을 하며 영양을 공급한다.
- 큐티클 연화제, - 영양 공급제, 클린 작업 시에도 활용.

프리 프라이머
인조네일 시술 전 자연네일 전처리제로 사용한다. 자연손톱의 유·수분기를 제거한다.

프라이머
자연네일 전처리제로 인조네일 재료들이 잘 접착 되도록 돕는 역할을 한다.

베이스 젤
유색의 젤 네일 폴리시를 바르기 전 자연손톱에 도포하는 것으로 젤 폴리시가 자연 네일에 스며들어 변색이 되는 것을 방지해주고 젤 네일 폴리시를 부드럽게 밀착시키는 역할을 한다.

클리어 젤
스컬프쳐용 투명젤은 점도에 따라 하드 젤과 소프트 젤로 나뉜다. - 스컬프쳐용

탑 젤
젤 네일 폴리시를 바른 후에 그 위에 바르는 것으로 젤 네일 폴리시에 광택과 강도를 더하여 주고 네일 폴리시를 보호하여 오랫동안 접착을 지속시켜 주는 역할을 한다.

젤 클렌저
미 경화된 젤 네일 폴리시를 닦아내어 작업 시 원활한 진행을 도와주며 완성도를 높여주는 역할을 한다.
- 알코올이 주성분이다.

아크릴릭 모노머
아크릴릭 리퀴드로 아크릴릭 모노머라고 한다. 아크릴릭 폴리머(아크릴릭 화이트 파우더, 클리어 파우더, 핑크 파우더와 섞어 믹스춰 볼 상태로 만들어 사용하는 인조 손톱 조형용이다.

아크릴릭 폴리머
아크릴릭 폴리머로 아크릴릭 화이트 파우더이다. 아크릴릭 모노머와 섞어 사용한다.

아크릴릭 폴리머
아크릴릭 폴리머로 아크릴릭 핑크 파우더이다. 아크릴릭 모노머와 섞어 사용한다.

아크릴릭 폴리머
아크릴릭 폴리머로 아크릴릭 클리어 파우더이다. 아크릴릭 모노머와 섞어 사용한다.

네일 폼
스컬프쳐 네일을 만드는데 사용되는 재료로 길이를 연장하는 기초적인 틀이다.

아크릴릭 브러시
아크릴 파우더와 리퀴드를 사용하여 인조손톱을 만드는데 쓰이는 전용 아크릴릭 브러시이다. (8호~10호)
- 본인 필요 수량을 지참.

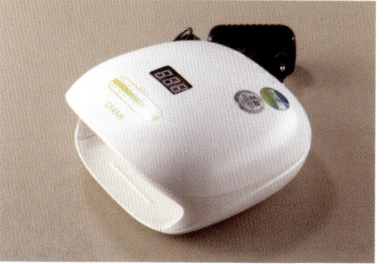

UV램프, LED램프
네일 젤 폴리시의 특성에 따라 UV램프, LED램프를 선택적으로 사용할 수 있다.

더스트 브러시
네일 관리 시 발생되는 먼지, 분진 등을 제거할 때 사용하는 것으로 알코올 소독이 가능한 나일론 모를 선택한다.
- 네일용, 소독필요

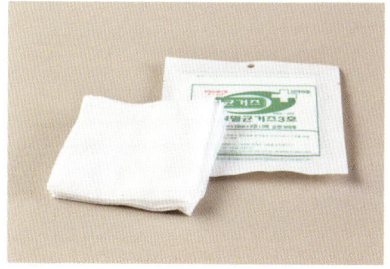

멸균 거즈
네일 관리 시 사용 되어지며 손톱 주변의 큐티클이나 거스러미 등을 정리하기 쉽도록 해준다. 인조네일 마무리 작업 시 분진 제거용으로 사용 할 수 있다.

분무기
네일케어 시에 깨끗한 물을 담아 멸균거즈에 뿌려주어 거즈를 적셔 사용할 수 있다

다펜디시
아크릴릭 리퀴드(모노머)를 덜어서 사용하는 뚜껑이 있는 작은 용기이다.

젤 브러시
스컬프쳐용 젤 브러시로 젤 원톤 스컬프쳐에 사용된다

글루 드라이어
접착제를 속성으로 굳게 하는 건조제이다.

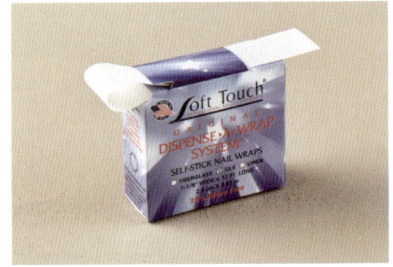

실크 랩
실크의 뒷면에 스티커가 붙어 있는 랩
(재단 하지 않은 상태)

젤 글루
인조 팁이나 랩을 손톱 위에 붙이기 위한 접착제이며 젤 글루는 브러시가 달려 있는 것이 일반적이다

글루
인조 팁이나 랩을 손톱 위에 붙이기 위한 접착제이다. 글루는 퍼짐성이 좋은 것이 특징이다.

필러파우더
손톱과의 단차를 메우거나 두께를 조형할 때 사용하는 아크릴릭 시스템과 같은 종류의 분말이다.

내추럴 하프 웰 스퀘어 팁
내추럴 하프 웰 스퀘어 팁, 손톱의 길이 연장에 쓰이는 모양이 만들어져 있는 인조 손톱으로 접착 되어질 부분은 약간의 턱이 형성되어 있으며, 그 면을 웰(Well)이라 한다.

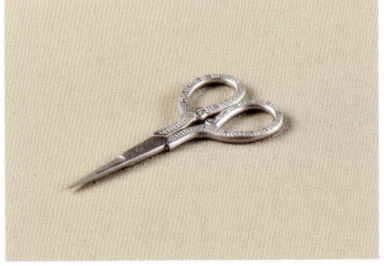

실크 가위
실크 랩을 자를 때 사용한다.

팁 커터
팁을 자를 때 사용되는 전용 도구이다.

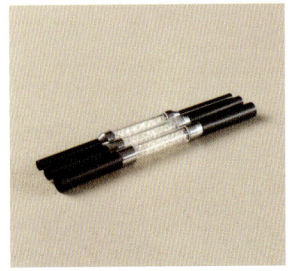

핀칭봉(C-커브 스틱)
인조네일의 형태를 아름답게 조형하기 위해 사용되는 보조 도구이다.
- 기타 지참 재료

핀타입 램프
핀형태의 램프이다.
젤 큐어링 시에 사용가능하다

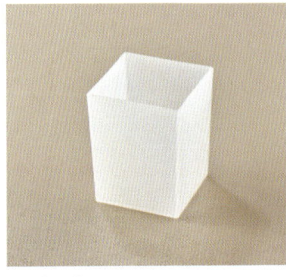

파일꽂이
네일파일, 네일 브러시등을 정리해 두는 용기

핑거볼
인조네일 마무리작업에 물을 담아 작업할 수 있다.

1. 내추럴 팁 위드 랩

● 내추럴 팁 위드 랩 과제를 수행하기 위한 요구사항

① 수험자의 손과 모델의 손·손톱 소독을 실시한다.
② 1과제 작업 상태의 모델 손톱을 3과제 작업에 적합 하도록 전처리를 실시한다.
　- 오른손 1~5지에 작업 되어 있는 네일 폴리시를 제거한다.
　- 모델의 자연손톱을 1mm이하의 라운드 또는 오발의 형태로 준비한다.
③ 내추럴 색의 하프웰 팁을 사용하여 오른손 중지와 약지 2개의 손톱에 내추럴 팁 위드 랩을 완성한다.
④ 길이는 0.5cm~1cm로 일정하게 맞추고, 가로 세로 직선의 스퀘어 형태로 조형한다.
⑤ 팁의 경계선이 자연손톱과 매끄럽게 되도록 안전하고 자연스럽게 파일링한다.
⑥ 글루(라이트 글루, 브러시 글루)는 수험자가 작업 상황에 맞게 사용하며, 피부에 흐르지 않도록 유의한다.
⑦ 실크는 손톱 범위에 따라 알맞게 재단하여 사용한다.
⑧ 필러 파우더는 수험자가 작업 상황에 맞게 적절하게 사용한다.
　손톱 표면은 중심에서 좌우, 상하 사방의 굴곡이 자연스럽게 연결되고 기포없이 맑고 투명하게 완성한다.
⑨ 인조손톱은 자연손톱 전체에 조형 되어야 하며 그 연결선은 매끄럽게 연결하되 주변 피부가 손상되거나 출혈되지 않도록 유의한다.
⑩ 프리에지 C- 커브는 원형의 20~40% 비율로, 두께는 0.5~1mm이하로 일정하게 조형한다.
⑪ 측면 사이드 스트레이트 선은 자연 손톱에서부터 프리에지까지 연결선이 너무 올라가거나 쳐지지 않도록 하며 직선을 유지한다.
⑫ 프리에지의 형태는 스퀘어로 2개 손톱 모두 일정하게 조형한다.
⑬ 파일로 인한 거친 표면을 샌딩 버퍼로 매끄럽게 정리한다.
⑭ 광택용 버퍼를 사용하여 광택 마무리 한다.
⑮ 손과 손톱 주변의 먼지 또는 사용된 오일을 깨끗하게 제거한다.
　- 핑거볼, 네일더스트브러시, 멸균 거즈, 큐티클 오일을 사용 할 수 있다.
　- 네일 더스트 브러시는 멸균 거즈 등으로 물기를 완전하게 제거한 후 사용한다.

(1) 수험자와 모델의 손소독하기

작업 대상 부위 : 1과제 시 작업 했던 오른손

시술자 손소독
소독 시에는 반드시 수험자의 손소독을 먼저 행한다.
사용한 솜은 일회용 위생 봉투에 처리한다.

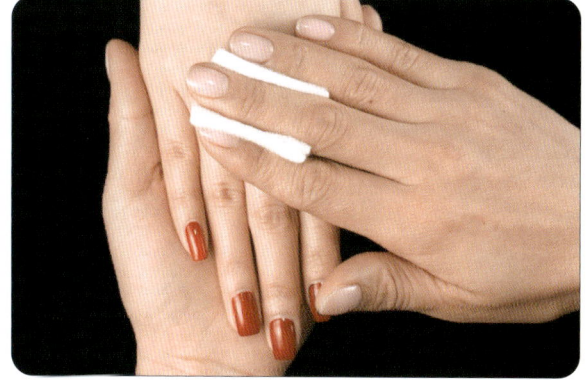

모델 손소독
수험자의 소독이 끝난 후 모델의 소독을 실시한다. 손등, 손바닥이 순으로 행한다.
사용한 솜은 일회용 위생 봉투에 처리한다.

(2) 네일 폴리시를 제거하기

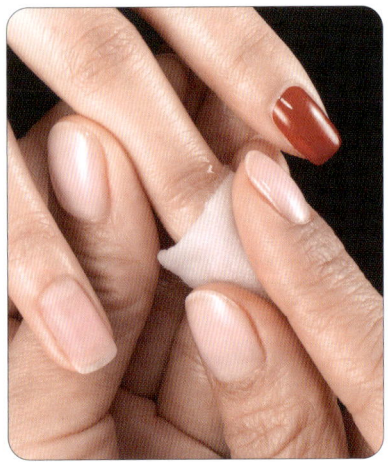
네일 폴리시 지우기.

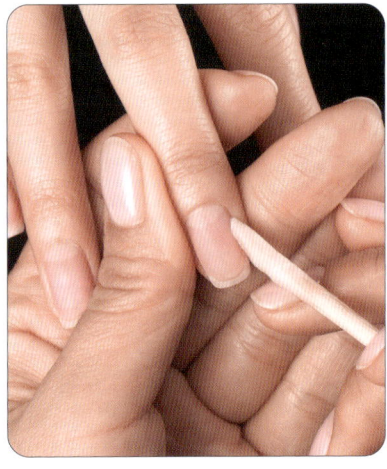
네일 폴리시 지우기.

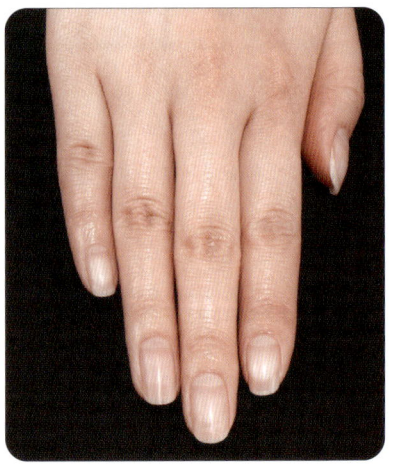
네일의 네일 폴리시 지우기가 끝났으므로 인조네일에 앞서 전처리 과정을 시작한다.

(3) 네일 전처리 과정 (인조네일 공통)

네일 전 처리 작업은 인조네일 시술시 반드시 실시되어야 하는 과정이다. 자연손톱의 유·수분기를 제거하여 박테리아 번식에 대응하며 발생할 수 있는 자연손톱과 인조손톱 사이의 들뜸 현상을 방지하는 작업으로 자연네일을 보호하고 인조네일을 잘 유지 할 수 있도록 하는 과정이다.

① 자연 손톱의 길이는 (0.1cm이하) 짧게 파일링 한다. (라운드 또는 오발의 형태)

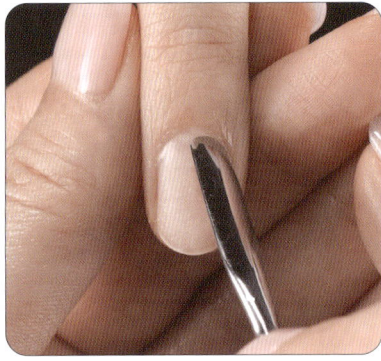
② 큐티클 푸셔를 이용하여 네일 표면에 붙어 있는 큐티클을 밀어준다.

경우에 따라서 큐티클 니퍼를 이용할 수도 있다.

③ 180grit 이상의 네일 파일을 사용하여 손톱 표면에 에칭을 준다.

④ 네일 버퍼로 거스러미를 정리한다.

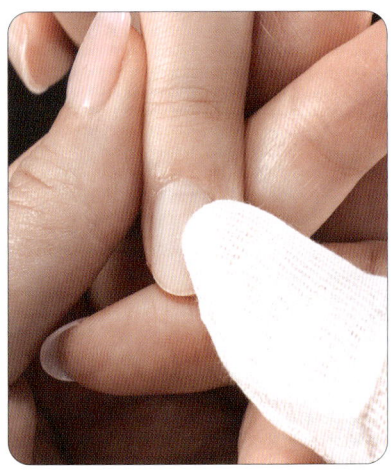
⑤ 멸균 거즈 또는 네일 더스트브러시를 사용하여 분진을 제거한다.

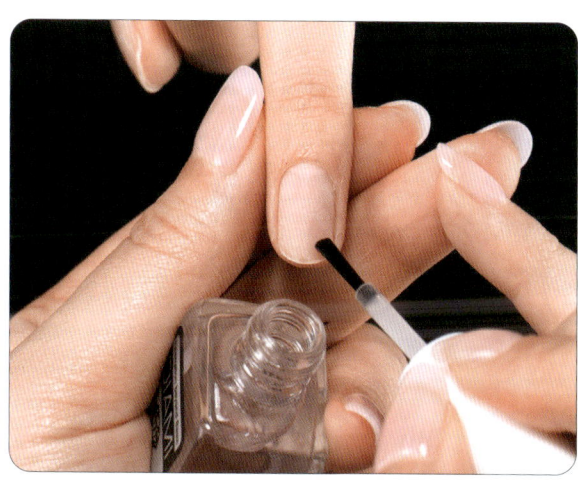

⑥ 프리 프라이머를 도포하여 유분, 수분을 정리한다.

(4) 내추럴 하프 웰 스퀘어 팁 선택과 팁 부착

● 수험자를 위한 핵심 어드바이스 – 올바른 팁 선택 하기

- 규정에 의해 사용되는 네일 팁은 웰 부분이 있는 내추럴 컬러의 하프 웰 스퀘어 팁이다.
아래의 그림에서 보는 바와 같이 핑크색 부분이 웰 부분이며 이 부분은 자연네일과 접착제(글루, 젤 글루)에 의해 접착되는 부분이다.

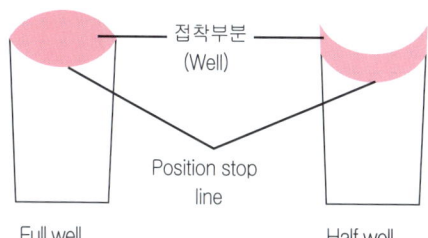

▶ 네일 팁을 선택 할 시에는 대상 부위 손톱보다 한 사이즈 큰 사이즈를 선택한다.
▶ 팁을 자연 손톱의 중심에서 비뚤어지지 않도록 주의하여 부착한다.
▶ 팁 턱 제거가 용이하도록 팁의 꼬리부분을 조금 제거해준 후 부착한다.
▶ 젤 글루 또는 글루를 선택하여 팁의 웰 (well) 부분에 바른다.
▶ 기포가 생기지 않도록 주의하여 부착한다.

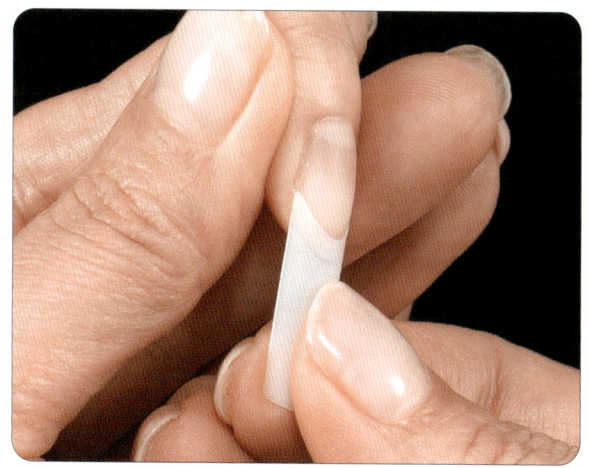

대상 부위에 적합한 네일 팁 선택의 예시.

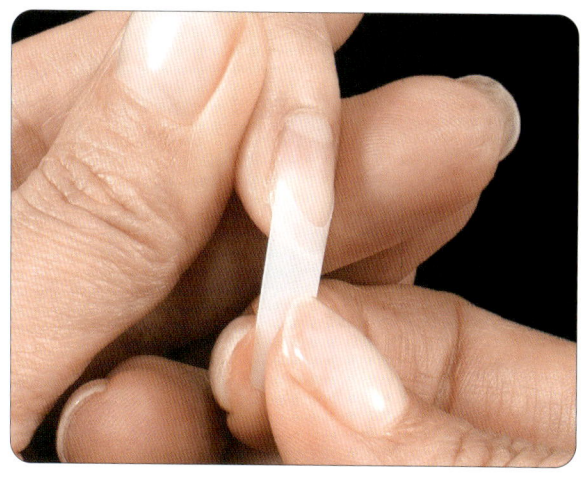

대상 부위보다 작은 네일 팁 선택의 예시.

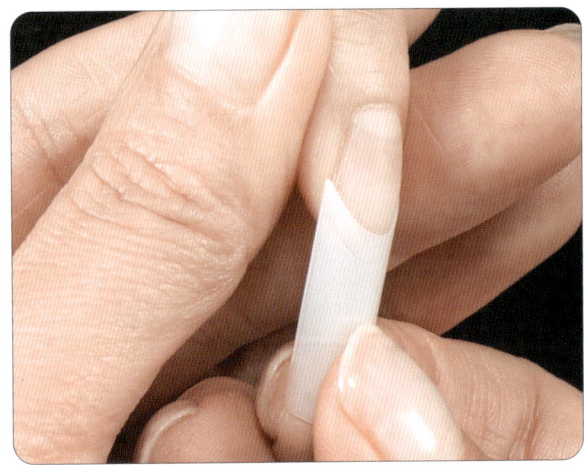

대상 부위보다 다소 큰 네일 팁 선택의 예시

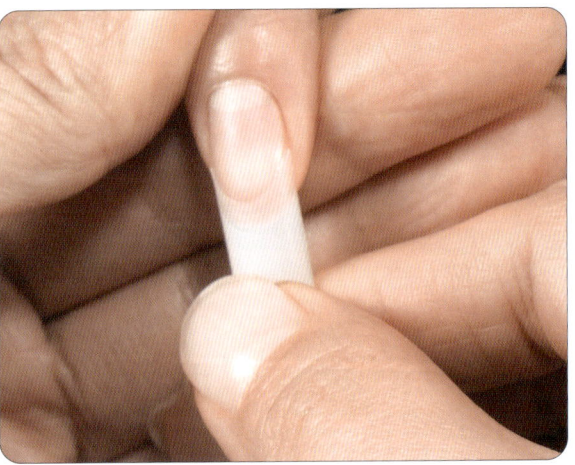

대상 부위에 적합한 네일 팁 선택의 접착 예시

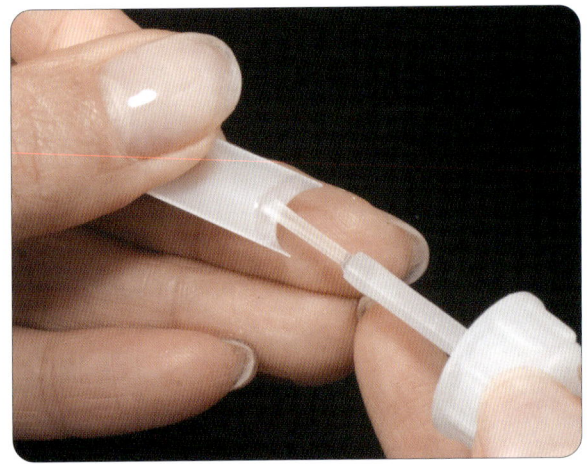

① 웰 부분에 글루 도는 젤 글루를 도포한다.

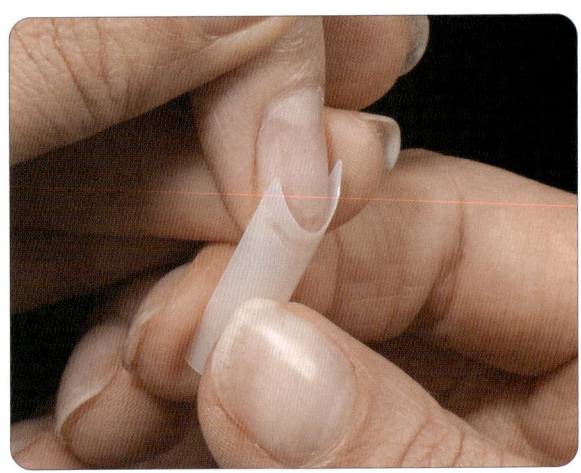

② 손톱의 끝선과 웰 부분의 선을 맞추어 접착한다.

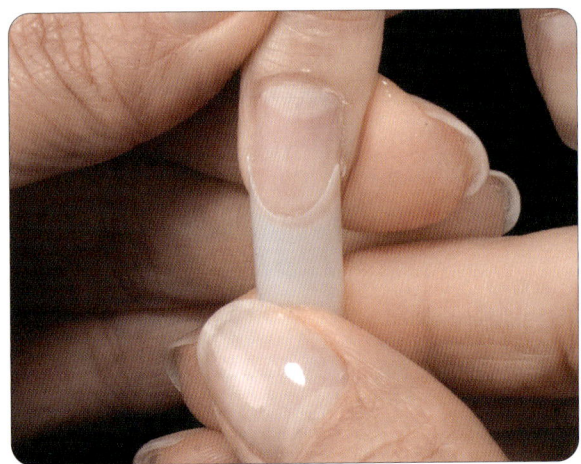

③ 공기가 들어가지 않도록 주의한다.

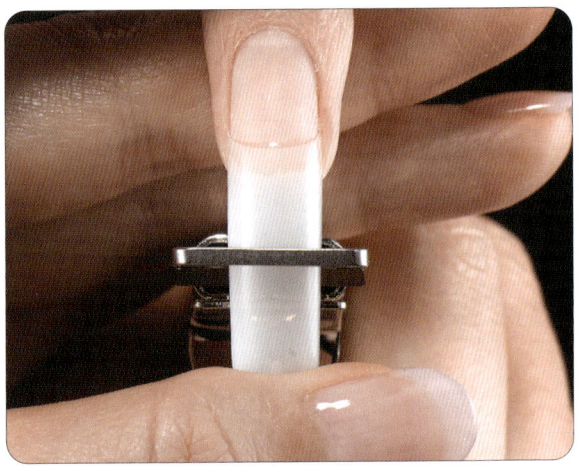

④ 팁 커터를 사용하여 0.5cm~1cm이내의 길이로 완성 할 것을 유념하여 자른다.

(5) 팁 경계선 자연스럽게 제거

팁 턱을 과도하게 파일링 할 경우 얼룩이 생기거나 자연손톱에 손상을 줄 수 있으므로 주의하여 파일링 한다.
이 때 핀칭을 넣기 위한 준비로 사이드 부분의 파일링을 세심하게 한다.

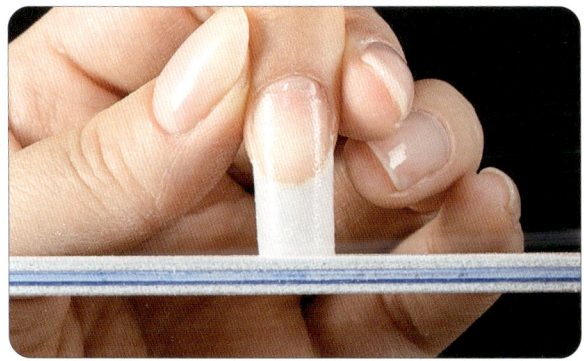
⑤ 네일 파일로 길이를 정리한다.

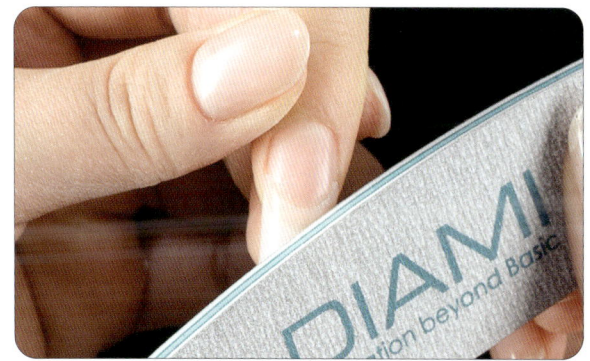
⑥ 팁의 경계선 부분을 자연네일 손상없이 매끄럽게 제거한다.

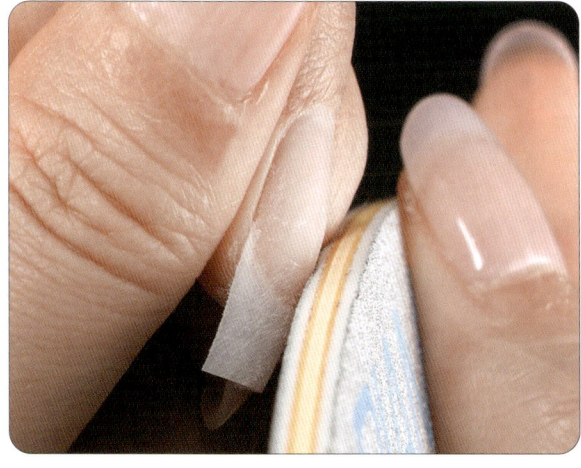
⑦ 편중된 파일링으로 자연네일과 네일 팁이 지나치게 갈리지 않도록 유의한다.

⑧ 네일 전체적으로 샌딩 버퍼를 사용하여 부드럽게 버핑해 준다.

⑨ 네일 더스트 브러시를 사용하여 손톱 표면과 밑의 분진을 제거해 준다.

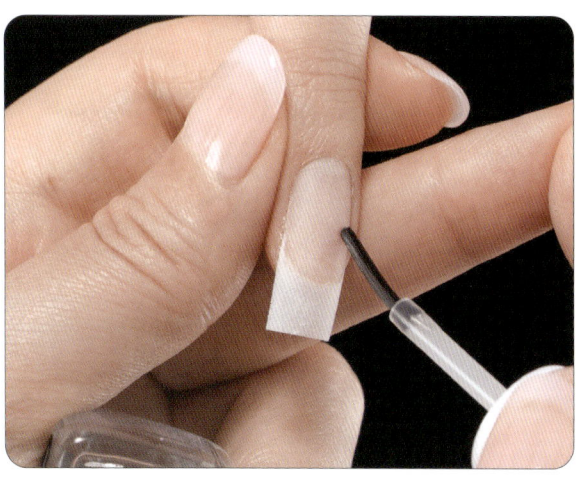
⑩ 자연네일 부분에만 프리프라이머를 다시한번 도포 해 줄 수 있다.

(6) 두께 조형하기와 형태 잡기

- 두께나 하이포인트를 조형하기 위한 필러 파우더 사용이 가능하다. 그러나 과도한 필러 파우더를 사용 할 경우 기포가 생기거나 얼룩이 생길 수 있다.
- 필러를 사용한 후에는 라이트 글루를 사용하여 필러를 흡수시켜준다. (젤 글루를 사용 할 경우 필러 파우더를 쓸어내리므로 적합하지 않다.)

네일 젤 글루를 사용하여 전체적으로 도포한다. 이때, 피부에 닿거나 흐르지 않도록 유의한다.

표면을 조형할 필요가 있을 때에는 필러 파우더로 그 부분을 채워 준다.

글루를 도포하여 필러 파우더가 스며들도록 한다. 기포가 생기지 않도록 유의한다.

글루 액티베이터를 분사하여 건조 시킨다. (15~20cm 거리를 유지한다.)

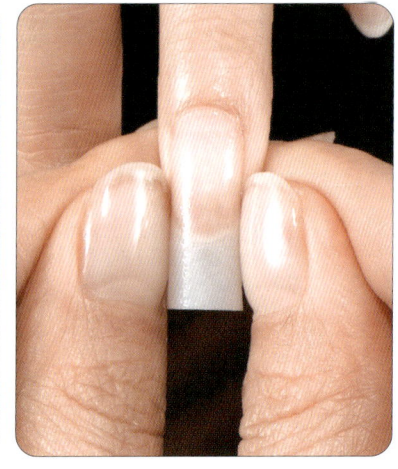

글루 엑티베이터를 사이드 부분에 분사한 후 핀칭을 준다.

(7) 실크 랩 재단·부착과 형태·두께 조형

접착 실크를 손톱의 너비에 맞추어 재단을 준비한다.

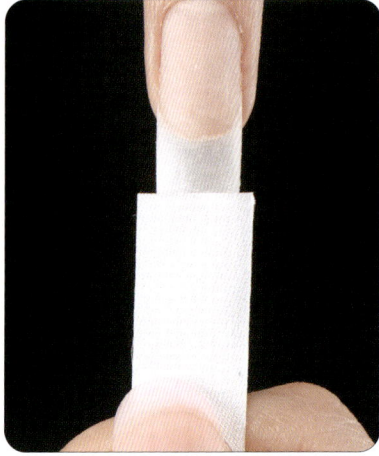

직사각형으로 재단한다.

큐티클에 맞추어 모서리를 둥글게 잘라준다.

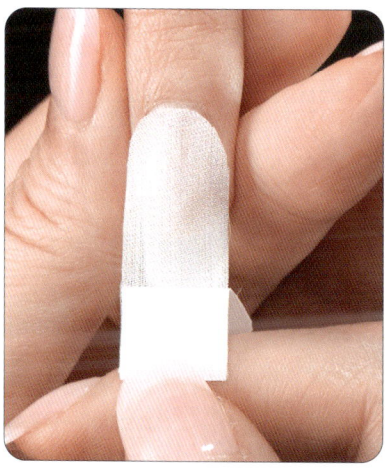
접착 실크의 뒷 부분에 붙어 있는 종이를 떼어낸다.

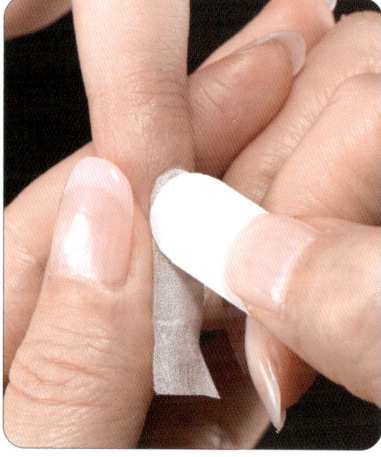
떼어낸 종이를 사용하여 실크를 접착한다.

에포니키움 부분에서 1mm정도 띄어서 접착하고 글루를 전체적으로 도포한다. 글루 도포 시 에포니키움과 네일 월 근처에 글루가 닿지 않도록 주의한다.

실크를 아래로 살짝 당겨 접착력을 높여준다.

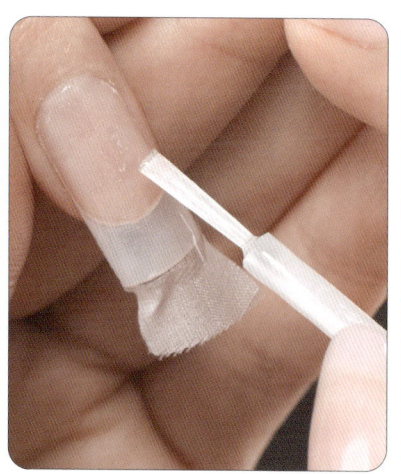
젤 글루 도포 시 에포니키움과 네일 월 근처에 젤 글루가 닿지 않도록 주의한다.

글루 액티베이터를 뿌려준다.
(이때에는 15cm~20cm 정도의 거리를 둔다.)

(8) 파일링과 광택 마무리

- 형태 조형이 끝나면 표면을 매끄럽게 정리하기 위해 파일링 한다.
- 파일링 시 접착된 실크가 손상 될 수 있으므로 주의하여 가볍게 파일링 한다.
- 규정된 길이(0.5~1cm이하)로 파일링 한다.
- 광택용 버퍼로 마무리한다.

건조 된 후, 클리퍼로 앞선여분의 실크를 잘라낸다.

건조된 후 클리퍼로 옆선여분의 실크를 잘라낸다.

Grit수가 고운 네일 파일을 사용하여 네일 전반에 걸쳐 다듬어 준다. 특히 에포니키움과 네일 월 부분을 세심하게 파일링 한다.

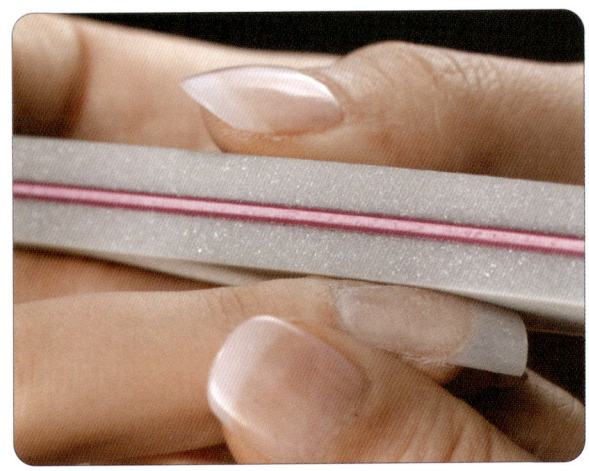
다시 한번 샌딩 파일로 네일 표면과 프리에지 등 네일 전반에 걸쳐 다듬어 준다.

광택버퍼를 사용하여 광택을 부여 함으로 마무리한다.

(9) 마무리 클린 작업

마무리 클린 작업은 완성도를 높여주는 중요한 과정이다. 클린하는 방법으로 오일, 멸균 거즈 또는 핑거볼을 사용하여 분진을 제거하는 방법이 있다. 오일을 사용했을 경우 완성된 인조 손톱에 오일기가 남아있지 않도록 깨끗하게 닦아낸다.

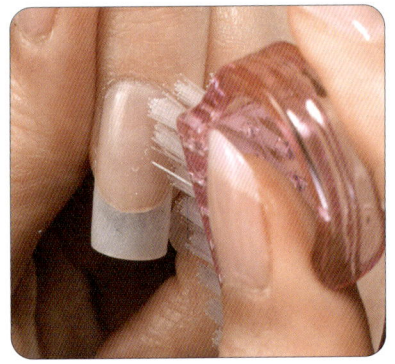
네일 더스트 브러시를 사용하여 분진을 제거한다.

네일 더스트 브러시를 사용하여 손톱 밑의 분진을 제거한다.

큐티클 오일을 도포하여 클린하기.

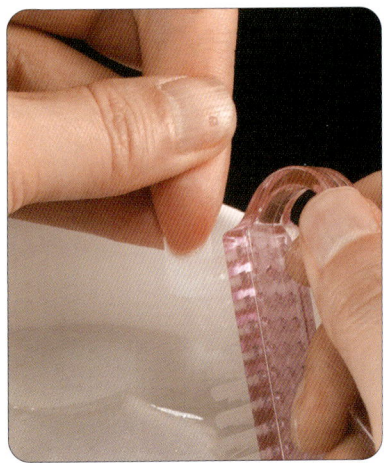
핑거볼을 사용하여 손톱 밑부분 클린하기

핑거볼을 사용하여 손톱 표면 클린하기

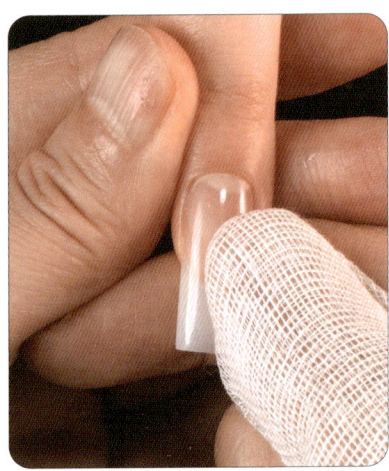
멸균 거즈를 사용하여 깨끗하게 손톱과 주변의 먼지, 오일의 잔여물 등을 정리해 준다.

(10) 완성

오른손 3지 4지의 손톱은 스퀘어 모양으로 조형하며 길이가 일정하도록 주의하여 완성한다.

3지 4지

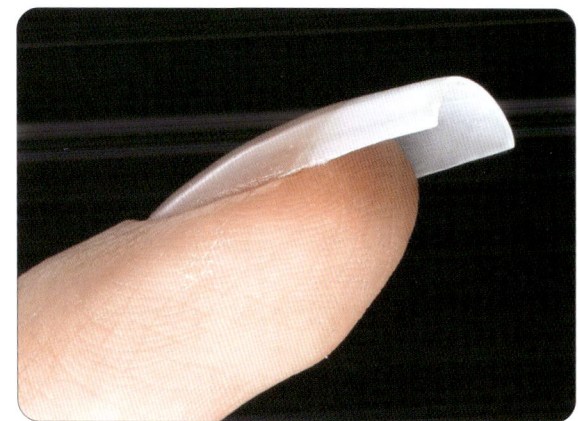

측면

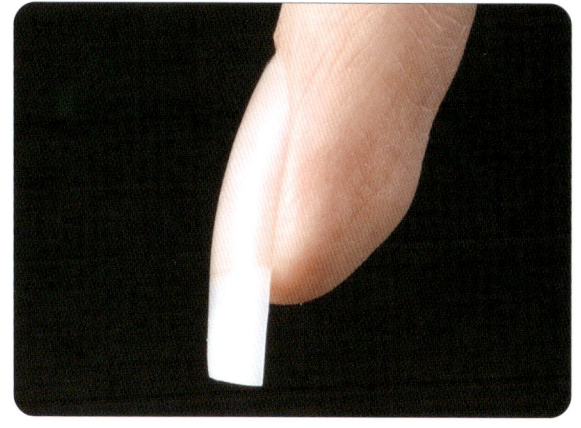

측면

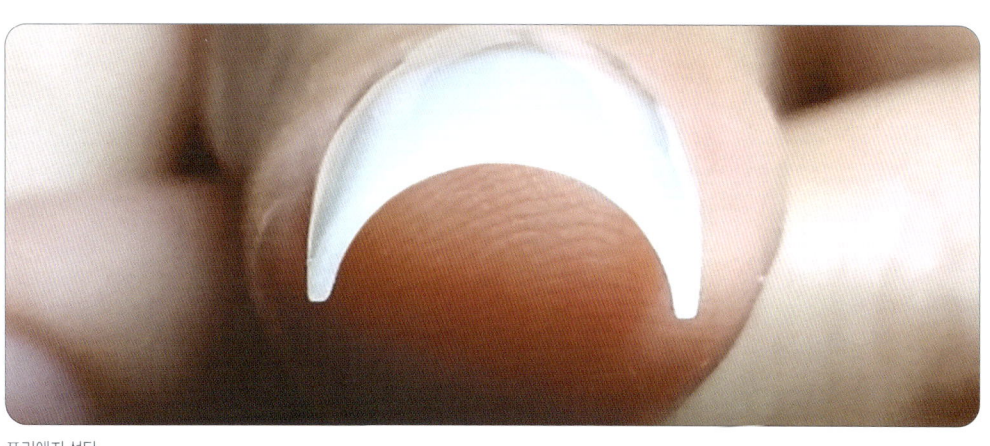

프리에지 선단

2. 젤 원톤 스컬프쳐

● 젤 원톤 스컬프쳐 시술 순서 과제를 수행하기 위한 요구사항

① 수험자의 손과 모델의 손, 손톱 소독을 실시한다.
② 1과제 작업 상태의 모델 손톱을 3과제 작업에 적합 하도록 전처리를 실시한다.
  - 오른손 1~5지에 작업 되어 있는 네일 폴리시를 제거한다.
  - 모델의 자연손톱을 1mm이하의 라운드 또는 오발의 형태로 준비한다.
③ 네일 폼과 투명한 젤을 사용하여 오른손 중지와 약지 2개의 손톱에 젤 원톤 스컬프쳐를 완성한다.
④ 프리에지의 길이는 0.5cm~1cm로 일정하게 맞추고, 가로 세로 직선의 스퀘어 형태로 조형한다.
⑤ 손톱 표면은 중심에서 좌우, 상하 사방의 굴곡이 자연스럽게 연결되고 기포없이 맑고 투명하게 완성한다.
⑥ 인조손톱은 지연손톱 전체에 조형되어야 하며 그 연결선은 매끄럽게 연결하되 주변 피부가 손상되거나 출혈되지 않도록 유의한다.
⑦ 프리에지 C-커브는 원형의 20~40% 비율로, 두께는 0.5~1mm이하로 일정하게 조형한다.
⑧ 측면 사이드 스트레이트 선은 자연 손톱에서부터 프리에지까지 연결선이 너무 올라가거나 쳐지지 않도록 하며 직선을 유지한다.
⑨ 프리에지의 형태는 스퀘어로 2개 손톱 모두 일정하게 조형한다.
⑩ 파일로 인한 거친 표면을 샌딩 버퍼로 매끄럽게 정리한다.
⑪ 탑젤로 광택 마무리 하시오.
⑫ 손과 손톱 주변의 먼지 또는 사용된 오일을 깨끗하게 제거한다.
  - 핑거볼, 네일 더스트브러시, 멸균 거즈, 큐티클 오일을 사용 할 수 있다.
  - 네일 더스트브러시는 멸균 거즈 등으로 물기를 완전하게 제거한 후 사용한다.

(1) 수험자와 모델의 손소독하기

작업 대상 부위 : 1과제 시 작업 했던 오른손

시술자 손소독
소독 시에는 반드시 수험자의 손소독을 먼저 행한다.
사용한 솜은 일회용 위생 봉투에 처리한다.

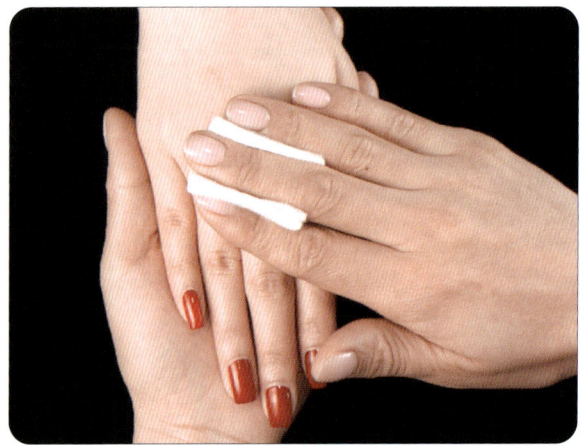

모델 손소독
수험자의 소독이 끝난 후 모델의 소독을 실시한다. 손등, 손바닥 순으로 행한다.
사용한 솜은 일회용 위생 봉투에 처리한다.

(2) 네일 폴리시를 제거하기

네일 폴리시 지우기.

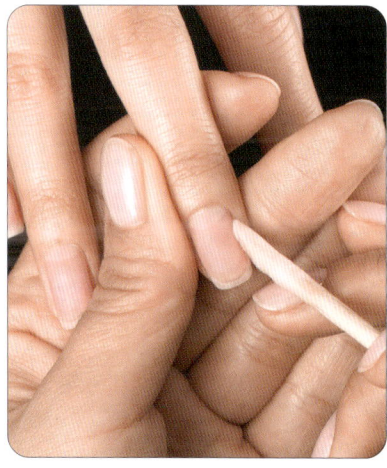
네일 폴리시 지우기.

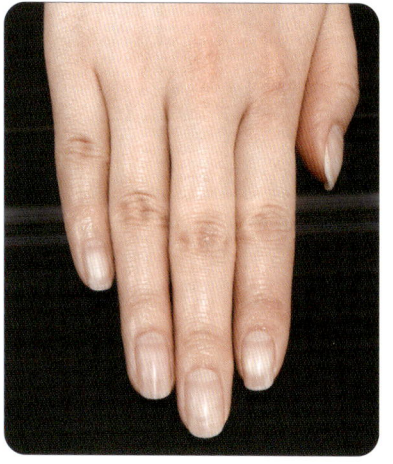
네일의 네일 폴리시 지우기가 끝났으므로 인조네일에 앞서 전처리 과정을 시작한다.

(3) 네일 전처리 과정 (인조네일 공통)

네일 전 처리 작업은 인조네일 시술시 반드시 실시되어야 하는 과정이다. 자연손톱의 유·수분기를 제거하여 박테리아 번식에 대응하며 발생할 수 있는 자연손톱과 인조손톱 사이의 들뜸 현상을 방지하는 작업으로 자연네일을 보호하고 인조네일을 잘 유지 할 수 있도록 하는 과정이다.

① 자연 손톱의 길이는(0.1cm이하) 짧게 파일링 한다. (라운드 또는 오발의 형태)

② 큐티클 푸셔를 이용하여 네일 표면에 붙어 있는 큐티클을 밀어준다.

경우에 따라서 큐티클 니퍼를 이용할 수 도 있다.

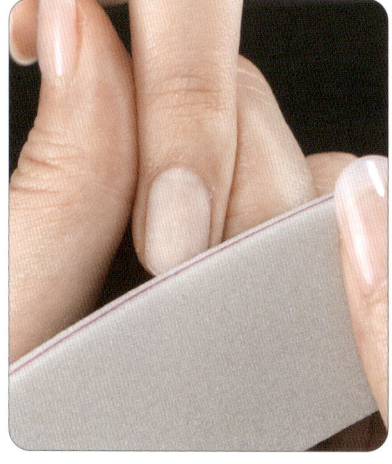
③ 180grit 이상이 네일 파일을 사용하여 손톱 표면에 에칭을 준다.

④ 네일 버퍼로 거스러미를 정리한다.

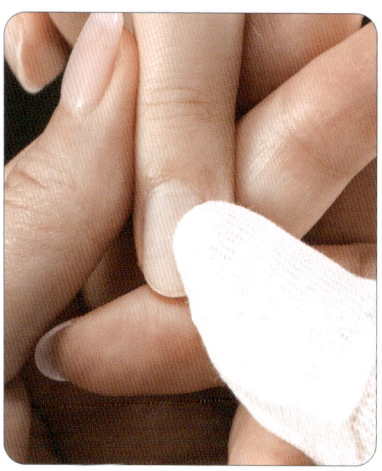
⑤ 멸균 거즈 또는 네일 더스트브러시를 사용하여 분진을 제거한다.

Perfect Nail Technology

(4) 네일 폼 장착하기

● 수험자를 위한 핵심 어드바이스 – 올바른 네일 폼 장착하기

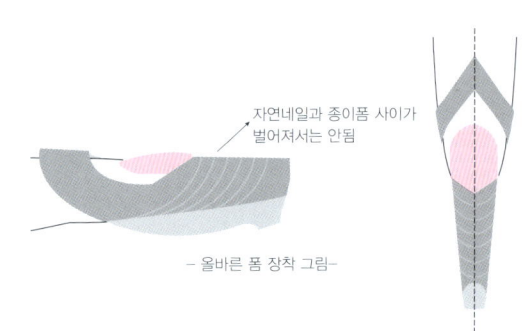

▶ 네일 폼 부착 시 컨케이브의 중심을 맞추어 네일 폼을 접착한다.
▶ 자연네일과 네일 폼 사이가 벌어져서는 안된다.
▶ 네일과 수평이 되도록 네일 폼을 접착한다.

㉠ 네일 폼 사용하기 – 기본

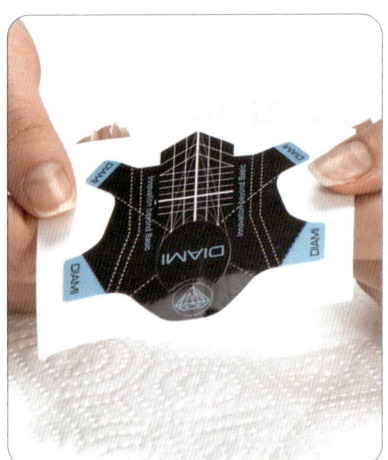

접착력이 좋은 네일 종이 폼을 준비한다.

종이 폼 이면지를 떼어낸다.

종이 폼 가운데에 있는 동그란 절취선 부분안의 작은 종이를 떼어내서 네일 폼의 뒤면에 부착한다.
– 이 작업으로 종이 폼에 지지대가 형성 된다.

하이포니키움에 잘 맞도록 오려낸다.

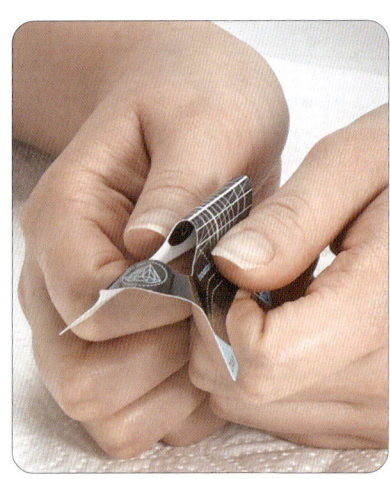

네일의 굴곡에 맞추어 종이 폼을 둥글게 말아준다.

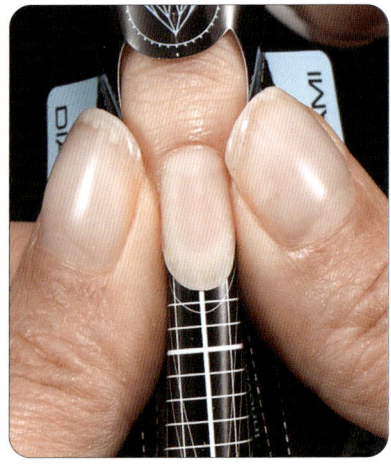

Check!! 손가락과 일자가 되도록 자연 네일과 수평으로 접착한다.

ⓒ 올바른 네일 폼 부착하기

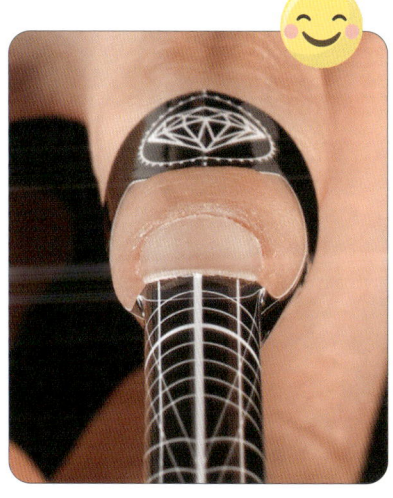
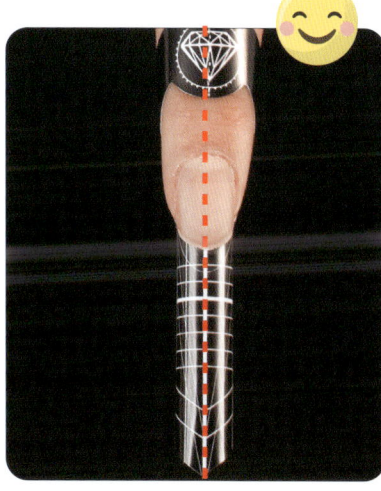
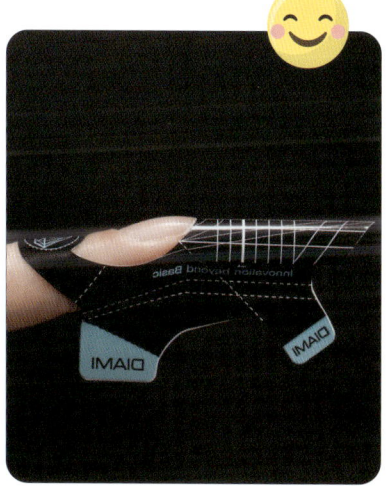

네일 폼과 자연네일 사이가 벌어져서는 안된다.
네일 폼은 일자로 접착되어져야 한다.
네일 폼은 옆에서 보았을때, 쳐지거나 올라가서는 안된다.

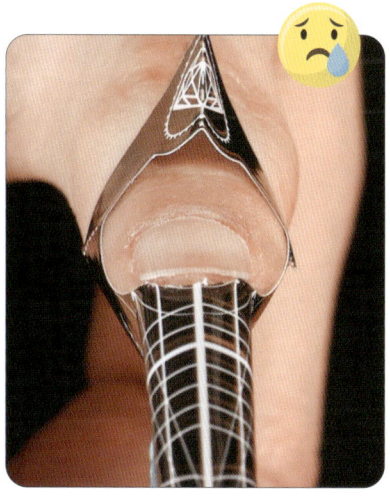
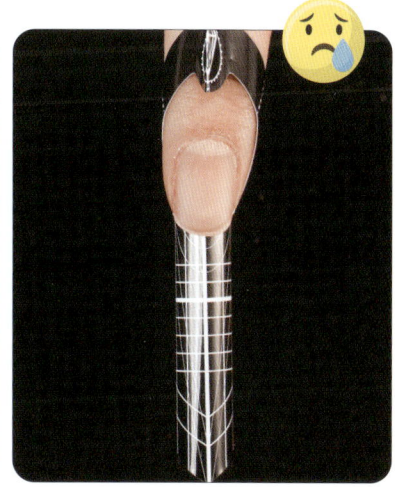
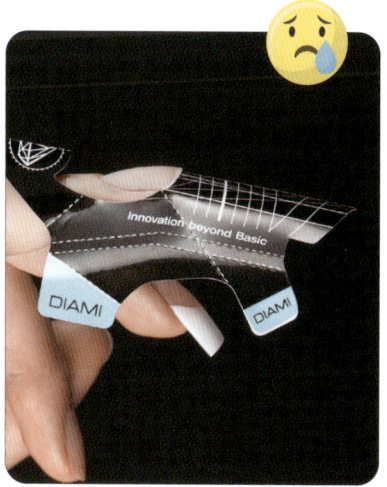

네일 폼과 자연네일의 사이가 벌어져 있는 모습.
손톱 연장선이 비뚤어진 상태의 모습.
네일 폼이 쳐진 모습

(5) 클리어 젤 올리기

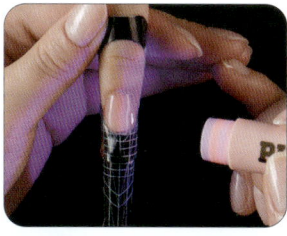
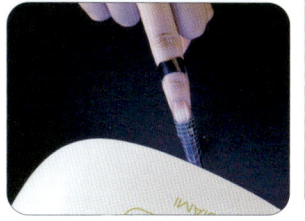

자연네일부터 프리에지의 끝까지 베이스 젤을 도포한다.
젤 램프기기에 경화시켜준다.
프리에지 부분을 연장하기 위해 클리어 젤을 젤 브러시로 덜어낸다.
프리에지 부분에 클리어 젤을 올려주어 길이연장의 기초를 만든다.

네일미용 실기 — Perfect Nail Technology

프리에지 부분에 클리어 젤을 올려주며 스트레스 포인트부분을 신중하게 연결 시켜준다.

프리에지 부분에 클리어 젤을 다시 한번 올려주어 두께감을 만든다.

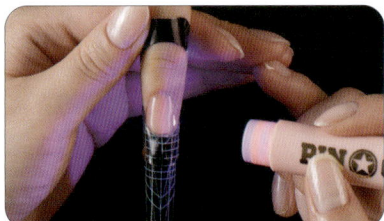

젤 램프기기에 경화시켜준다.

클리어 젤을 사용하여 네일 베드와 프리에지의 단차를 자연스럽게 연결시킨다.

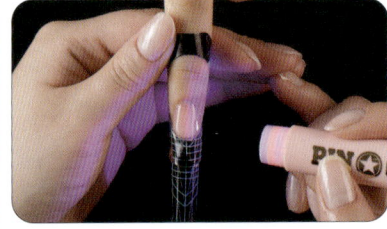
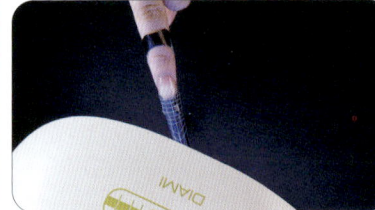

젤 램프기기에 경화시켜준다.

엄지 손가락을 사용하여 핀칭을 지긋이 넣어준다. (1차 핀칭)

손톱 전체에 다시한번 클리어 젤을 올려주어 자연스런 인조네일의 구조를 만든다.

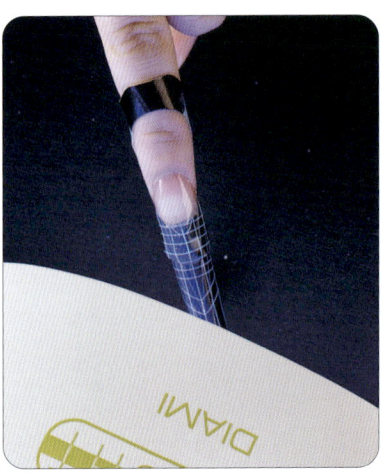

젤 램프기기에 경화시켜준다.

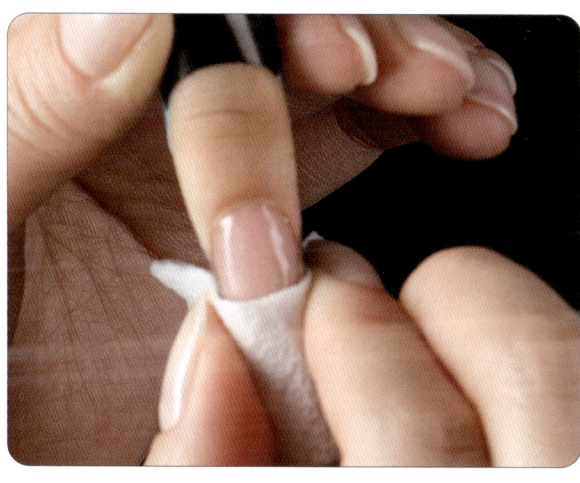

완전하게 경화된 젤 원톤 스컬프쳐를 클렌져에 적신 페이퍼로 감싸듯 덮고 가볍게 핀칭을 준다.(2차 핀칭)

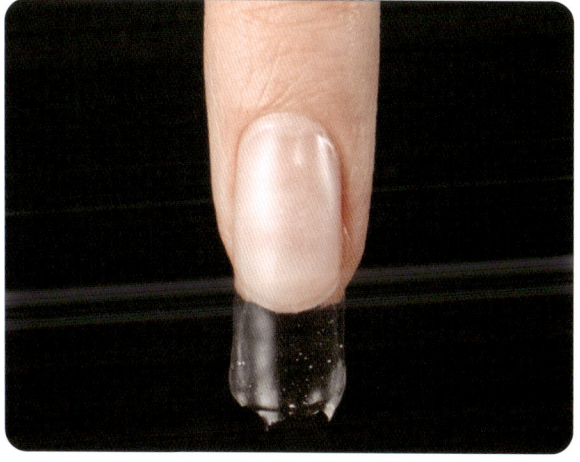

파일링 하기 전의 원톤 젤 스컬프쳐의 상태.

(6) 파일링 하기

- 형태 조형이 끝나면 표면정리를 위해 파일링 한다.
- 젤은 파일링이 쉽게 되므로 주의하여 가볍게 파일링 한다.
- 규정된 길이(0.5~1cm이하)로 파일링 한다.
- 에포니키움 부분에 손상이 없도록 주의하며 에포니키움 부분과 인조손톱이 자연스런 연결 상태가 되도록 파일링 한다.
- 측면에 사이드 스트레이트의 직선과 곡선의 컨벡스 형태를 유의하여 파일링 한다.

파일링을 시작한다. 두손가락 오른손 3, 4 지를 같은 길이로 조절하는 작업 부터 시작한다.

옆선 네일 폴드 부분에서 자연네일과 프리에지가 연장선이 직선이 되도록 파일링 한다. (Side Straight) 특히 스트레스 포인트 부분이 파이지 않도록 주의한다.

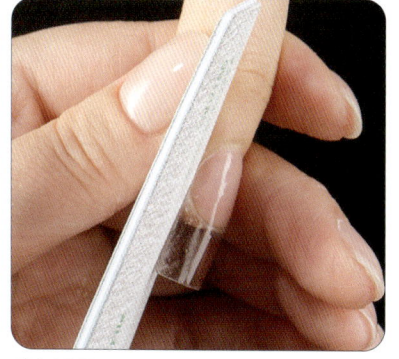

옆선 네일 폴드 부분에서 자연네일과 프리에지가 연장선이 직선이 되도록 파일링 한다. (Side Straight) 좌우 직선의 프리에지가 평행이 되도록 살피면서 파일링한다.

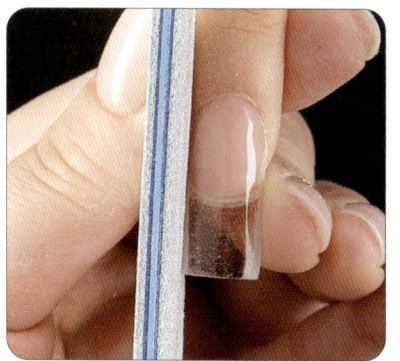

정면(위)에서 보았을 때 네일 월 부분에 맞닿아 있는 인조네일 부분을 직선으로 파일링해 준다. (Facade Straight)

정면(위)에서 보았을 때 네일 월 부분에 맞닿아 있는 인조네일 부분을 직선으로 파일링해 준다. (Facade Straight)

에포니키움 부분은 라인에 따라 둥글게 파일링하고 프리에지 부분은 사선으로 파일링하여 손톱 중심에 자연스런 아치를 만들어 하이포인트를 잡아준다.

네일미용 실기 Perfect Nail Technology

입자가 고운 네일 파일을 사용하여 (마이크로 파일, 샌딩 파일 등) 손톱 전체를 전반적으로 파일링한다.

고운 네일 파일을 사용하여(마이크로 파일, 샌딩 파일 등) 손톱 전체를 전반적으로 파일링한다. 이 때, 에포니키움 라인을 섬세하게 파일링하여 인조네일과 자연네일의 경계를 자연스럽게 한다.

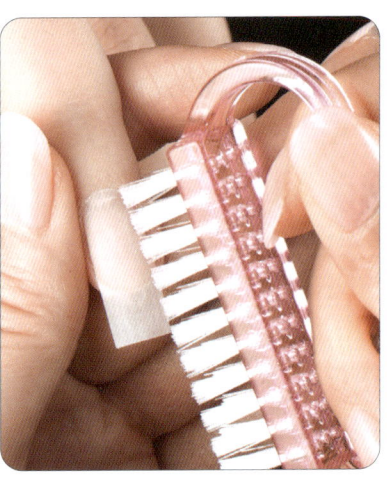

소독된 네일 더스트 브러시를 사용하여 손과 인조네일 표면과 밑의 분진등을 완전하게 털어낸다.

(7) 탑 젤 도포와 마무리 클린하기

탑 젤을 도포하여 광택을 더하여 주기전에 먼지에 취약한 젤의 특이성을 숙지하여 분진을 깨끗이 닦아내고 탑 젤을 도포한다.

분진을 털어낸 젤 원톤 스컬프쳐 전체를 클렌져에 적신 페이퍼로 다시한번 깨끗하게 닦아주어 정돈한다.

젤 탑 코트를 도포하여 광택을 부여한다.

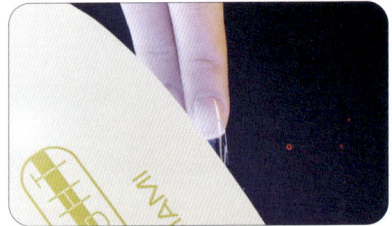
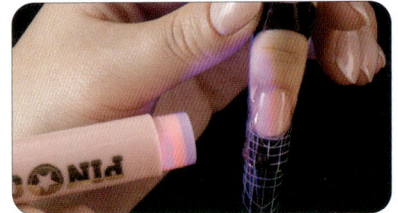

젤 램프기기에 경화시킨다

클렌져에 적신 페이퍼로 미경화젤을 닦아낸다. 미경화가 남지 않는 탑젤을 사용할 시에는 이 단계는 필요하지 않다.

마무리 단계에서 큐티클 오일을 발라준다.

핑거볼과 네일 더스트브러시를 사용하여 분진과 사용한 오일을 닦아 낼 수 있다.

핑거볼과 네일 더스트브러시를 사용하여 분진과 사용한 오일을 닦아낼 수 있다.

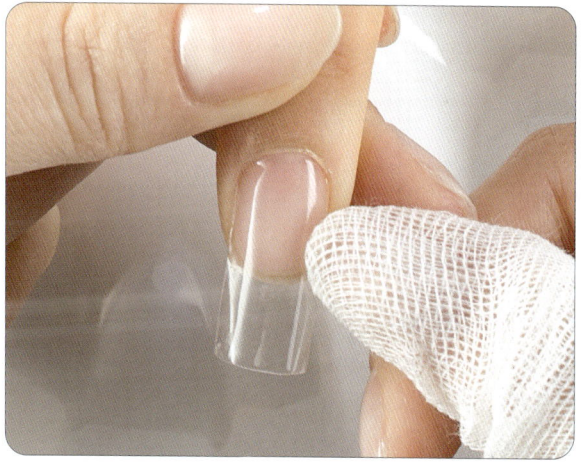
멸균 거즈를 사용하여 발라진 오일을 정리하고 손톱과 주변을 깨끗함과 광택감으로 완성시킨다.

(8) 완성
오른손 3지 4지의 손톱은 스퀘어 모양으로 조형하며 길이가 일정하도록 주의하여 완성한다.

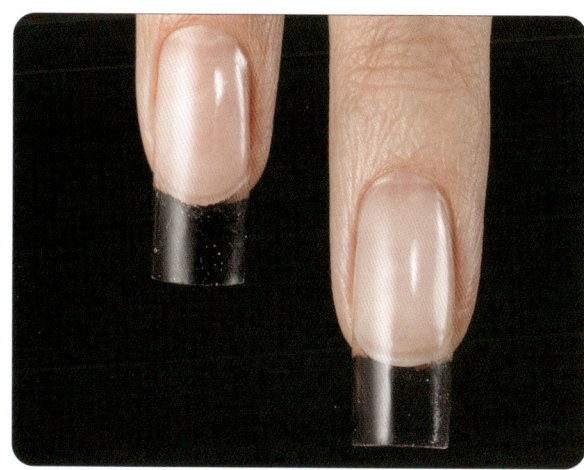
정면

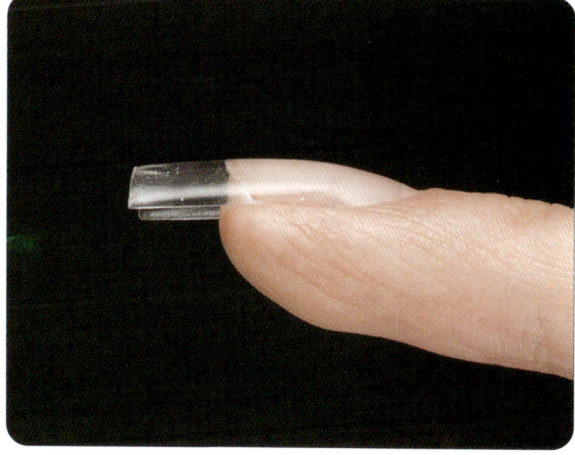
측면

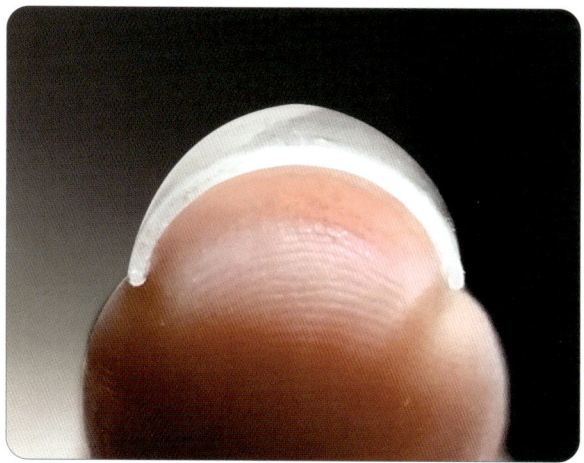
프리에지 선단

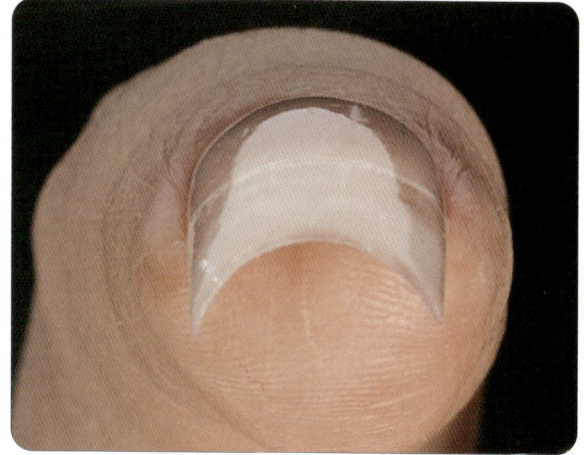
프리에지 선단

3. 아크릴 프렌치 스컬프쳐

● 아크릴 프렌치 스컬프쳐 시술 순서 과제를 수행하기 위한 요구사항

① 수험자의 손과 모델의 손·손톱 소독을 실시한다.
② 1과제 작업 상태의 모델 손톱을 3과제 작업에 적합 하도록 전처리를 실시한다.
　　- 오른손 1~5지에 작업 되어 있는 네일 폴리시를 제거한다.
　　- 모델의 자연손톱을 1mm이하의 라운드 또는 오발의 형태로 준비한다.
③ 네일 폼과 화이트 폴리머, 핑크 또는 클리어 폴리머를 사용하여 오른손 중지와 약지 2개의 손톱에 아크릴 프렌치 스컬프쳐를 완성한다.
④ 스마일 라인은 선명하게 표현되어야 하고 모양은 좌우대칭이 되도록 조형한다.
⑤ 제품 사용 시 기포가 생기거나 얼룩지지 않도록 주의한다.
⑥ 프리에지의 길이는 중심을 기준으로 0.5cm~1cm로 일정하게 맞추고, 가로 세로 직선의 스퀘어 형태로 조형한다.
⑦ 손톱 표면은 중심(하이포인트)에서 좌우, 상하사방의 굴곡이 자연스럽게 연결되고 기포없이 맑고 투명하게 완성한다.
⑧ 인조손톱은 자연손톱 전체에 조형되어야 하며 그 연결선은 매끄럽게 연결하되 주변 피부가 손상되거나 출혈되지 않도록 유의한다.
⑨ 프리에지 C-커브는 원형의 20~40% 비율로, 두께는 0.5~1mm이하로 일정하게 조형한다.
⑩ 측면 사이드 스트레이트 선은 자연 손톱에서부터 프리에지까지 연결선이 너무 올라가거나 쳐지지 않도록 하며 직선을 유지한다.
⑪ 프리에지의 형태는 스퀘어로 2개 손톱 모두 일정하게 조형한다.
⑫ 파일로 인한 거친 표면을 샌딩 버퍼로 매끄럽게 정리한다.
⑬ 광택용 버퍼를 사용하여 광택 마무리 한다.
⑭ 손과 손톱 주변의 먼지 또는 사용된 오일을 깨끗하게 제거한다.
　　- 핑거볼, 네일 더스트 브러시, 멸균 거즈, 큐티클 오일을 사용 할 수 있다.
　　- 네일 더스트 브러시는 멸균 거즈 등으로 물기를 완전하게 제거한 후 사용한다.

(1) 수험자와 모델의 손소독하기

작업 대상 부위 : 1과제 시 작업 했던 오른손

시술자 손소독
소독 시에는 반드시 수험자의 손소독을 먼저 행한다.
사용한 솜은 일회용 위생 봉투에 처리한다.

모델 손소독
수험자의 소독이 끝난 후 모델의 소독을 실시한다. 손등, 손바닥이 순으로 행한다.
사용한 솜은 일회용 위생 봉투에 처리한다.

(2) 네일 폴리시를 제거하기

네일 폴리시 지우기.

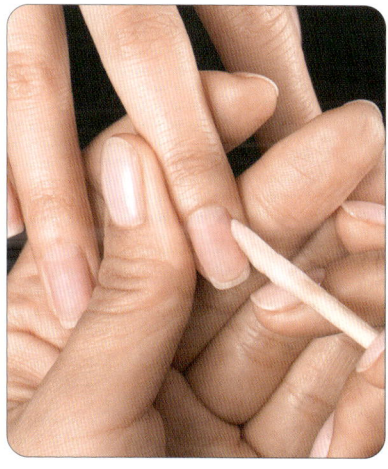
네일 폴리시 지우기.

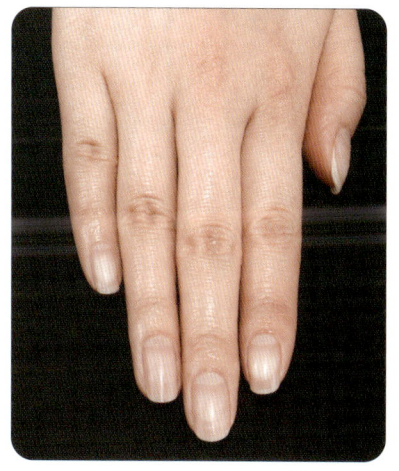
네일의 네일 폴리시 지우기가 끝났으므로 인조네일에 앞서 전처리 과정을 시작한다.

(3) 네일 전처리 과정 (인조네일 공통)

네일 전 처리 작업은 인조네일 시술시 반드시 실시되어야 하는 과정이다. 자연손톱의 유·수분기를 제거하여 박테리아 번식에 대응하며 발생할 수 있는 자연손톱과 인조손톱 사이의 들뜸 현상을 방지하는 작업으로 자연네일을 보호하고 인조네일을 잘 유지 할 수 있도록 하는 과정이다.

① 자연 손톱의 길이는(0.1cm이하) 짧게 파일링 한다. (라운드 또는 오발의 형태)

② 큐티클 푸셔를 이용하여 네일 표면에 붙어 있는 큐티클을 밀어준다.

경우에 따라서 큐티클 니퍼를 이용할 수도 있다.

③ 180grit 이상의 네일 파일을 사용하여 손톱 표면에 에칭을 준다.

④ 네일 버퍼로 거스러미를 정리한다.

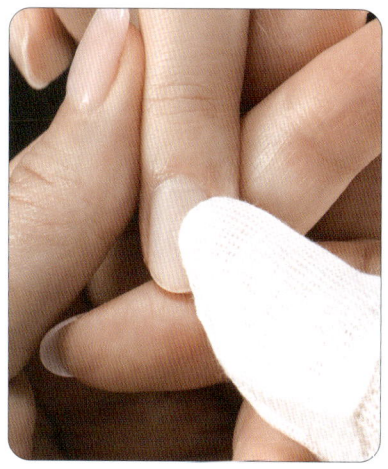
⑤ 멸균 거즈 또는 네일 더스트 브러시를 사용하여 분진을 제거한다.

⑥ 프리 프라이머를 도포하여 유분, 수분을 정리한다.

⑦ 프라이머를 도포하여 접착력의 효과를 유도한다.

(4) 네일 폼 장착하기

● 수험자를 위한 핵심 어드바이스 – 올바른 네일 폼 장착하기

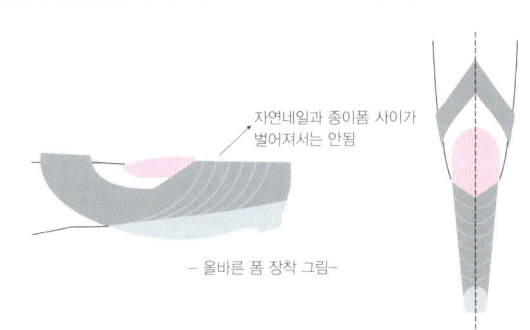

▶ 네일 폼 부착 시 컨케이브의 중심을 맞추어 네일 폼을 접착한다.
▶ 자연네일과 네일 폼 사이가 벌어져서는 안된다.
▶ 네일과 수평이 되도록 네일 폼을 접착한다.

㉠ 네일 폼 사용하기 – 기본

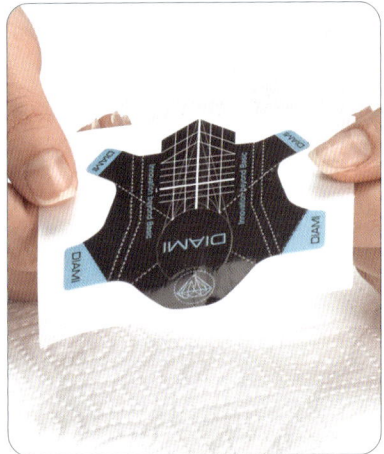
접착력이 좋은 네일 종이 폼을 준비한다.

종이 폼 이면지를 떼어낸다.

종이 폼 가운데에 있는 동그란 절취선 부분안의 작은 종이를 떼어내서 네일 폼의 뒷면에 부착한다.
– 이 작업으로 종이 폼에 지지대가 형성 된다.

하이포니키움에 잘 맞도록 오려낸다.

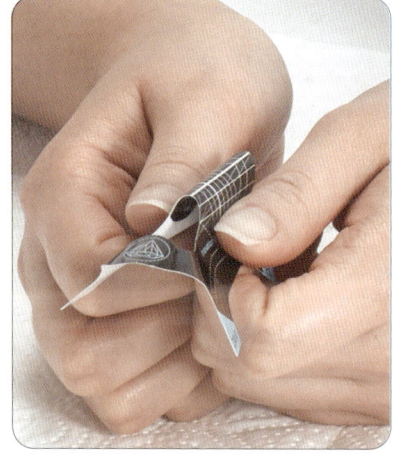
네일의 굴곡에 맞추어 종이 폼을 둥글게 말아준다.

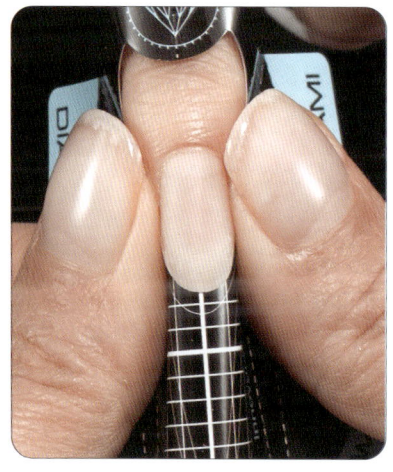
Check!! 손가락과 일자가 되도록 자연네일과 수평으로 접착한다.

ⓒ 올바른 네일 폼 부착하기

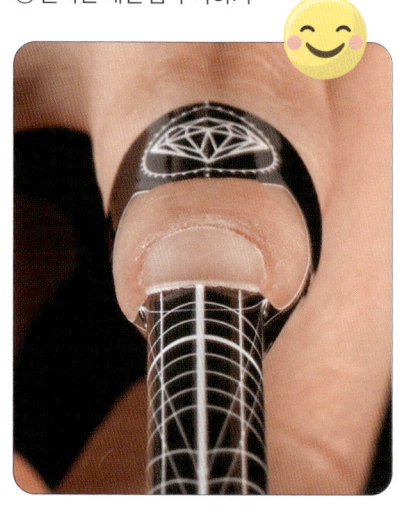
네일 폼과 자연네일 사이가 벌어져서는 안된다.

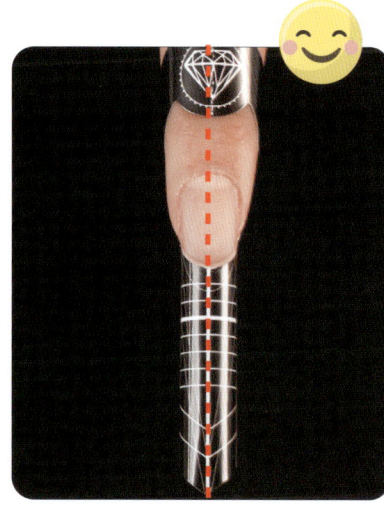
네일 폼은 일자로 접착되어져야 한다.

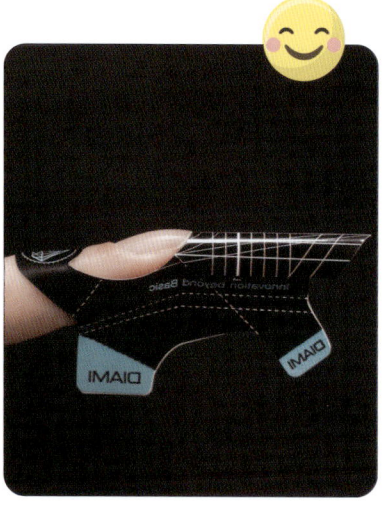
네일 폼은 옆에서 보았을때, 처지거나 올라가서는 안된다.

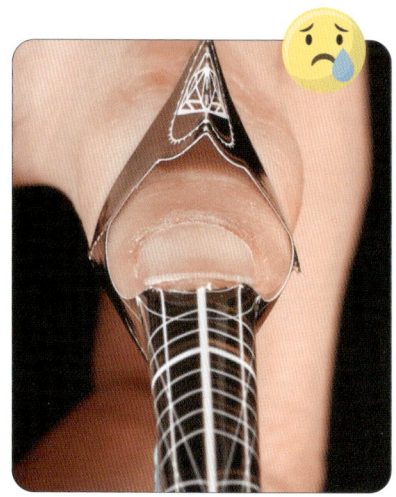
네일 폼과 자연네일의 사이가 벌어져 있는 모습.

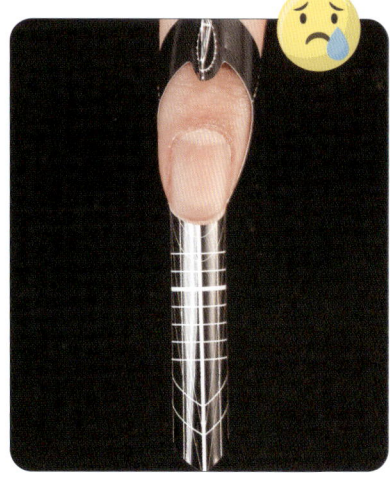
손톱 연장선이 비뚤어진 상태의 모습.

네일 폼이 쳐진 모습

(5) 믹스춰 만들기

적당한 믹스춰 볼

건조한 믹스춰 볼

묽은 믹스춰 볼

Check!!
다펜디시에 모노머를 덜어서 사용하며 브러시에 묻은 폴리머에 의해 다펜디시의 모노머가 오염이 안되도록 브러시를 페이퍼에 잘 닦아서 사용한다.

마지막 페이지 부록을 이용하여, 볼뜨기 연습을 해보세요!

브러시를 다펜디시에 푹 젖도록 충분하게 담근다.

브러시의 밸리 부분에서 살짝 모노머의 양을 조절한다.

브러시의 한쪽 면에 화이트 폴리머를 묻혀낸다.

페이퍼 타월에 여분의 모노머를 덜어내듯 가볍게 정리한다.

브러시를 다펜디시에 푹 젖도록 담근다.

브러시의 밸리 부분에서 살짝 모노머의 양을 조절한다.

브러시의 한쪽 면에 핑크 폴리머를 묻혀낸다.

페이퍼 타월에 여분의 모노머를 덜어내듯 가볍게 정리한다.

브러시의 한쪽 면에 클리어 폴리머를 묻혀낸다.

페이퍼 타월에 여분의 모노머를 덜어내듯 가볍게 정리한다.

(6) 아크릴릭 조형하기
- 화이트 파우더를 사용하여 프리에지 부분을 조형한다.
- 프리에지를 조형한 후 프리에지 양쪽 끝부분에 모서리를 정돈·조형한다.
- 스마일 라인의 좌우 대칭이 되도록 조형하여 높이가 같도록 조절한다.
- 네일 베드 부분에는 클리어 파우더만 사용하여도 되고 완성도를 위하여 핑크 파우더와 클리어 파우더를 같이 사용 할 수 있다.

사진과 같이 네일 프리에지 중심 부위에 화이트 볼이 올라갈 위치이다.

화이트 믹스춰 볼을 적당량 취하여 프리에지 끝단 중심부에 올린다.

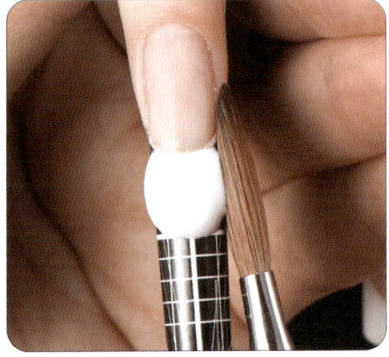
화이트 믹스춰 볼을 살포시 눌러주면서 프리에지 옆선을 잡아준다.

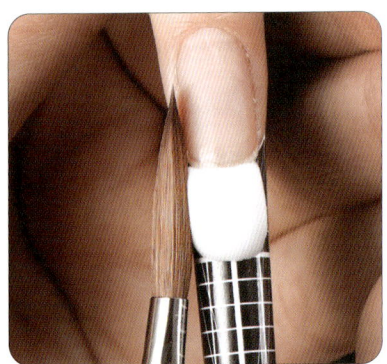
화이트 믹스춰 볼을 살포시 눌러주면서 프리에지 옆선을 잡아준다.

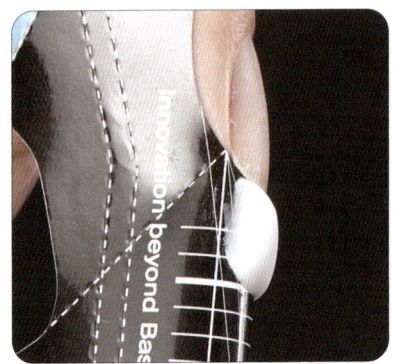
이 상태에서 자일리톨 껌 같은 모양이 된다.

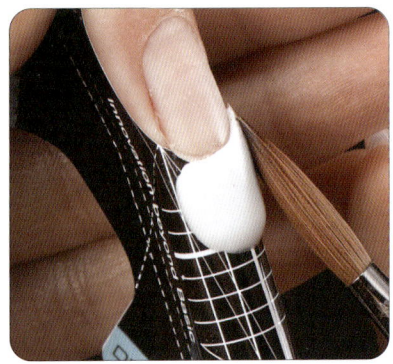
브러시의 팁 부분을 사용하여 옐로우 라인에 맞추어 화이트 볼을 위·옆으로 움직인다.

브러시의 밸리 부분을 사용하여 편평하게 프리에지 부분을 펼쳐 놓는다.

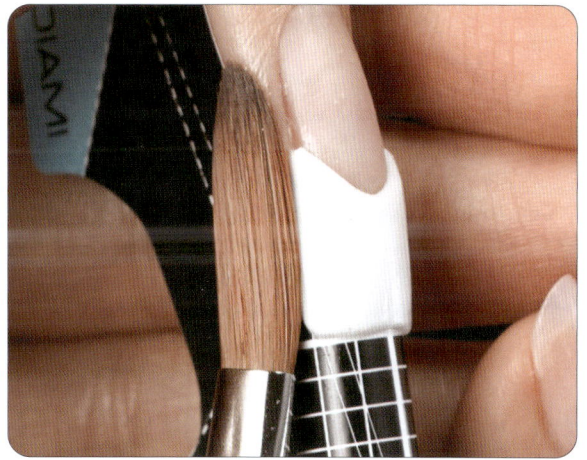

브러시의 전체 면을 사용하여 사이드 스트레이트 부분의 경계선을 만들어 놓는다.

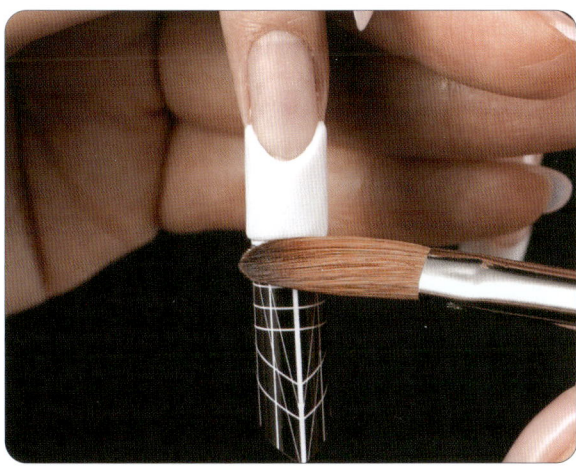

브러시의 밸리 부분을 사용하여 프리에지 길이를 조절한다.

브러시의 팁 부분을 사용하여 스마일 라인 부분을 살며시 좌·우로 문질러 준다.

스마일 라인의 중심을 확인한다.

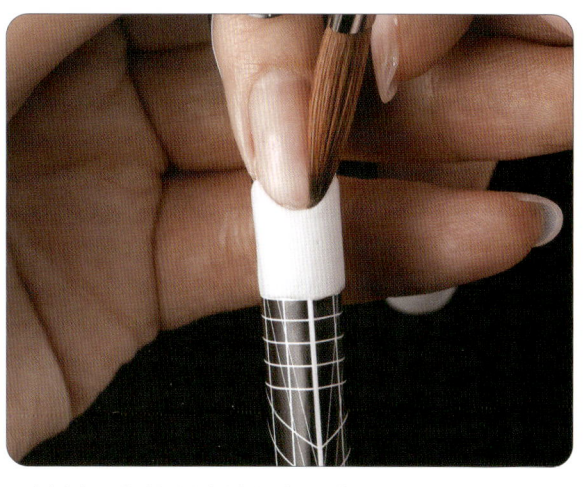

브러시의 팁 부분을 사용하여 섬세하게 스마일 라인을 살며시 누르듯, 그리듯이 만져 준다.

네일미용 실기 — Perfect Nail Technology

스마일 라인의 꼬리를 만들기 위해 작은 볼을 적용한다

스마일 라인의 꼬리 부분에 작은 볼을 올려놓고 만들어 놨던 스마일 라인 부분과 자연스럽게 연결시킨다.

서서히 힘을 빼면서 스마일 라인의 꼬리 부분을 조형한다. 너무 올리지 않도록 주의한다.

스마일 라인의 양쪽 위치를 맞추는 것이 중요하다.

손가락을 뒤집어 보면서 스마일 라인의 좌우대칭을 살펴본다.

그림과 같이 핑크 볼을 취하여 스마일 라인부분 가까이에 올려 놓는다.
(붓의 방향을 유념해서 보자.)

핑크 볼을 올려 놓은 상태.

클리어 볼을 에포니키움 근처에 놓고 자연스럽게 연결한다.

전체적인 네일의 구조를 보면서 필요할 시, 하이포인트 부분에 클리어 볼을 한번 더 올려 네일의 자연스런 구조를 만든다.

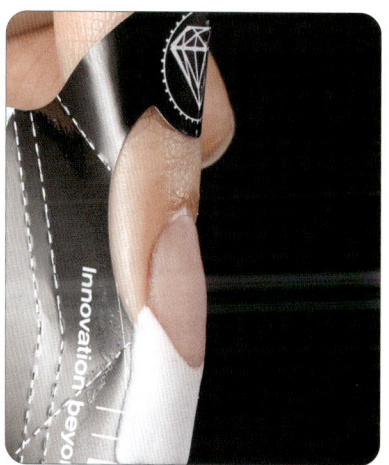
아크릴릭 인조네일의 파일링 전의 모습.

(7) 핀칭하기

20~40%의 C커브와 아름다운 컨 케이브를 형성한다.

굳은 것을 확인하며 네일베드의 양쪽 측면에서부터 프리에지까지 곧은 직선이 되도록 수험자의 양쪽 엄지를 사용하여 핀칭을 넣는다.

스트레스 포인트 부분에 다시한번 핀칭을 넣는다.

손가락을 뒤집어서 인조네일의 구조가 똑바른지 확인하며 핀칭을 넣는다.

프리에지 부분도 살며시 잡아 주듯이 핀칭을 넣는다.

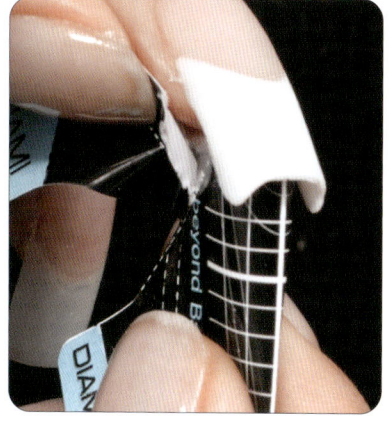
Check!! 네일폼의 제거
네일 폼을 제거 할 때에는 스트레스 포인트가 손상을 줄이기 위하여 폼을 조심스럽게 손톱의 아래로 살짝 당겨서 떼어낸다.

(8) 기타 도구 사용하기(선택)

기타 도구는 수험자의 편의를 위해 선택적으로 사용한다.

핀칭봉(C-커브 스틱)을 사용하여 C-커브를 조형할 수 있다.

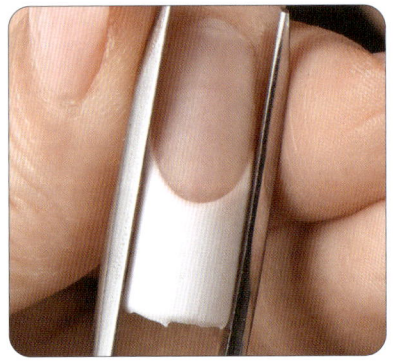
핀칭 텅(핀셋 모양의 핀칭 보조 도구)을 사용하여 프리에지 모양을 일자 형태로 만들 수 있다.

핀칭봉(C-커브 스틱)을 사용하여 잘못된 컨케이브 부분을 조절할 수 있다.

- ### 정면에서 보았을 때의 C-curve

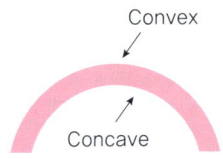

일정한 두께의 C커브 만들기

C-커브는 보다 튼튼한 네일의 형태를 만들기 위해 필요하며 충격 흡수에 도움이 된다.
20~40% 의 C-커브를 조형 한다.

네일미용

(9) 파일링 하기

- 프리에지의 길이가 일정하도록 작업한다.(0.5cm~1cm이하)
- 프리에지 형태를 규정에 맞게 스퀘어로 작업한다.
- 파일링 시 에포니키움 주변의 피부손상이 없도록 주의한다.
- 인조네일과 에포니키움 주변의 자연스런 연결 상태를 확인한다.
- 20%~40% 정도의 C-커브를 확인한다.
- 측면의 스트레이트와 스트레스 포인트의 손상 유·무를 확인한다.
- 컨벡스 모양이 전체적으로 일정하게 잡히도록 파일링 한다.
- 규정에 맞는 프리에지의 두께(0.5~1mm미만)로 일정하게 작업한다

㉠ 길이와 옆선, 측면 파일링하기

3, 4지의 네일 길이를 일정하게 조절(0.5~1cm 이하) 한다. 스퀘어의 형태를 조형하는 것을 염두에 두고 90° 각도를 유지하며 파일링 한다.

자연네일에서 연장된 사이드 스트레이트선을 살펴 보고 옆선의 파일링을 시작한다.

옆선 네일 폴드 부분에서 자연네일과 프리에지가 연장선인 직선이 되도록 파일링 한다. (Side Straight) 특히 스트레스 포인트 부분이 파이지 않도록 주의한다.

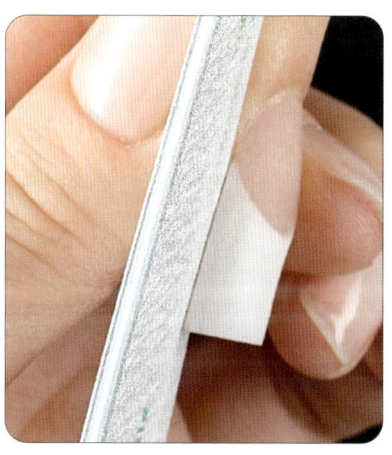

옆선 네일 폴드 부분에서 자연네일과 프리에지가 연장선인 직선이 되도록 파일링 한다. (Side Straight) 좌우 직선의 프리에지가 평행이 되도록 살피면서 파일링 한다.

정면(위)에서 보았을 때 네일 월 부분에 맞닿아 있는 인조네일 부분을 직선으로 파일링해 준다. (Facade Straight)

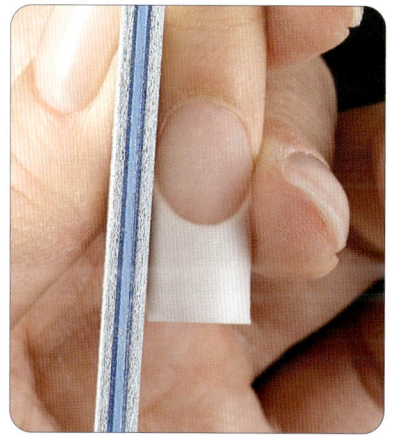

정면(위)에서 보았을 때 네일 월 부분에 맞닿아 있는 인조네일 부분을 직선으로 파일링해 준다. (Facade Straight)

ⓛ 표면 파일링

에포니키움 부분은 라인에 따라 둥글게 파일링하고 프리에지 부분은 사선으로 파일링하여 손톱 중심에 자연스런 아치를 만들어 하이포인트를 잡아준다.

입자가 고운 네일 파일을 사용하여(마이크로 파일, 샌딩 파일 등) 손톱 전체를 전반적으로 파일링한다.

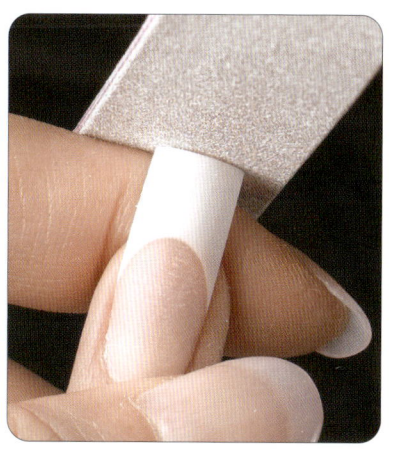

앏은 에지 파일을 사용하여 사이드 라인과 프리에지 앞선을 점검한다. (프리에지 형태-스퀘어 점검)

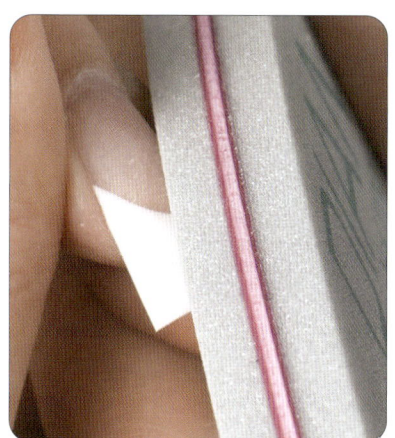

입자가 고운 네일 파일을 사용하여(마이크로 파일, 샌딩 파일 등) 손톱 전체를 전반적으로 파일링한다. 이 때, 에포니키움 라인을 섬세하게 파일링하여 인조네일과 자연네일의 경계를 자연스럽게 한다.

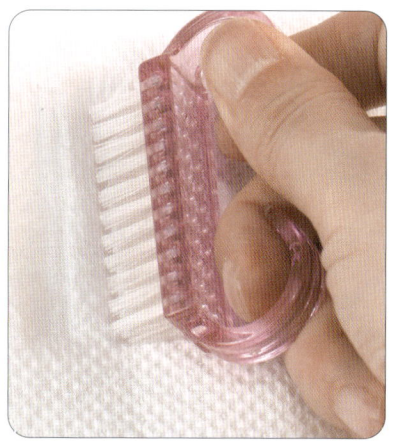

소독된 네일 더스트 브러시를 사용하여 종이 타월에 물기를 털어내고 손과 인조네일 위·밑의 분진 등을 완전하게 털어낸다.

광택용 버퍼를 사용하여 네일 전반에 걸쳐 광택을 준다.

● 네일 파일링의 순서 다시 한번 정리하기!

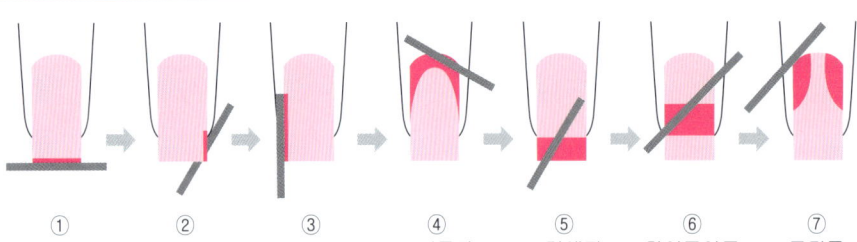

① 길이 조절
② 옆선 조절
③ 옆선 조절
④ 큐티클과 사이드 월 부분
⑤ 프리에지 부분
⑥ 하이포인트 연결부분
⑦ 큐티클 코너부분

▶ 네일 파일링의 순서는 네일 파일, 샌딩 파일, 광버퍼 모두에 적용하면 더욱 완성도 높은 작업을 이끌어 낼 수 있다.

(10) 클린 마무리 하기

완성된 인조네일 표면과 밑 부분까지 철저하게 청결한 상태를 확인한다

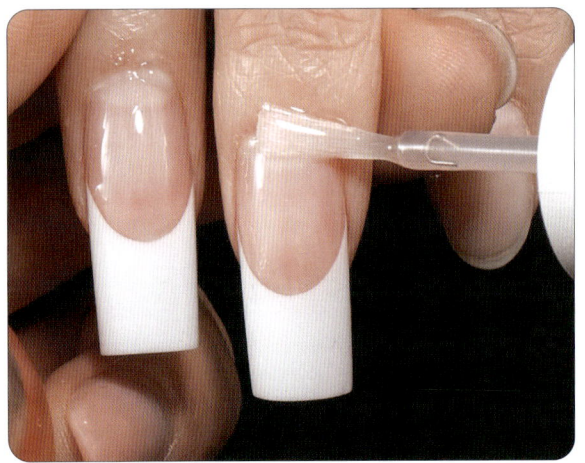

오일을 사용하여 인조네일의 주변에 묻히고 멸균 거즈로 닦아내기.

핑거볼에 손을 담가 더스트 브러시를 사용하여 먼지들을 세척하여 멸균 거즈로 깨끗이 닦아내어 마무리 한다.

핑거볼에 손을 담가 더스트 브러시를 사용하여 먼지들을 세척하여 멸균 거즈로 깨끗이 닦아내어 마무리 한다.

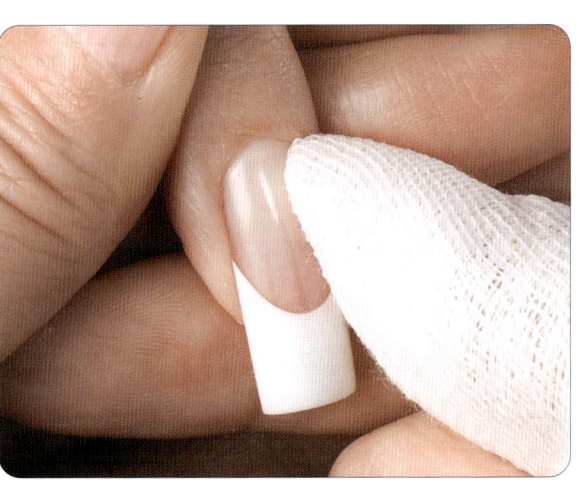

멸균 거즈를 사용하여 클린하기. 핑거볼을 사용하지 않고 젖은 멸균거즈를 사용하여 인조네일과 주변 피부에 묻은 오일기를 제거할 수도 있다.

(11) 완성

오른손 3지 4지의 손톱은 스퀘어 모양으로 조형하며 길이가 일정하도록 주의하여 완성한다.

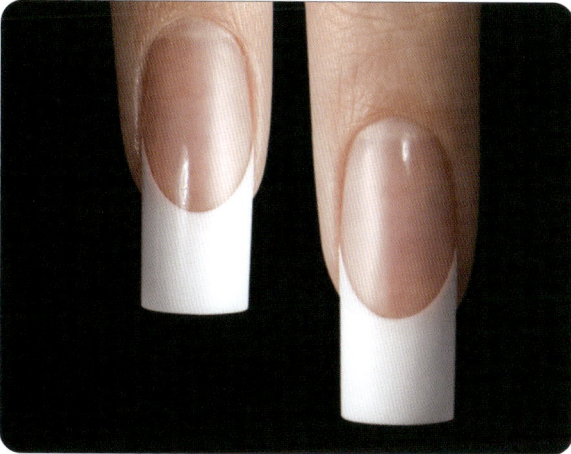

3지 4지

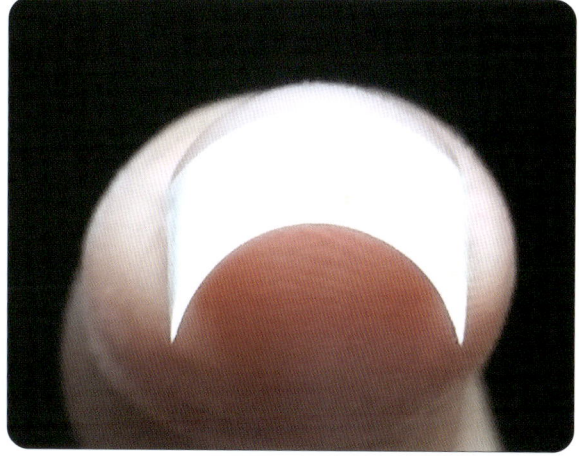

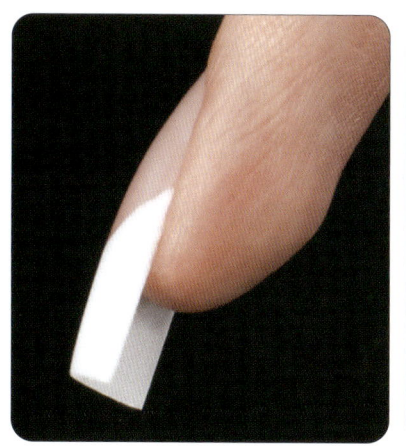

측면

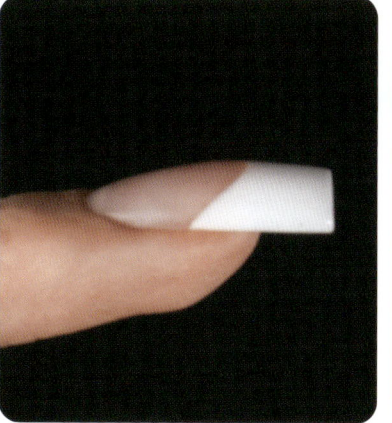

측면

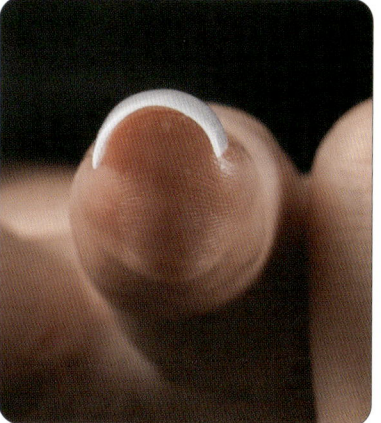

프리에지 선단

4. 네일 랩 익스텐션 – 길이 연장 – 2016년 하반기부터 (추가 종목)

● 네일 랩 익스텐션 작업 순서 – 과제를 수행하기 위한 요구사항

① 수험자의 손과 모델의 손, 손톱 소독을 실시한다.
② 1과제 작업 상태의 모델 손톱을 3과제 작업에 적합 하도록 전처리를 실시한다.
　– 오른손 1~5지에 작업 되어 있는 네일 폴리시를 제거한다.
　– 모델의 자연손톱을 1mm이하의 라운드 또는 오발의 형태로 준비한다.
③ 실크 랩, 네일 글루, 젤 글루, 필러파우더를 사용하여 오른손 중지와 약지 2개의 손톱에 실크 랩 연장을 완성한다.
④ 연장된 프리에지의 길이는 0.5cm~1cm미만으로 모두 일정하게 맞추고 가로, 세로 직선의 스퀘어모양으로 조형한다.
⑤ 글루(네일 글루, 젤 글루 등)는 수험자가 작업 상황에 맞도록 적절히 사용하되, 피부에 닿거나 흐르지 않도록 유의한다.
⑥ 실크는 손톱 범위에 따라 알맞게 큐티클 부분을 1mm도 남기고 재단 및 부착하여 사용한다.
⑦ 필러 파우더는 수험자가 작업 상황에 맞도록 적절히 사용한다.
⑧ 손톱 표면은 중심(하이포인트)에서 좌우, 상하 사방의 굴곡이 자연스럽게 연결되고 기포없이 맑고 투명하게 완성한다.
⑨ 인조손톱은 자연손톱 전체에 조형 되어야 하며 그 경계선은 매끄럽게 연결하되 주변 피부가 손상되거나 출혈되지 않도록 유의한다.
⑩ 프리에지 씨– 커브는 원형의 20~40% 비율로, 두께는 0.5cm~1cm이하로 일정하게 조형한다.
⑪ 측면 사이드 스트레이트 선은 자연 손톱에서부터 프리에지까지 연결선이 너무 올라가거나 쳐지지 않도록하며 직선을 유지한다.
⑫ 프리에지의 형태는 스퀘어로 2개 손톱 모두 일정하게 조형한다.
⑬ 파일로 인한 거친 표면을 샌딩 파일로 매끄럽게 정리한다.
⑭ 광택용 샌딩 파일을 사용하여 광택 마무리 한다.
⑮ 손과 손톱 주변의 먼지 또는 사용된 오일을 깨끗하게 제거한다.
　– 핑거볼, 네일 더스트 브러시, 멸균거즈, 큐티클 오일을 사용 할 수 있다.
　– 네일 더스트 브러시는 멸균거즈 등으로 물기를 완전하게 제거한 후 사용한다.

(1) 수험자와 모델의 손소독하기

작업 대상 부위 : 1과제 시 작업 했던 오른손

시술자 손소독
소독 시에는 반드시 수험자의 손소독을 먼저 행한다.
사용한 솜은 일회용 위생 봉투에 처리한다.

모델 손소독
수험자의 소독이 끝난 후 모델의 소독을 실시한다. 손등, 손바닥이 순으로 행한다.
사용한 솜은 일회용 위생 봉투에 처리한다.

(2) 네일 폴리시를 제거하기

네일 폴리시 지우기.

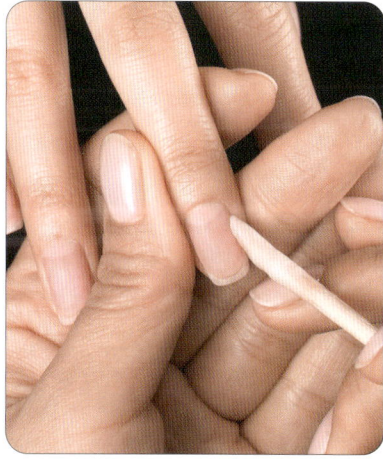
네일 폴리시 지우기.

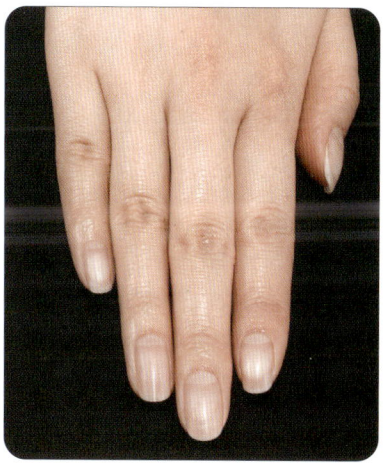
네일의 네일 폴리시 지우기가 끝났으므로 인조네일에 앞서 전처리 과정을 시작한다.

(3) 네일 전처리 과정 (인조네일 공통)

네일 전 처리 작업은 인조네일 시술시 반드시 실시되어야 하는 과정이다. 자연손톱의 유·수분기를 제거하여 박테리아 번식에 대응하며 발생할 수 있는 자연손톱과 인조손톱 사이의 들뜸 현상을 방지하는 작업으로 자연네일을 보호하고 인조네일을 잘 유지 할 수 있도록 하는 과정이다.

① 자연 손톱의 길이는(0.1cm이하) 짧게 파일링 한다. (라운드 또는 오발의 형태)

② 큐티클 푸셔를 이용하여 네일 표면에 붙어 있는 큐티클을 밀어준다.

경우에 따라서 큐티클 니퍼를 이용할 수도 있다.

③ 180grit 이상의 네일 파일을 사용하여 손톱 표면에 에칭을 준다.

④ 네일 버퍼로 거스러미를 정리한다.

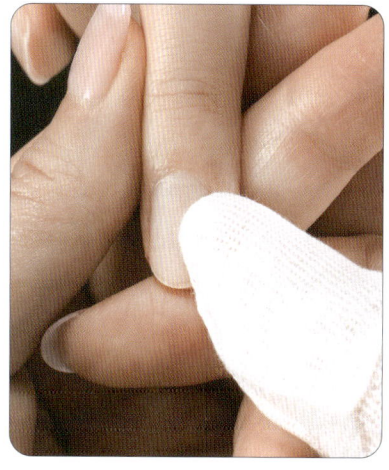
⑤ 멸균 거즈 또는 네일 디스트브러시를 사용하여 분진을 제거한다.

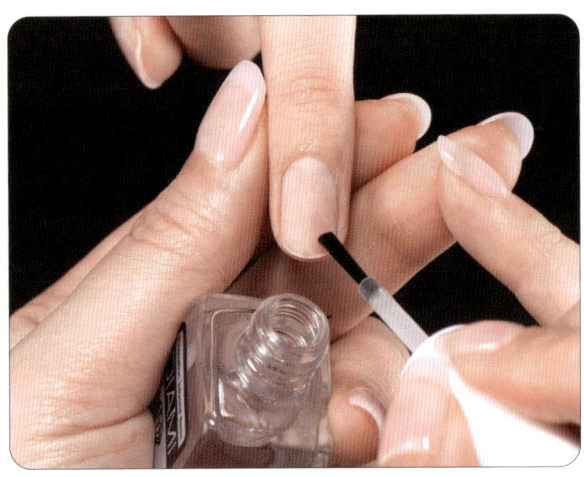

⑥ 프리 프라이머를 도포하여 유분, 수분을 정리한다.

(4) 네일 랩 접착하기

- **수험자를 위한 핵심 어드바이스 - 올바른 네일 랩 재단하기**

자연 네일 크기를 잘 체크하여 재단하도록 한다. 큐티클 부분 라인의 경우는 조금 간격을 두어 손톱 주변 피부에 닿지 않도록한다. 1mm정도 여유를 준다.

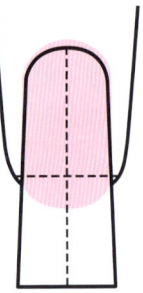

- 실크 랩을 자연 네일에 완전하게 접착하고 프리에지 길이 연장을 고려하여 재단한다.

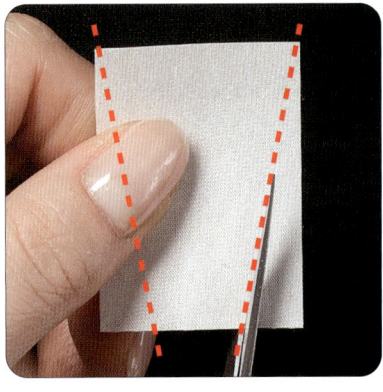
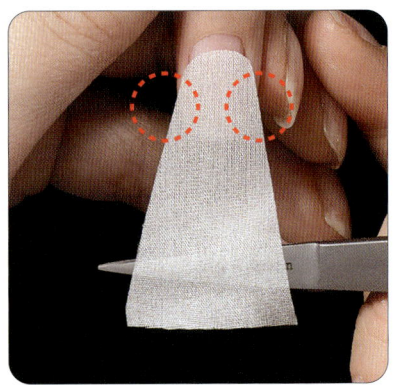

연장하고자 하는 프리에지의 길이에 맞춰 실크를 자른 후, 큐티클라인 1mm 아래 손톱의 너비에 맞게 폭을 정한다.

자연 네일 폭의 사이즈에 맞춰서 직사각형에 가까운 사다리꼴로 재단한다. 이때 큐티클 부분은 둥글게 잘라준다.

자연 네일 폭 너비 자체의 사이즈보다 조금 작게 재단한다. (주의-스트레스 포인트 부위를 감싸준다.)
실크를 자연네일에 부착 할 때, 유분기가 묻지 않도록 실크가위에 고정한 후 부착한다.

실크가 크게 재단 된 경우 사이드 월 부분의 실크를 살짝 떼어낸 후 실크가위로 추가 재단한다.
(재단시 안전에 유의한다)

네일의 굴곡에 맞추어 실크 랩을 유분기가 묻지 않도록 유의하여 부착한다. 부착시 프리에지에서 큐티클 방향으로 문질러준다.

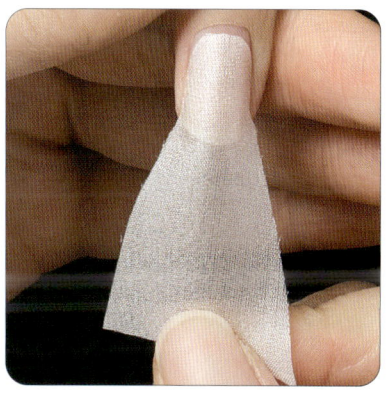
손가락과 일자가 되도록 자연네일과 수평이 되도록 살짝 당겨주며 밀착시켜준다.

(5) 랩 연장을 위한 조형작업 하기

Ⓡ 프리에지 연장을 위한 조형하기

- 프리에지 연장을 위해 네일 랩을 접착하는 과정에서 글루 경화 촉진제(글루 드라이어)를 많이 사용하는 것은 경화를 촉진하게 되어 인조 네일 조형과 자연스런 씨 커브형성에 방해가 되므로 주의한다.
- 프리에지 길이 연장 시 라이트 네일 글루와 젤 글루로 두 가지를 선택하여 사용할 수 있다.

네일 글루를 사용하여 손톱에 실크 랩을 완전하게 접착시킨다.

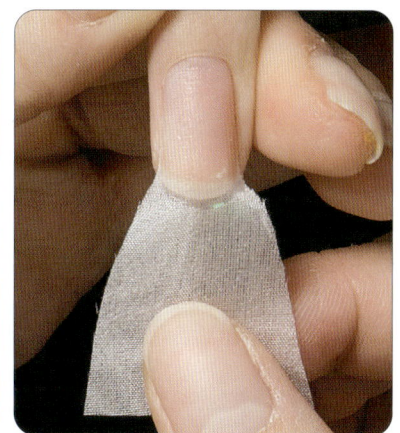
프리에지에 실크 랩이 들뜨지 않도록 밀착시켜주면서 손가락과 수평이 될 수 있도록 밀착시켜준다.

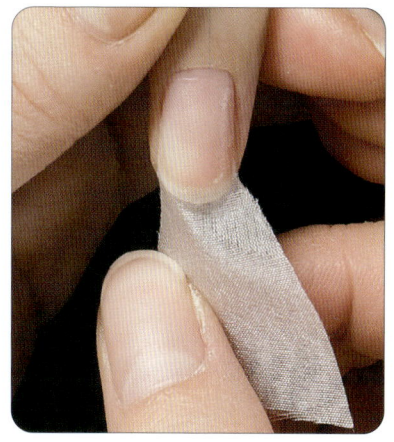
프리에지 코너 부분이 들뜨지 않도록 안쪽으로 눌러 밀착시켜준다.

프리에지 규정 1cm 이내에 맞춰 글루로 길이를 체크한다.

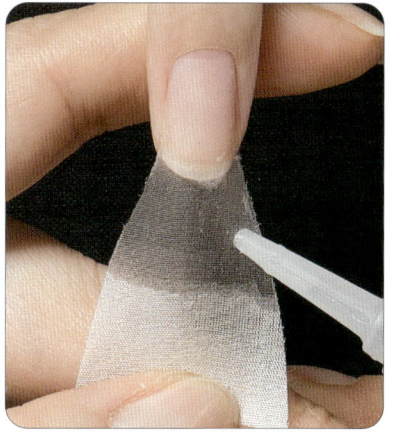
프리에지 위치에 라이트 글루를 얇게 도포한다. 이때 글루가 고이지 않도록 주의한다.

프리에지와 실크 랩이 수평을 이루도록 실크 중심을 평평하게 당겨준다.

네일미용 실기 — Perfect Nail Technology

중앙에 엄지손가락을 고정 한 후
랩의 왼쪽 부분을 안쪽으로
말듯이 당겨주어 씨 커브를 조형한다.

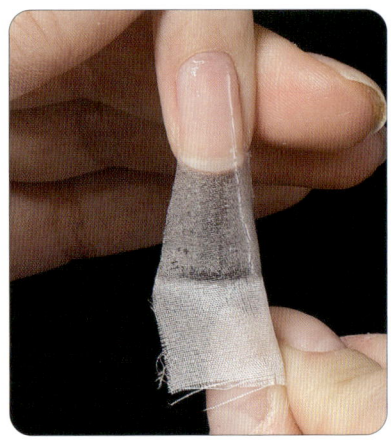

중앙에 엄지손가락을 고정 한 후
랩의 오른쪽 부분을 안쪽으로
말듯이 당겨주어 씨 커브를 조형한다.

젤 글루를 사용하여 포리에지 연장 부분을 도포해준다.
이 작업은 프리에지 조형에 도움을 준다.

필러 파우더를 사용하여 두께를 만들어 준다.
필러파우더의 양이 많으면 뭉칠 수 있으니 소량씩 도포한다.

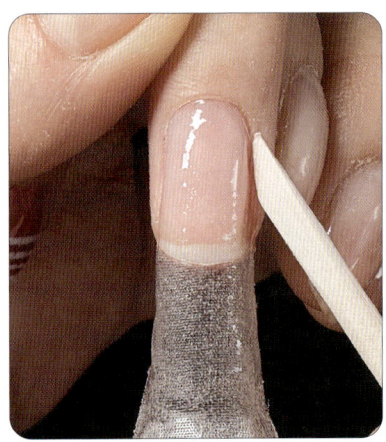

필러 파우더가 손톱 주위 피부에 묻었을 시에는
오렌지 우드스틱을 사용하여 제거한다

라이트 글루를 이용하여 필러파우더를 적셔준다.

글루의 양이 많은 경우
자른 키친타올을 이용하여 흡수시켜 준다.

Check!!

글루 경화 촉진제(글루 드라이어)를 사용 할 시에는 네일 전반적으로 골고루 영향을 받도록 20cm이상의 거리를 두고 분사한다.

하이포인트가 자연스럽게 형성될 수 있도록 실크 중심을 팽팽하게 당겨준다.

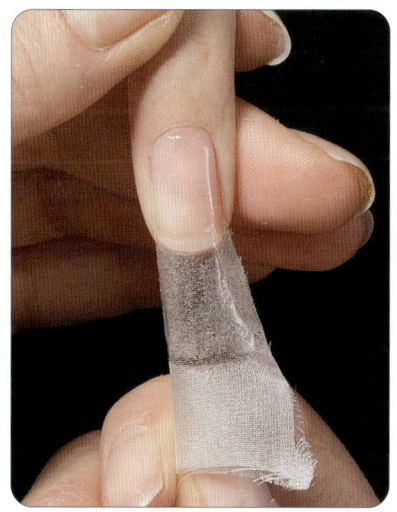

중앙에 엄지손가락을 고정 한 후 랩의 왼쪽 부분을 안쪽으로 말듯이 당겨주어 씨 커브를 조형한다.

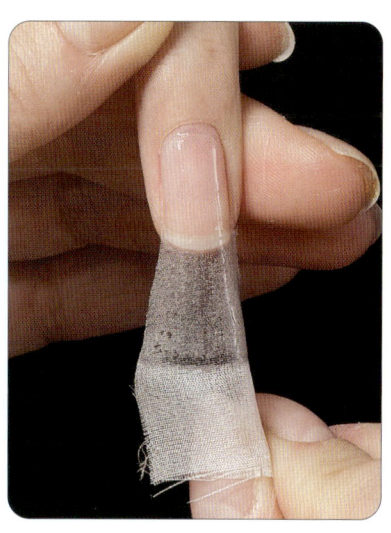

중앙에 엄지손가락을 고정 한 후 랩의 오른쪽 부분을 안쪽으로 말듯이 당겨주어 씨 커브를 조형한다.

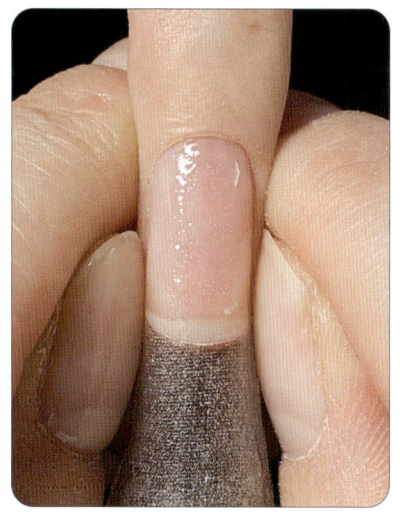

Check!!

네일글루 또는 젤 글루 필러 파우더를 교대로 사용하 면 이 서 형태와 두께를 조절한다. 때 필러 파우더는 소량을 사용하여 투명도를 조절한다. 프리에지가 단단하게 완성되도록 프리에지 조형의 순서를 원하는 만큼 반복하여 두께를 만들어 준다.

형태를 조형하는 중간 중간에 핀칭을 주여 형태를 체크한다.

ⓒ 프리에지 연장을 위한 조형작업 마무리하기

- 프리에지의 길이가 일정하도록 작업한다.(0.5cm~1cm미만)
  - 컨 케이브 부분인 프리에지 뒷면을 코팅 할 시에는 네일 글루와 젤 글루중 한 가지 선택하여 코팅해 준다.

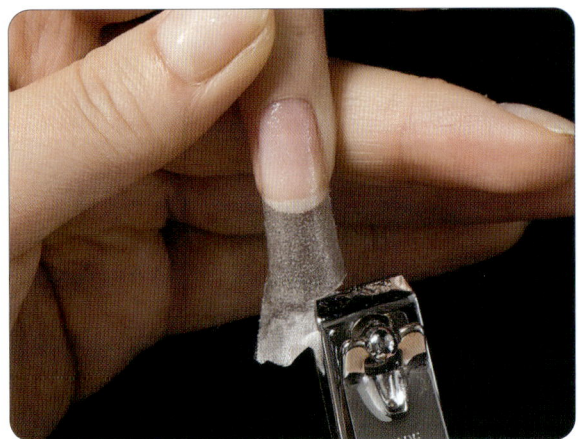

형태가 완성이 되면 파일링을 위해
일자 클리퍼로 잔여 네일 랩의 길이를 잘라낸다

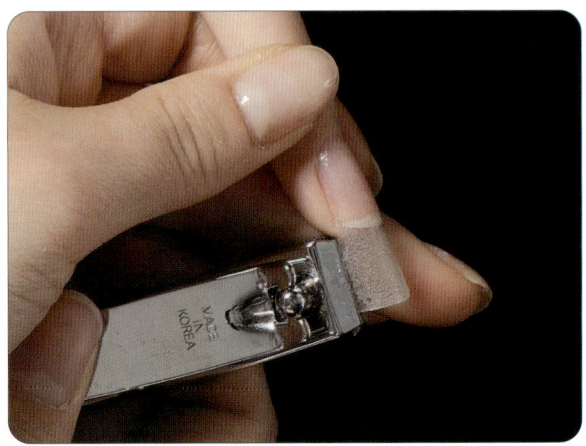

손가락을 옆으로 돌려 사이드 쪽의 과도하게 넓은 실크를 클리퍼로 재단한다.
이때 파일로 갈아낼 수 있는 여분의 폭을 남겨둔다.

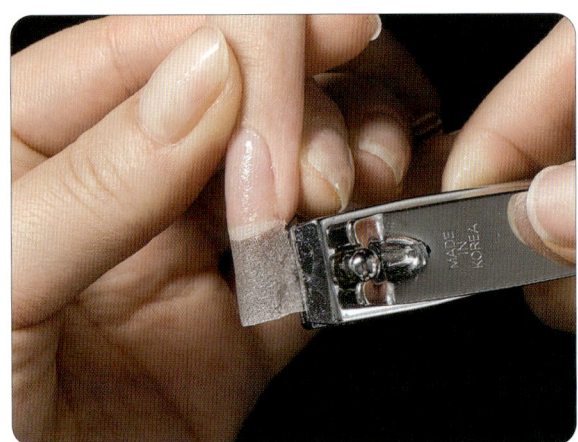

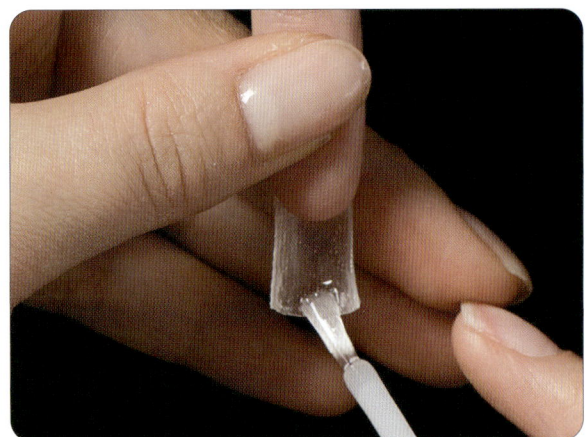

컨 케이브 부분을 글루로 코팅하여 투명도과 견고성을 부여한다.
이때 라이트글루, 젤글루 모두 사용 가능하다.

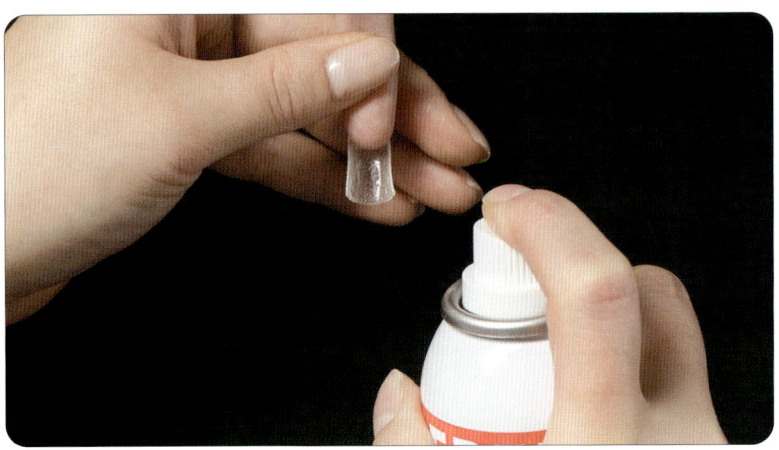

글루 경화 촉진제를 분사해 준다.

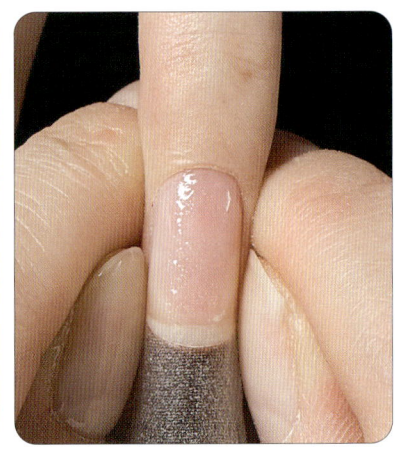

글루가 경화되기 전에
핀칭을 주어 형태를 체크한다.

(6) 형태 파일링 하기

- 프리에지의 길이가 일정하도록 작업한다.(0.5cm~1cm미만)
- 프리에지 형태를 규정에 맞게 스퀘어로 작업한다.
- 파일링 시 에포니키움 주변의 피부손상이 없도록 주의한다.
- 인조네일과 에포니키움 주변의 자연스런 연결 상태를 확인한다.
- 20%~40% 정도의 C-커브를 확인한다.
- 옆선의 스트레이트(Side Straight)와 스트레스 포인트의 손상 유무 확인한다.
- 컨벡스(프리에지 위 부분의 볼록한 부분)모양이 균일하게 조형되도록 파일링한다.
- 프리에지의 두께(0.5mm~1 mm이하)로 일정하게 작업한다.

㉠ 길이와 옆선, 측면 파일링하기

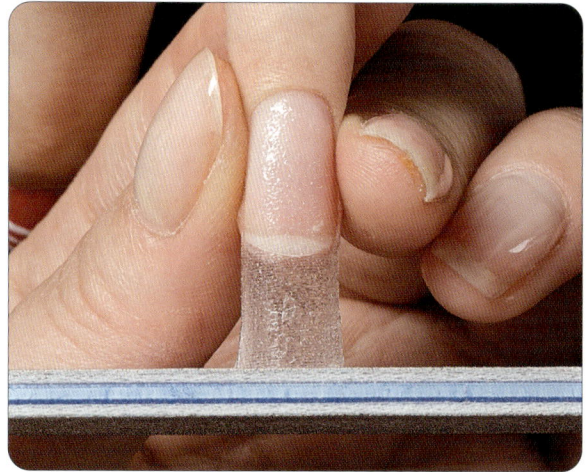

프리에지 앞선 파일링으로 길이를 정리한다.
(0.5cm~1cm 미만)

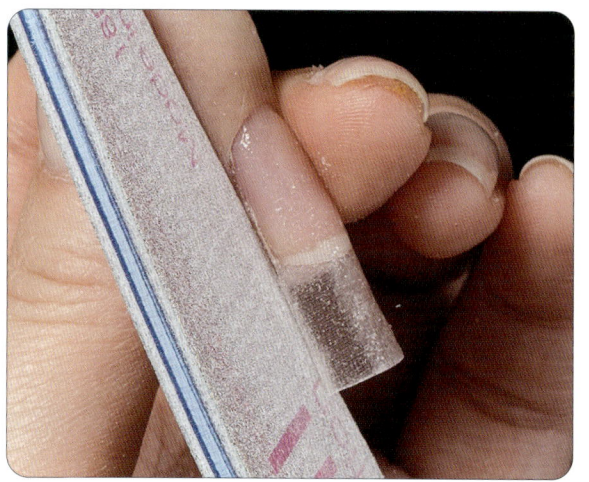

프리에지를 스퀘어 형태로 잡기 위해 옆선을 직선으로 조형한다.

정면 식선 부분을 반듯하게 조형하기 위해 사이트 월 부분에 네일 파일을 직각으로 올려놓고 파일링한다.

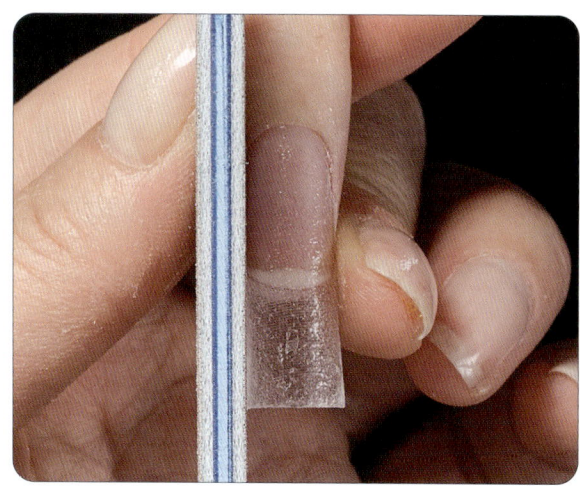

반대쪽의 파일링도 정면 직선 조형에 유의하여 파일링 한다.

ⓒ 표면 파일링하기
- 네일 파일은 150grit 이상의 거칠지 않은 파일을 사용한다.
- 랩 네일의 파일링 시에는 입자가 고운 네일 파일을 사용하여 자연 네일과의 경계부분이 손상되지 않도록 유의한다.

프리에지 부분을 파일링하여 네일 프리에지의 누께와 컨케이브의 둥근 형태를 일관성있게 조형한다.

하이포인트 부분의 파일링 작업으로 자연스런 능선의 곡선을 만들어 준다.

네일 랩과 자연네일 경계부분의 자연스런 연결을 위해 고운 네일 파일을 사용히여(마이크로 네일 파일) 손톱 큐티클 라인과 표면 전체를 섬세하게 작업한다.

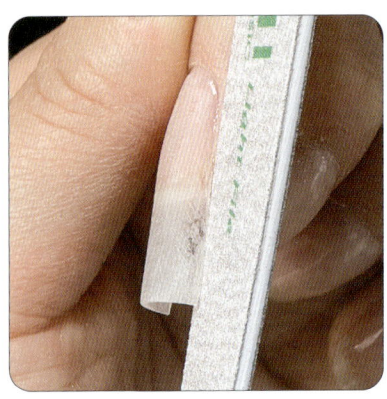
앏은 180grit의 파일을 사용하여 옆선, 사이드 스트레이트를 섬세하게 파일링하여 수정한다.

샌딩 파일을 사용하여 인조손톱 전체를 전반적으로 파일링한다.

소독된 네일 더스트 브러시를 사용하여 손과 인조네일 표면과 밑의 분진을 완전하게 털어낸다.

(7) 광택내기와 클린 마무리하기
- 완성된 인조네일의 표면과 아래 부분까지 청결한 상태를 확인한다.

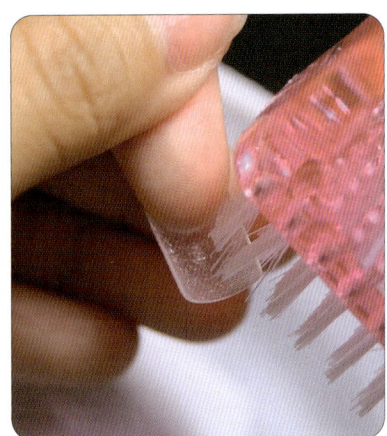
핑거볼에 완성된 손톱을 담그고 네일 더스트 브러시를 사용하여 손톱 아래의 오일기와 분진을 제기한다.

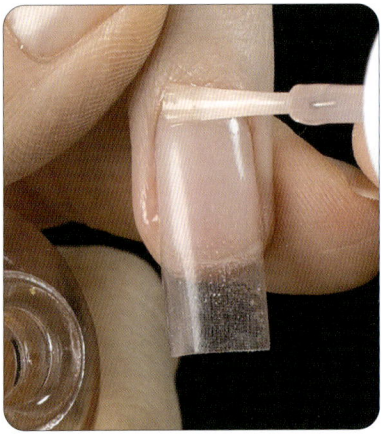
네일 주변의 관리를 위해서 큐티클 오일을 네일과 네일 주변에 도포하여 문지르듯이 바른다.

광택용 네일 파일을 사용하여 손톱 표면에 광택을 준다.

(9) 완성

오른손 3지 4지의 손톱은 스퀘어 모양으로 조형하며 길이가 일정하도록 주의하여 완성한다.

3지, 4지 정면 완성 사진

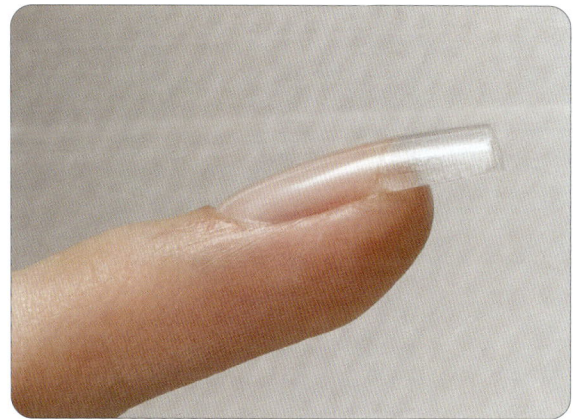

측면 완성 사진

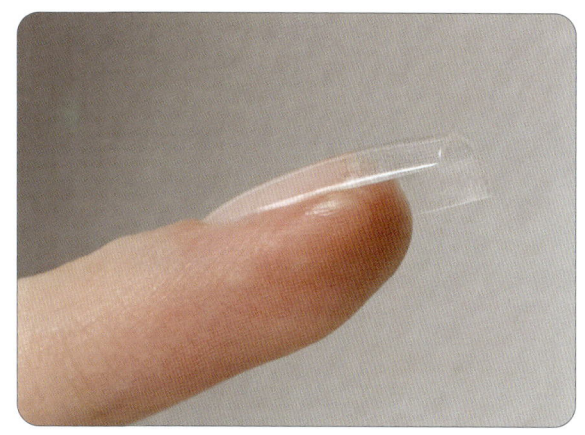

측면 완성 사진

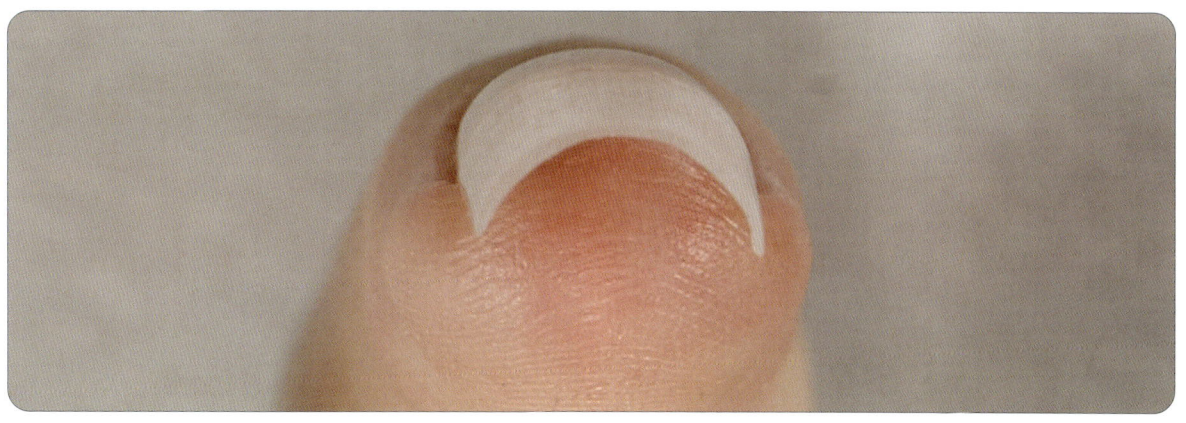

프리에지 선단

※ 잘못된 예

인조 네일의 잘못 작업 된 사례

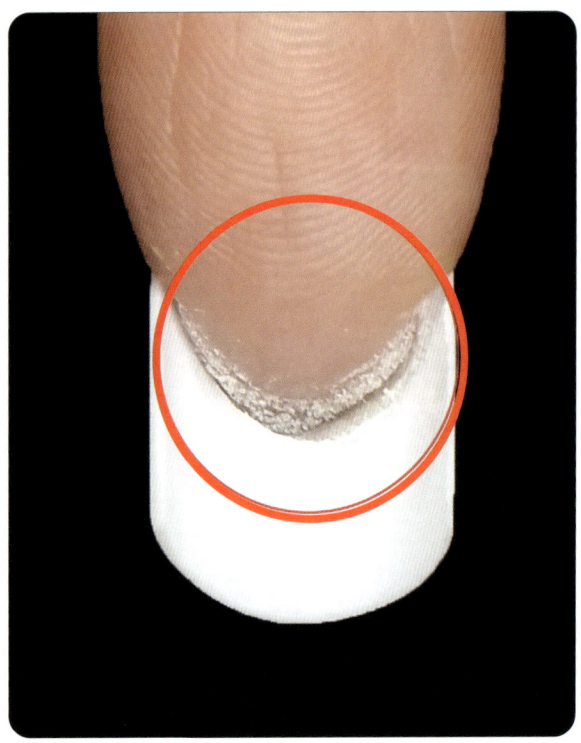

손톱 밑, 분진이 남아 있는 예시.

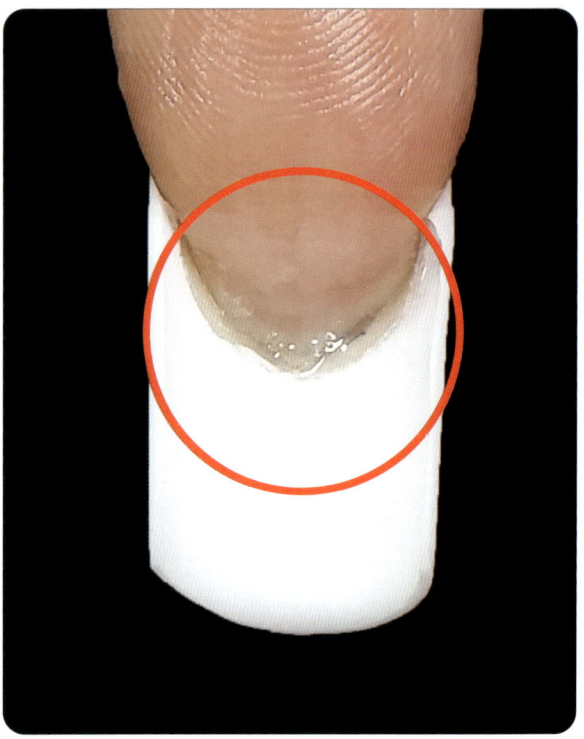

손톱 밑, 오일이 남아 있는 예시.

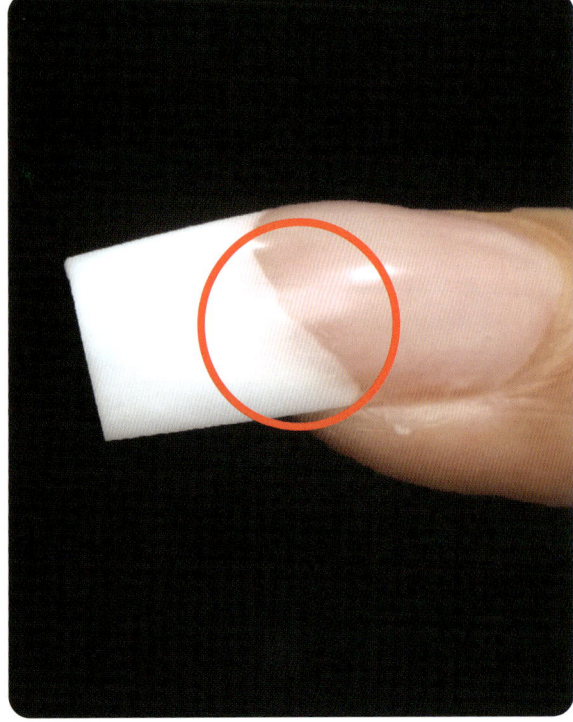

스마일 라인이 흐리고 선이 없는 예시.

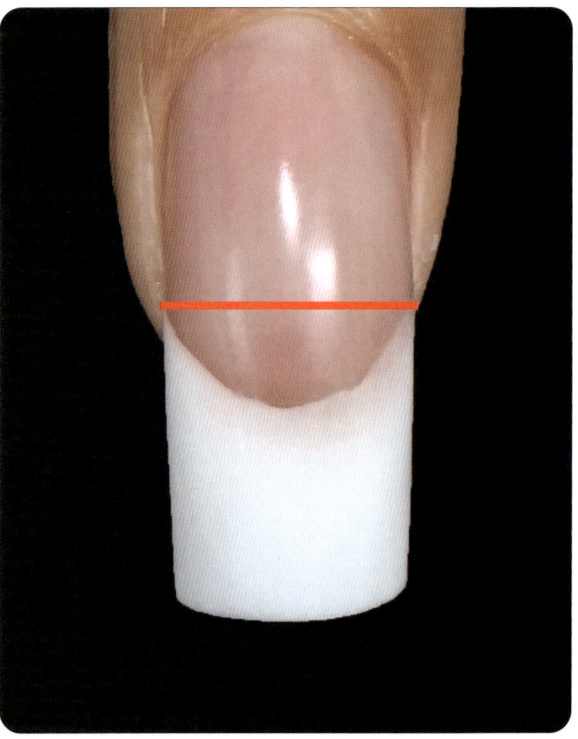

스마일 라인의 선이 깨끗하지 않고 좌우 대칭이 맞지 않는 경우

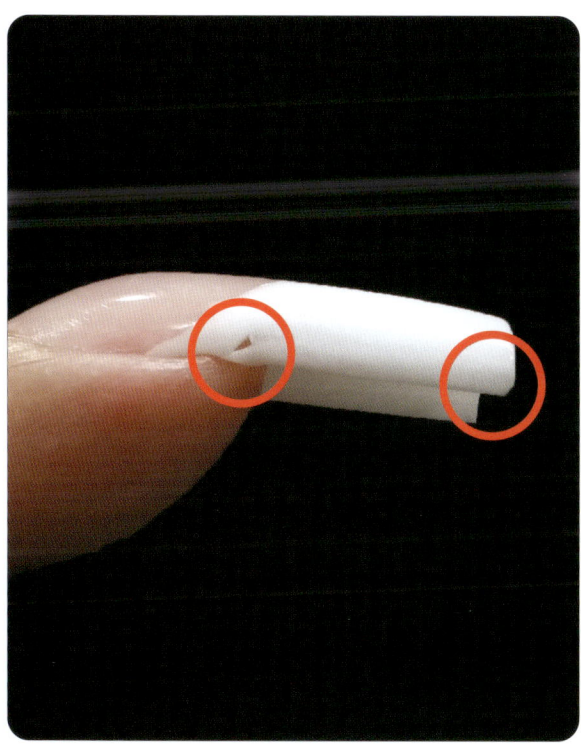
사이드 부분이 깨지거나 조형물이 넘쳐 흐른 예시.

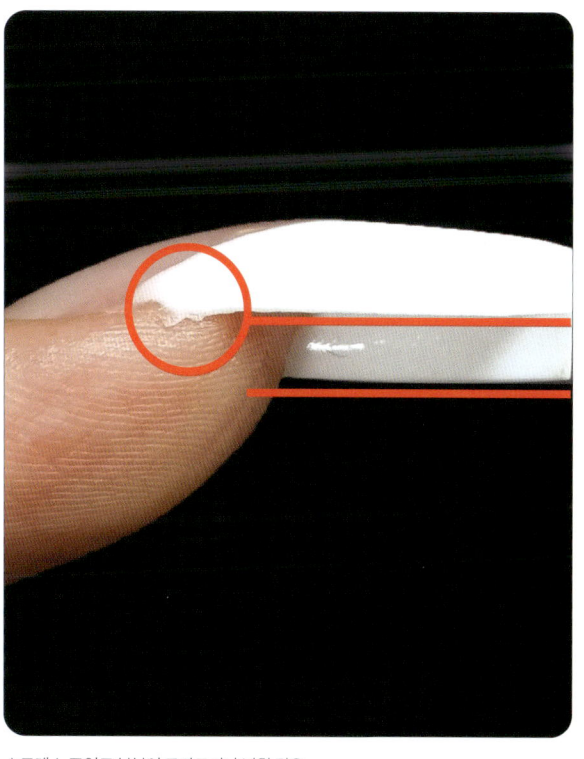
스트레스 포인트 부분이 모자르거나 넘친 경우.

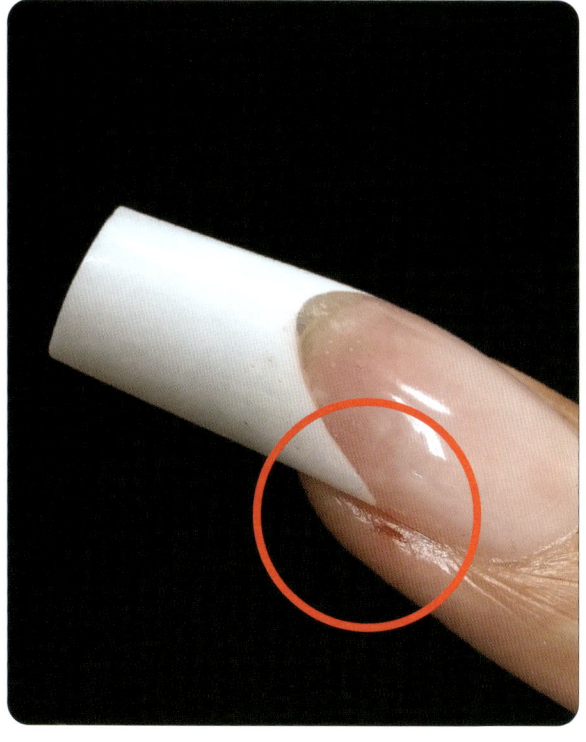
파일링으로 인해 출혈이 생긴 경우.

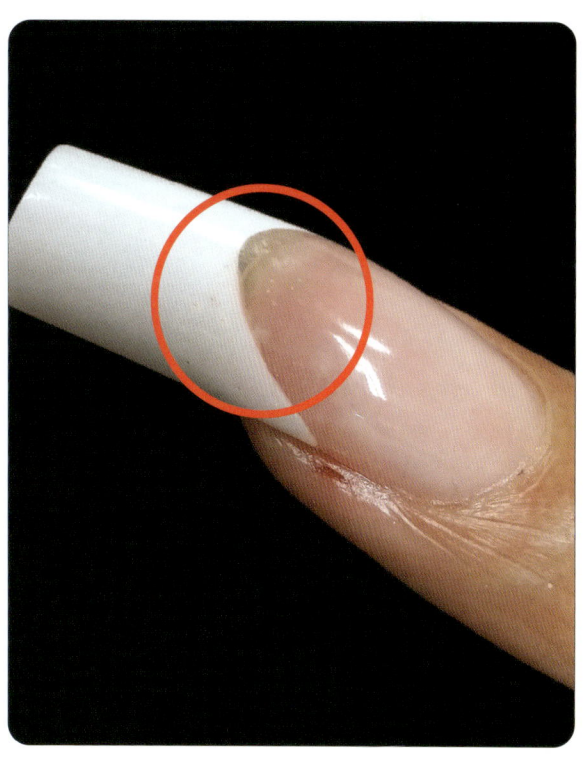
기포가 생긴 경우.

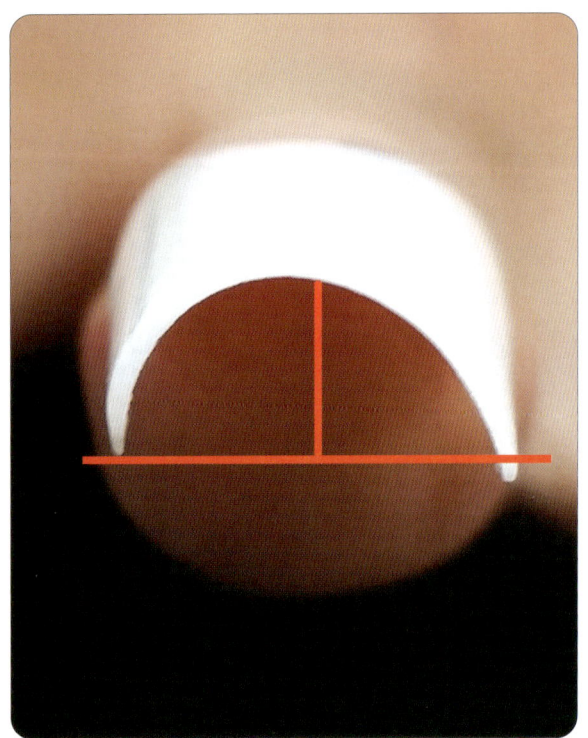

씨 커브가 찌그러지고, 대칭이 맞지 않은 경우.

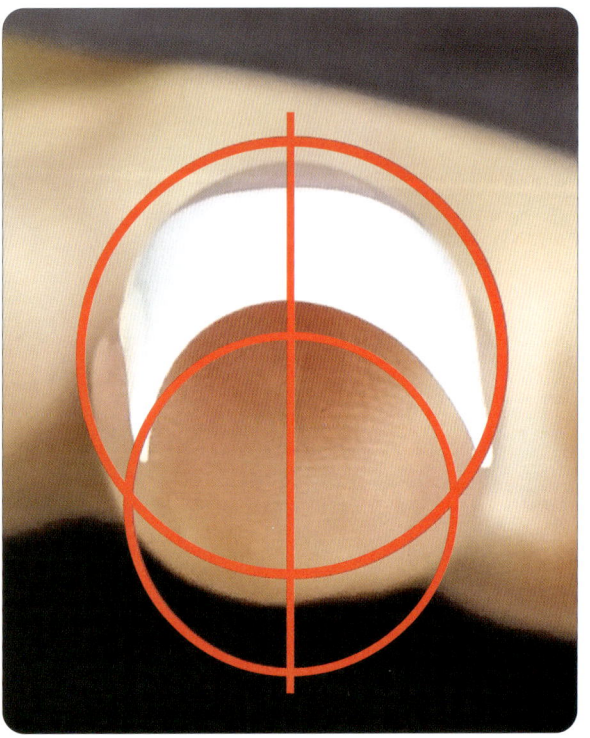

C- 커브가 동심원상에 존재하지 않은 경우.

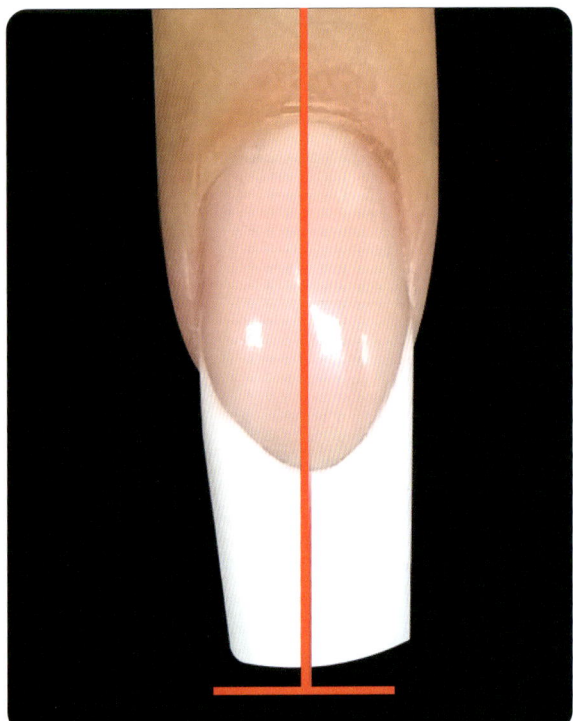

퍼케이드 스트레이트(위에서 봤을 때)가 삐뚤어진 경우.

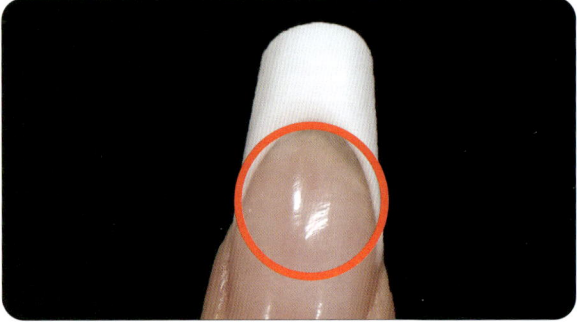

파일링 시, 표면의 상처를 없애지 못한 경우.

프리에지 앞선이 직각이 아닌 경우와 사이드 스트레스 포인트가 정리 되지 못한 경우.

※ 올바른 예

인조 네일의 올바르게 작업 된 사례

C-커브가 원의 일부로 20~40%로 형성 된 경우.

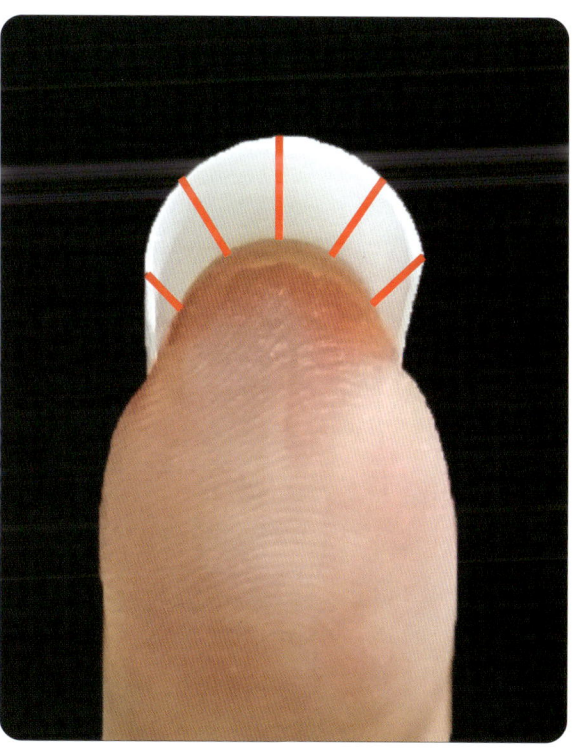

C-커브 안쪽의 컨케이브가 좌우 대칭이 잘 이루어져 있는 경우.

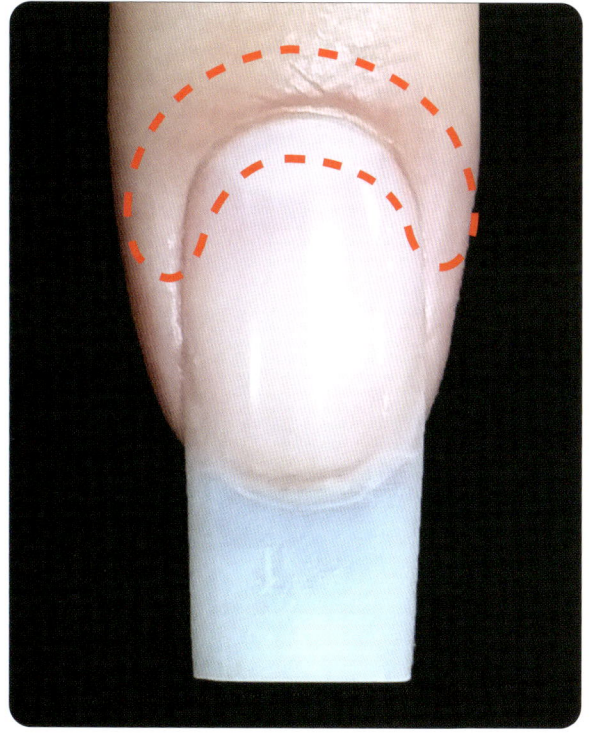

에포니키움 라인이 깔끔하고 건강하게 마무리 된 경우.

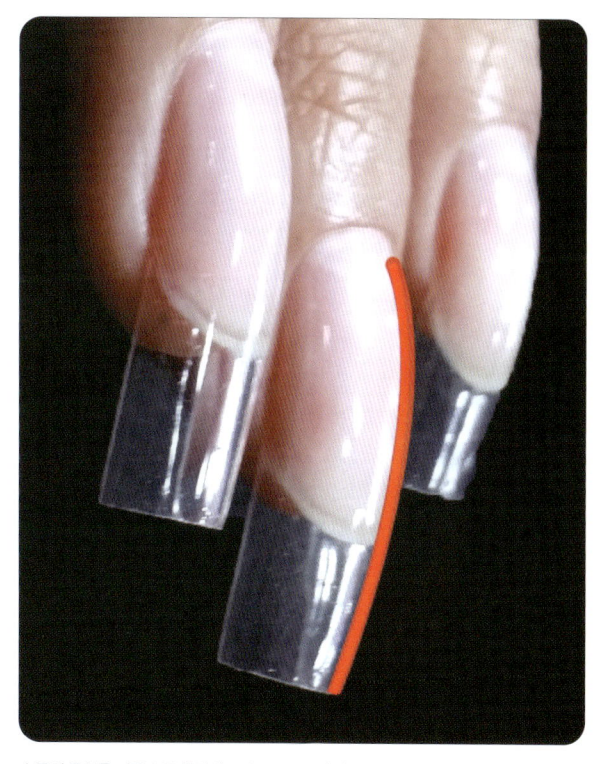

손톱의 중심을 기준으로 측면의 Arch-location이 아름답게 형성된 경우.

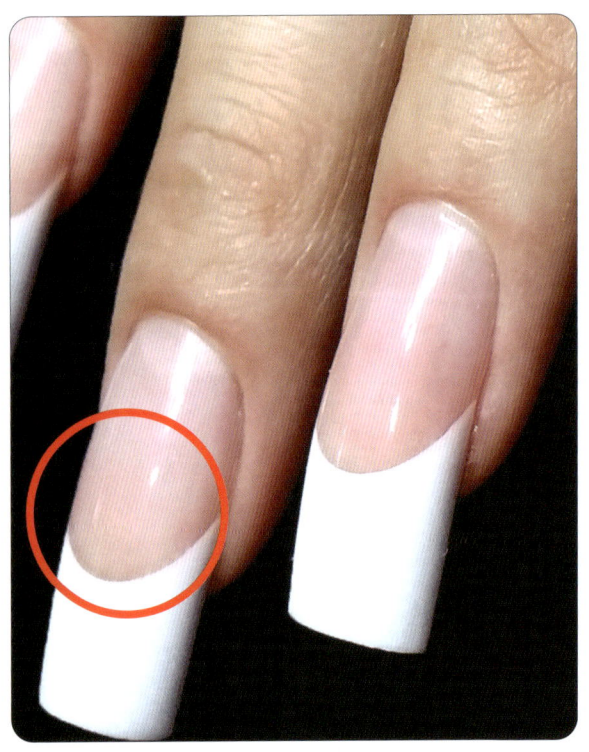

스마일 라인이 깨끗하게 조형된 경우.

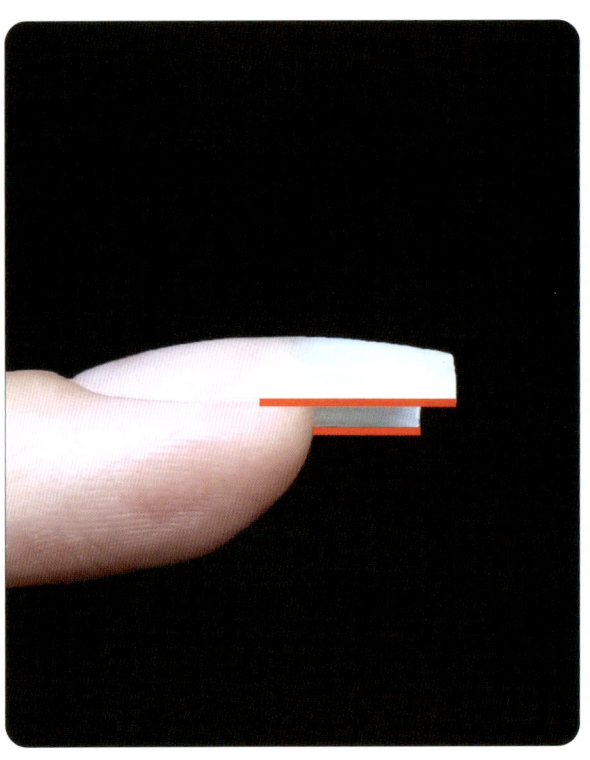

좌·우의 사이드 스트레이트가 평행을 이루며 쳐지거나 올라가지 않은 경우.

● 인조네일 구조 연구하기!

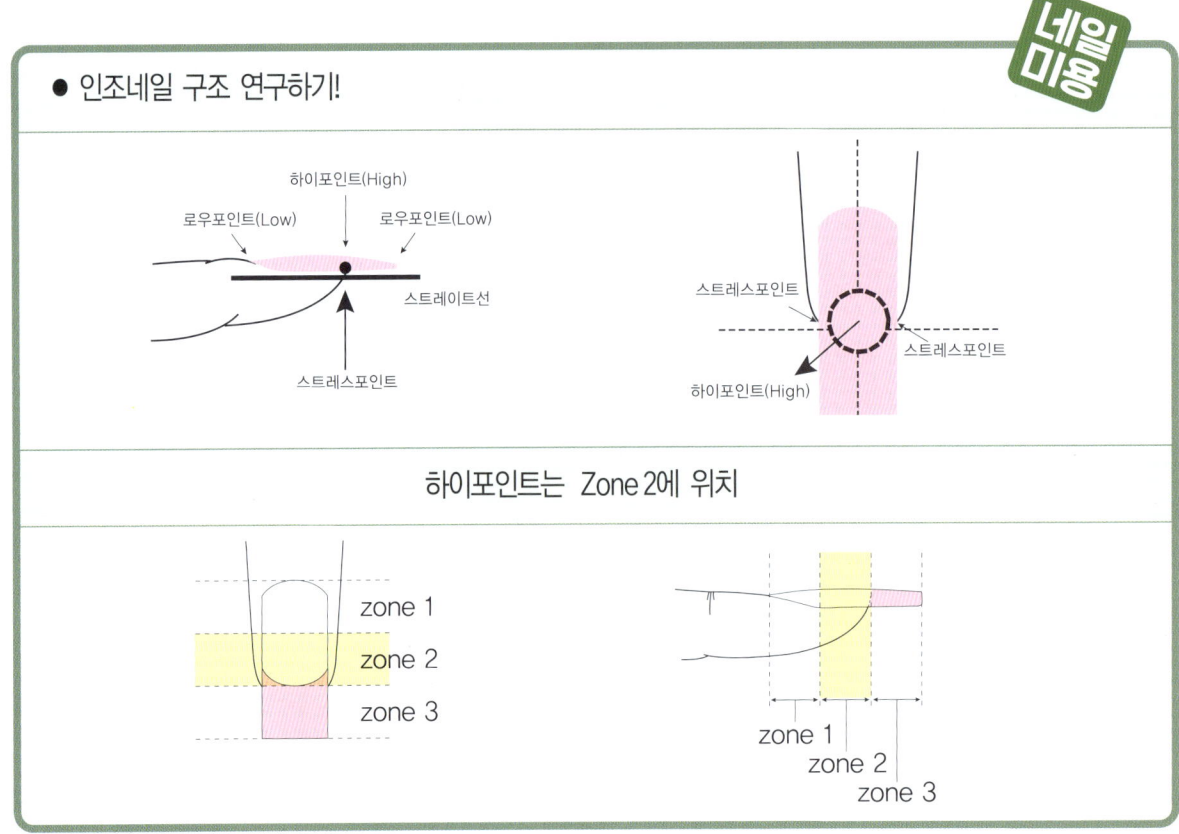

하이포인트는 Zone 2에 위치

국시 합격자들의 필수코스
유튜브 네일그랜마

네일미용

네일그랜마와 예지쌤이 추천해요 ♥

제5장

제 4 과제 – 인조네일 제거

- 수험자 공통 유의사항과 기본점검 목록
- 과제별 재료 세팅과 4과제 재료 설명
- 내추럴 팁 위드 랩 제거
  젤 원톤 스컬프쳐 제거
  아크릴 프렌치 스컬프쳐 제거
  네일 랩 익스텐션 제거

PERFECT NAIL TECHNICIAN

01 제 4 과제 – 인조네일 제거

시험 기간	15분
대상 부위	오른손 3지 손톱
	손톱
세부 과제	1. 내추럴 팁 위드 랩 제거
	2. 젤 원톤 스컬프쳐 제거
	3. 아크릴 프렌치 스컬프쳐 제거
	4. 네일 랩 익스텐션 제거
프리에지의 형태	3과제 선택된 인조네일의 제거
배점	10점

제 4과제 인조네일 제거 시, 수험자 공통 유의사항

1. 인조손톱의 두께를 파일링으로 제거 할 시에는 자연손톱과 주변의 피부에 상처가 생기지 않도록 세심한 주의를 기울인다.
2. 자연 손톱을 파일링 할 시에는 문지르거나 비비지 말고 한 방향으로 파일링 한다.
3. 모델의 손과 손톱에 지저분한 큐티클 및 거스러미, 먼지나 분진이 없도록 항상 깨끗하게 정리한다.
4. 필요 시 표면을 갈아내는 작업과 쏙 오프 전용 리무버의 적용, 호일로 감싸기, 녹은 부분 정리하기의 작업은 반복 할 수 있다.
   – 단 젤의 종류에 따라 쏙 오프 시 호일 마감 과정을 생략할 수 있다.
5. 작업 시 사용되는 메탈 푸셔, 오렌지 우드스틱, 파일류도 중복 사용이 가능하다.
6. 제거 작업 시 전동 드릴 파일은 사용 할 수 없다.
7. 마무리 작업의 먼지 및 오일 제거 시 핑거볼, 네일 더스트 브러시, 멸균 거즈, 큐티클 오일을 사용할 수 있다.

기본점검 목록

기본적인 복장	– 흰 가운, 마스크, 긴바지, 운동화
기본적인 세팅	– 알코올 소독용기 　(70% 알코올을 200ml 정도의 무색 투명한 유리컵에 80% 이상 채워 준비 할 것) – 알코올 소독용기에 큐티클 니퍼, 큐티클 푸셔, 클리퍼, 네일 더스트 브러시, 오렌지 우드 스틱을 담글것. – 위생봉투를 수험자 오른편 테이블에 접착시켜 준비 할 것. – 흰색 타올, 손목 받침대 – 매 과제 작업 완료 후, 작업 테이블 정리까지 작업의 완료임을 숙지 할 것.

모델의 준비	– 모델의 손톱은 3교시 선택된 과제 완료후 상태로 준비.

네일미용 **실기** Perfect Nail Technology

4과제 　재료 세팅

4과제 재료

흰색 타올, 손목 받침대
시술 테이블을 덮어 작업 환경을 정리하며 시술 시 고객의 손목, 팔을 올려놓음으로써 안락함을 제공한다. 시술자에게도 시술의 편리성을 제공한다.- 40×80cm 내외

정리함
시술 시 사용되는 도구나 재료를 정리하여 사용하기 쉽도록 배치하여 놓을 수 있는 받침대이다.
- 정리함, 도구 재료수납용(20×30cm이상), 1개

투명 위생 비닐봉투
시술 시 배출되는 모든 소모품과 쓰레기, 폐기물, 오물 등을 처리하는데 용이한 쓰레기 봉투이다.
- 시술자의 오른편 테이블에 부착, 소모품 처리용

소독용기
알코올 소독용기는 70% 알코올을 200ml정도의 무색 투명한 유리컵에 80% 이상 채워 준비한다. 이 때 큐티클 니퍼, 큐티클 푸셔, 클리퍼, 네일 더스트 브러시, 오렌지 우드스틱을 담가 소독을 유지한다.

도구 소독제
모든 시술 전 도구를 소독하는데 사용하는 도구 소독제로 소독과 위생에 꼭 필요한 항균제이다.

소독제
모든 시술 전 시술자와 모델 모두를 소독하는데 사용하는 피부 소독제로 소독과 위생에 꼭 필요한 항균제이다.
- 피부소독제

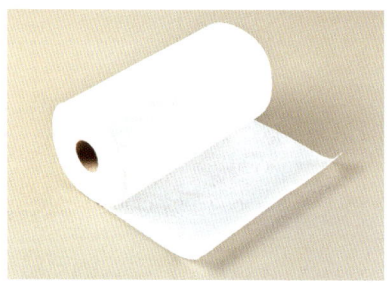

페이퍼 타월
매니큐어, 페디큐어 시술 시 발생되는 여러 가지 잔여물들을 처리하는 일회용 클린 타월이다. 매 시술 시 교체하여야 하며 청결함을 유지하도록 한다.
- 예) 도구를 닦거나 제품의 양을 조절 할때 사용.

탈지면과 거즈용기
네일관리 시에 사용되는 솜과 거즈를 넣어두는 용기는 뚜껑이 있는 것으로 준비하여 먼지가 달라 붙지 않도록 유의한다.
- 소독용, 폴리시 제거, 인조네일 등에 사용

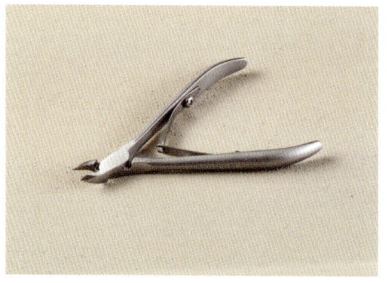

큐티클 니퍼
손톱과 발톱 주변의 큐티클과 거스러미 제거 시 사용하며 반드시 소독이 필요하다.
- 소독 필요, 스테인레스스틸

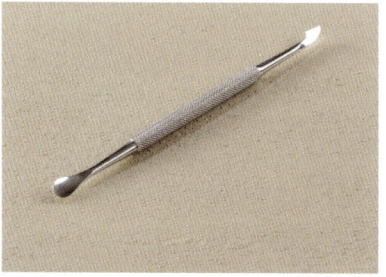

큐티클 푸셔
손톱과 발톱 주변의 각질인 큐티클을 밀어 올리는 역할을 하며 소독이 반드시 필요하다.
- 소독 필요

클리퍼
발톱을 일자로 자를때 사용하는 일자형 클리퍼이다.
- 소독 필요

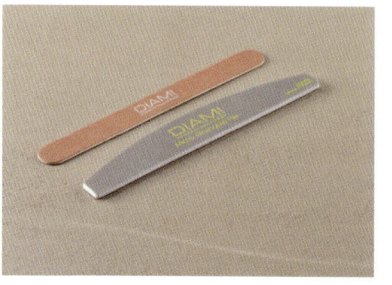

자연네일용 파일
자연네일용 파일은 일반적으로 180grit이상의 것을 사용하며 우드 파일 또는 소독이 가능한 워셔블 파일도 있다. 자연 손톱의 길이를 조절 할 때 사용한다. 미사용품준비

샌딩 파일
샌딩 파일류는 스펀지위에 샌드를 곱게 입힌 것으로 일반적인 네일 파일의 형태와 블럭 형태의 샌딩 블럭 버퍼가 있다. 손톱 표면과 프리에지 주변을 정리 할 때 사용한다. 미사용품준비

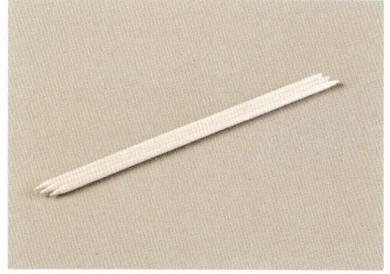

오렌지우드스틱
손톱 주변의 큐티클을 밀어 올리거나 네일 주변의 여분의 폴리시를 제거 할 때 또는 폴리시 제거 시 솜을 감아 구석진 곳의 폴리시의 여분을 섬세하게 닦아내는 용도로 사용한다.

큐티클 오일
큐티클과 손톱 주변의 피부조직을 부드럽게 만들어 주는 연화작용을 하며 영양을 공급한다.
- 피부보호 영양

알미늄 호일
인조네일의 쏙 오프 시에 사용되는 도구이다.
- 8cm X 8cm 이내의 사이즈를 준비

쏙 오프 리무버
인조 네일의 쏙오프 시에 사용되는 용제이다.

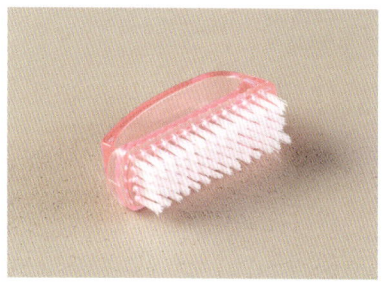

더스트 브러시
네일 관리 시 발생되는 먼지, 분진 등을 제거할 때 사용하는 것으로 알코올 소독이 가능한 나일론 모를 선택한다.
- 네일용, 소독필요

네일미용 실기 Perfect Nail Technology

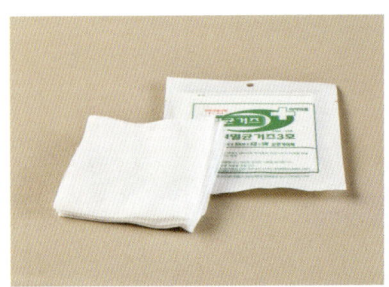
멸균 거즈
습식케어 시술 시 사용 되어지며 손톱 주변의 큐티클이나 거스러미 등을 정리하기 쉽도록 해준다. 거즈의 직조가 큐티클을 무리없이 제거해 주는 역할을 담당하여 과도한 니퍼의 사용을 막아 건강한 네일 관리를 돕는다.

지혈제
수렴제로 비치해 둔다.

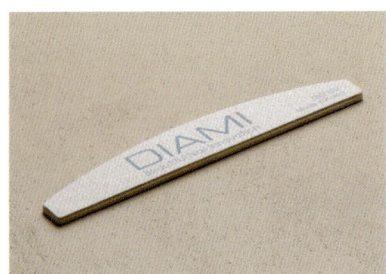
150grit 네일파일
쏙오프시에 인조네일화장물을 갈아낸다.

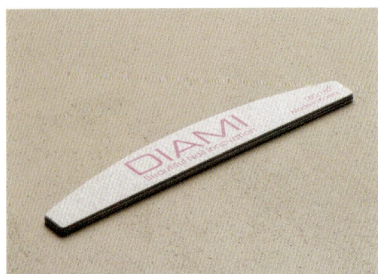
180grti 네일파일
쏙오프 시에 인조네일 화장물을 갈아낸다.

인조네일 제거 - 내츄럴 팁 위드 랩/젤 원톤 스컬프쳐/아크릴 프렌치 스컬프쳐/실크 익스텐션

- **내추럴 팁 위드 랩/젤 원톤 스컬프쳐/아크릴 프렌치 스컬프쳐/네일 랩 익스텐션제거**
  - 과제를 수행하기 위한 요구사항

  ① 수험자의 손과 모델의 손·손톱 소독을 실시한다.
  ② 3과제 작업 완료 상태의 모델 손톱 중 3지의 인조네일을 제거한다.
  ③ 자연네일의 경계선을 파악한 뒤 연장된 프리에지를 안전하게 잘라낸다.
    - 인조네일의 길이를 자를 시 하이포니키움의 위치를 파악하여 상처가 나지 않도록 유의한다.
  ④ 아세톤을 적신 솜을 올리고 호일로 감싸듯 마감을 한다.
    - 피부의 보습을 위해서 큐티클 오일을 사용하여야 한다.
  ⑤ 일정한 시간이 지난 후 녹은 부분을 적절하게 제거한다.
  ⑥ 손톱에 잔여물이 남지 않도록 깨끗하게 제거한다.
  ⑦ 자연 손톱의 프리에지의 형태는 라운드, 혹은 오발로 완성 후 표면을 매끄럽게 정리한다.
  ⑧ 마무리 작업 시 핑거볼, 멸균 거즈, 큐티클 오일을 사용 할 수 있다.
    - 네일 더스트 브러시는 멸균 거즈 등으로 물기를 완전하게 제거한 후 사용한다.

(1) 수험자와 모델의 손소독하기

작업 대상 부위 : 1과제 시 작업 했던 오른손

시술자 손소독
소독 시에는 반드시 수험자의 손소독을 먼저 행한다.
사용한 솜은 일회용 위생 봉투에 처리한다.

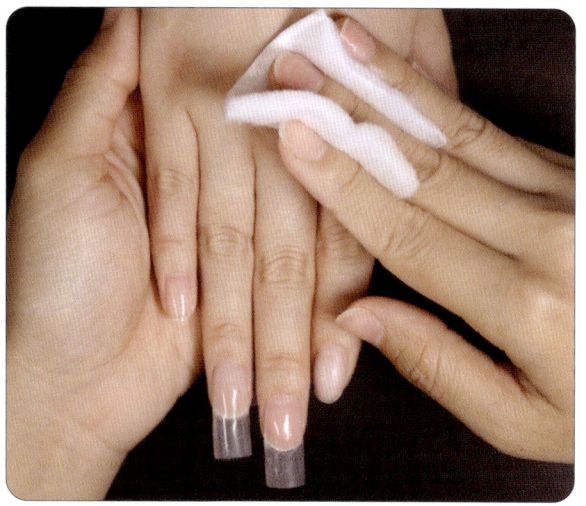

모델 손소독
수험자의 소독이 끝난 후 모델의 소독을 실시한다. 손등, 손바닥이 순으로 행한다.
사용한 솜은 일회용 위생 봉투에 처리한다.

(2) 길이 자르기

자연네일의 경계선을 파악 한 뒤 연장된 인조 네일의 프리에지를 안전하게 잘라낸다.
- 하이포니키움의 위치에 유의하여 상처가 나지 않도록 한다.

사연네일의 경계선을 피악한 뒤 연장된 프리에지를 안전하게 잘라낸다.

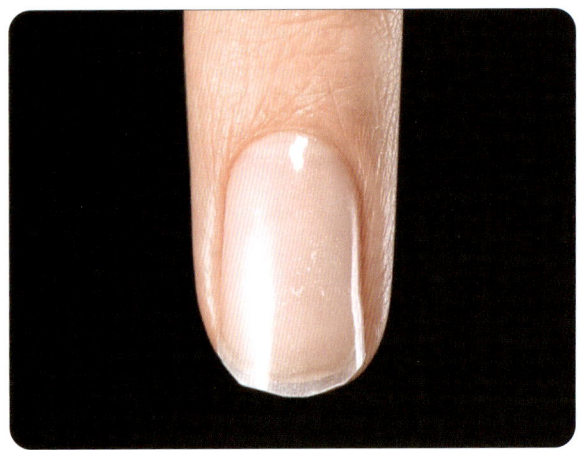

인조네일의 길이를 자른 예

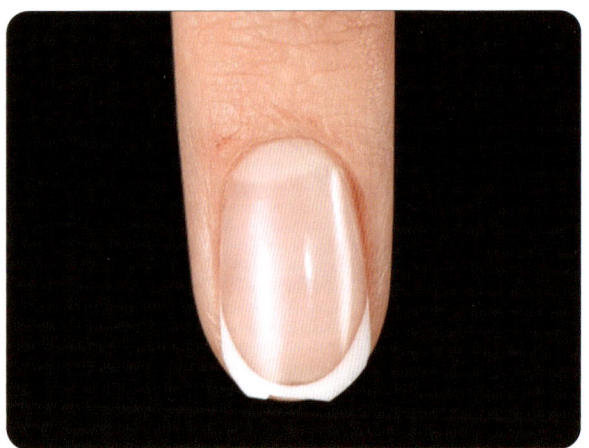

인조네일의 길이를 자른 예

(3) 두께 파일링으로 1차 제거하여 쏙 오프 리무버 적용하기(호일 사용)

팁 위드 실크를 1차적으로 파일링 하여 두께를 줄여준다. 이 때에는 100grit 정도의 네일 파일을 사용하는 것이 두께를 수월하게 정리하는데 도움이 된다.

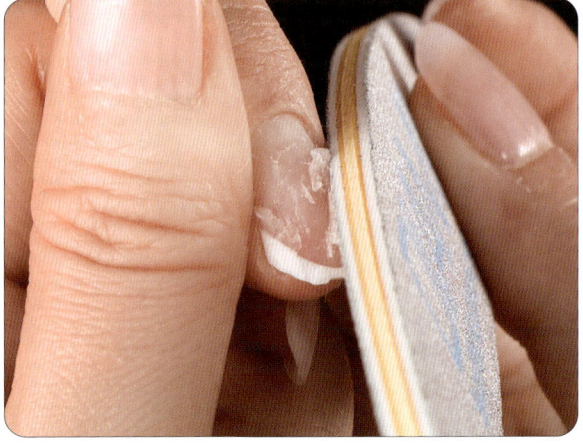

아크릴 프렌치 스컬프쳐를 1차적으로 파일링 하여 두께를 줄여준다. 이 때에는 100grit 정도의 네일 파일을 사용하는 것이 두께를 수월하게 정리하는데 도움이 된다.

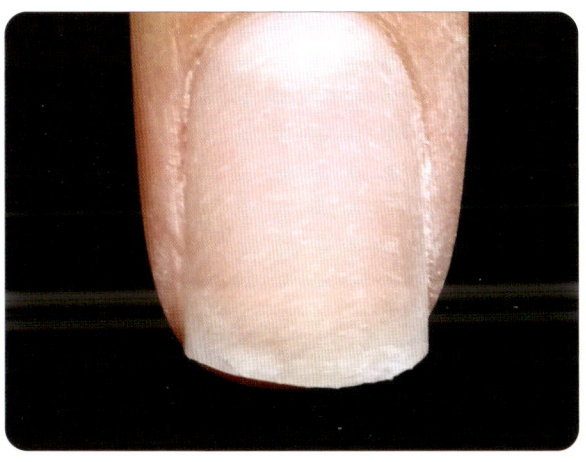
젤 원톤 스컬프쳐를 1차적으로 파일링 하여 두께를 줄여준다.

호일을 감기에 앞서서 손톱 주변 피부에 큐티클 오일을 발라준다.

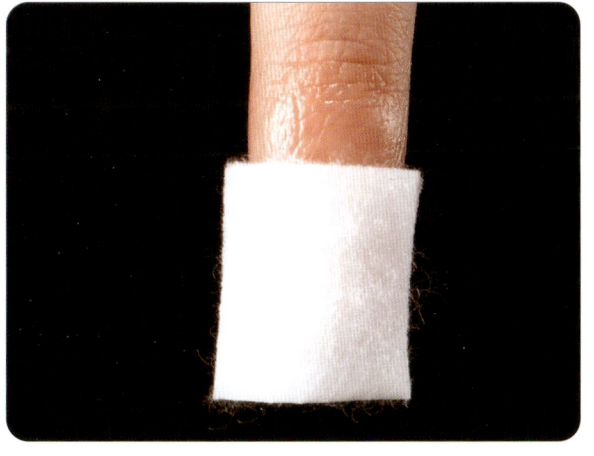
손톱 사이즈로 잘라서 준비한 소독솜에 쏙 오프 리무버를 충분하게 적시어 인조네일에 덮어 놓는다.

호일로 감싸서 공기와 차단 시킨다.

이 작업은 인조네일을 제거한 후에 건강한 손톱과 손톱 주변의 피부로 복귀 시키는것이 목적이다.

● 솜과 알루미늄 호일을 이용한 제거방법

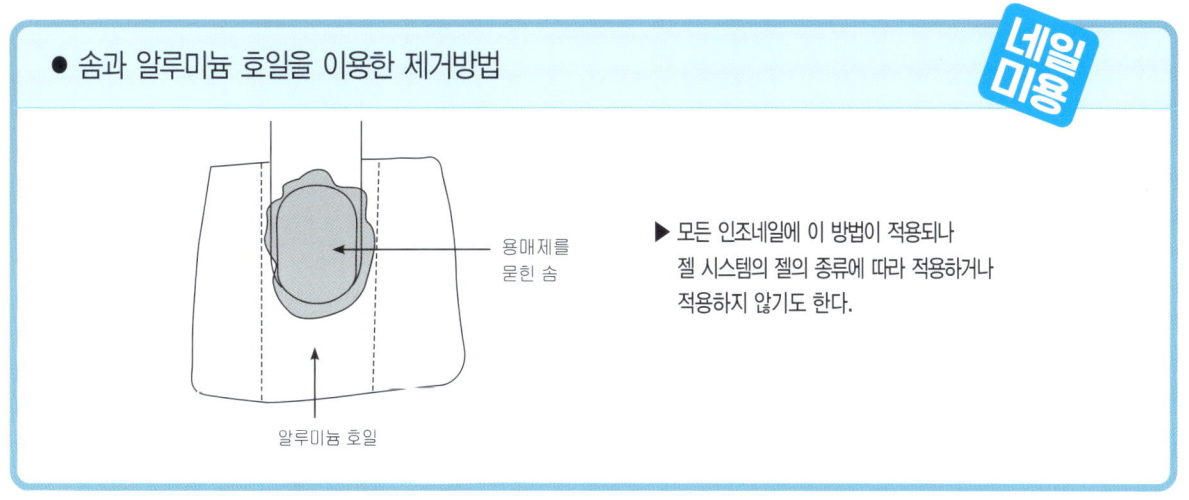

▶ 모든 인조네일에 이 방법이 적용되나 젤 시스템의 젤 종류에 따라 적용하거나 적용하지 않기도 한다.

● 용매 역할을 하는 아세톤 (쏙 오프 리무버)

▶ 용매는 그것이 무엇이든 자신 이외의 다른 물질을 용해하는 물질이다.
▶ 아세톤 (쏙 오프 리무버의 주된 원료)은 네일 산업에서 사용되는 안전하고도 강력한 용매이다.
▶ 아세톤 (용매)은 네일 폴리시 (용질), 인조 손톱 (용질) 및 기타 다른 종류의 코팅 물질 (용질) 제거 시 흔히 사용된다.
▶ 아세톤 (쏙 오프 리무버의 주된 원료)에 안전하게 열을 가하면 그 작용을 촉진시킬 수 있다.
▶ 이것을 응용한 방법이 아세톤 (쏙 오프 리무버의 주된 원료)과 호일을 활용하는 것이다.
▶ 이 방법은 체온이 용매를 37℃ 가까이 까지 데움에 따라 제품 제거가 급격히 가속화 되는 것이다.

(4) 녹은 인조네일 잔여물 없애기와 클린 마무리하기

아크릴 프렌치 스컬프쳐의 제거
7분 정도면 아크릴릭이 녹으므로 호일을 벗겨내고 큐티클 푸셔, 오렌지 우드스틱을 이용하여 녹은 아크릴 잔여물을 안전하게 밀어낸다.

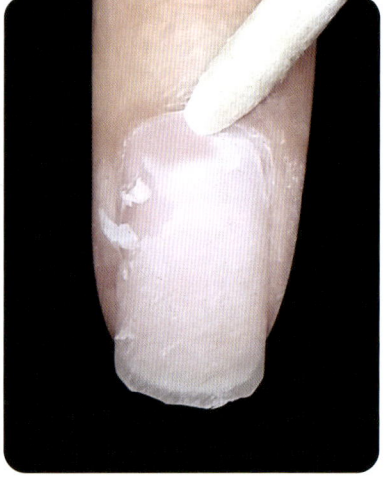

젤 원톤 스컬프쳐의 제거
7분 정도면 젤이 팽윤되므로 호일을 벗겨내고 큐티클 푸셔, 오렌지 우드스틱 이용하여 팽윤된 젤 잔여물을 안전하게 밀어낸다.

네일 랩 익스텐션과 내추럴 팁 위드 랩의 제거
7분 정도면 젤 글루, 글루가 녹으므로 호일을 벗겨내고 큐티클 푸셔, 오렌지 우드스틱을 이용하여 녹은 글루 잔여물을 안전하게 밀어낸다.

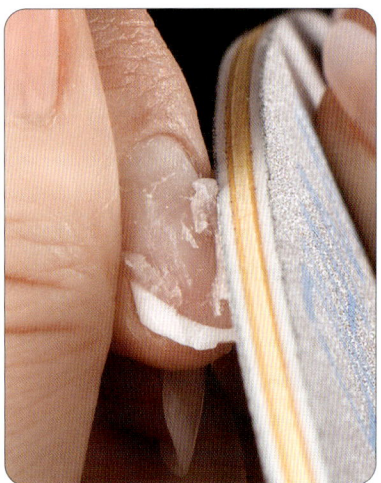

2차, 3차 파일링 시에는 180grit 정도의 네일 파일을 사용하여 자연네일이 손상 되지 않도록 주의한다.

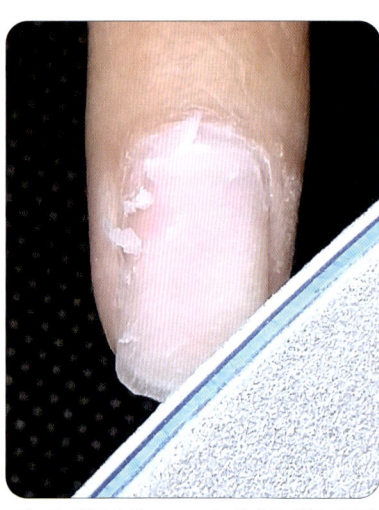

2차, 3차 파일링 시에는 180grit 정도의 네일 파일을 사용하여 자연네일이 손상 되지 않도록 주의한다.

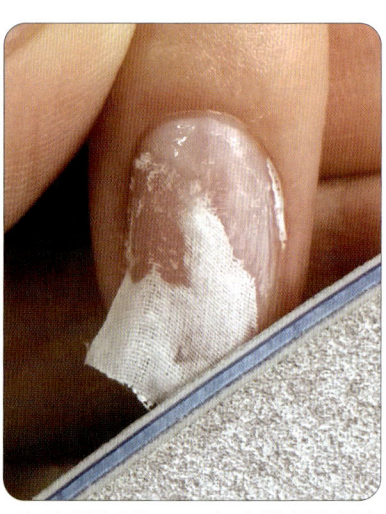

2차, 3차 파일링 시에는 180grit 정도의 네일 파일을 사용하여 자연네일이 손상 되지 않도록 주의한다.

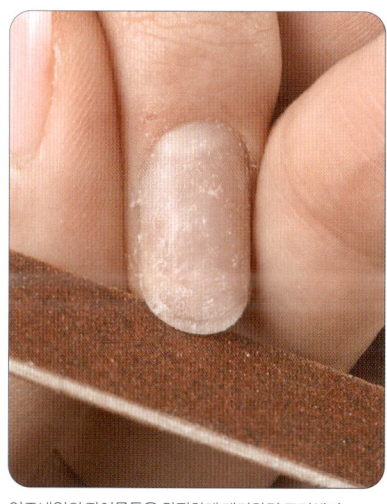

인조네일의 잔여물들을 완전하게 제거하면 프리에지 부분을 자연네일용 네일 파일로 라운드 형태 또는 오발 형태로 다듬어 준다.

샌딩 버퍼를 사용하여 손톱 표면을 매끈하게 해준다.

손톱의 표면과 손톱 밑의 분진들을 깨끗하게 네일 더스트 브러시로 털어준다.

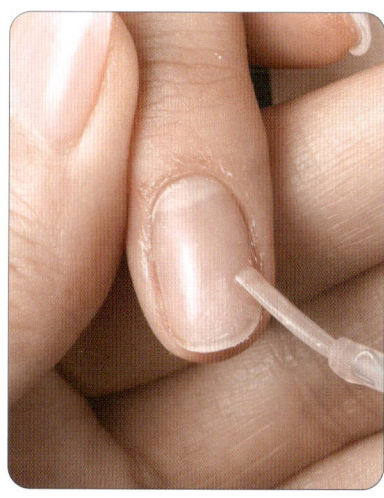

큐티클 오일을 손톱 표면과 손톱 주변의 피부에 발라 보습 처리를 해준다.

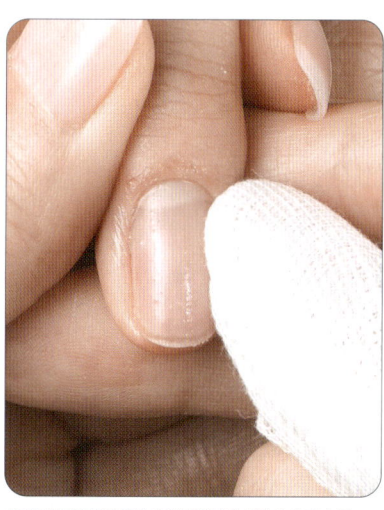

멸균 거즈를 사용하여 오일을 정리해 주면서 손과 손톱 전체를 닦아낸다.

Check!!
쏙 오프 리무버에 적신 솜과 호일을 사용하는 호일 감싸기와 잔여물을 없애는 파일링은 여러번 반복적으로 적용할 수 있다.

Check!!
마무리시 광택용 네일 파일을 사용하지 않는다.

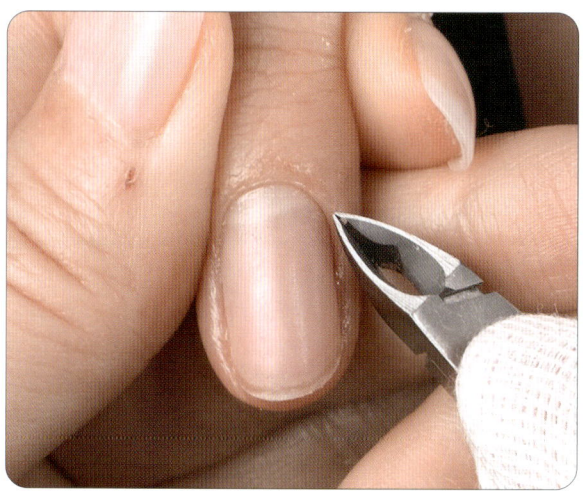

정리되지 않은 큐티클과 에포니키움 주변을 살펴보고 정리 할 부분이 있으면 큐티클니퍼를 사용하여 다듬어 준다.

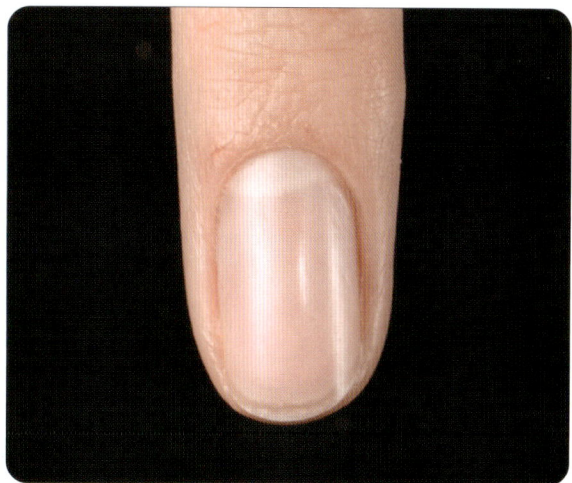

완성된 자연네일의 상태.

(5) 완성

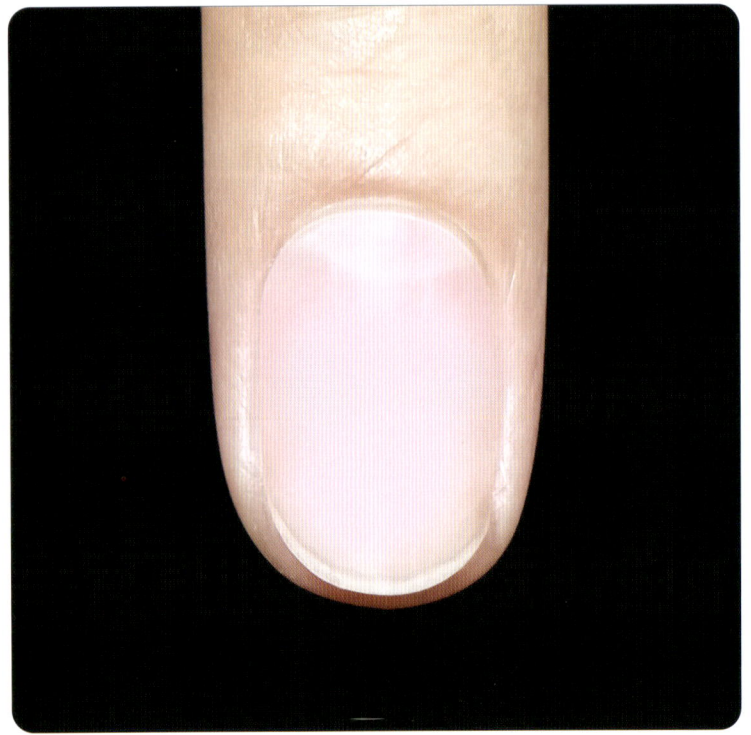

오발 형태

Check!!

손톱과 주변의 피부에 상처가 없고 지저분한 큐티클 및 거스러미, 먼지나 분진이 없도록 깨끗하게 정리한 상태.

라운드 형태

Check!!

손톱과 주변의 피부에 상처가 없고 지저분한 큐티클 및 거스러미, 먼지나 분진이 없도록 깨끗하게 정리한 상태.

06
제6장

한국산업인력공단 공지

- 미용사(네일) 공개문제 및 지참재료 관련 FAQ
- Frequently asked questions·빈출 질문 VOL 1
- Frequently asked questions·빈출 질문 VOL 2

파이널 체크 완료!!

- 종목별 요구사항에 따른 핵심 자가진단 점검표

PERFECT
NAIL
TECHNICIAN

한국산업인력공단 공지
미용사(네일) 공개 문제 및 지참재료 관련 FAQ VOL 1
Frequently asked questions·빈출 질문(頻出質問)
― 2015년 신설종목 ―

Q1. 미용사(네일) 실기시험은 과제 구성이 어떻게 됩니까?

A1. 미용사(네일) 실기시험은 실기시험 관련사항 알림에 공개된 바와 같이
1과제「매니큐어 및 페디큐어」: (매니큐어) ① 풀 컬러 레드, ② 프렌치 화이트, ③ 딥 프렌치 화이트, ④ 그라데이션 화이트
(페디큐어) ① 풀 컬러 레드, ② 딥 프렌치 화이트, ③ 그라데이션 화이트
2과제「젤 매니큐어」: ① 젤 마블링 1(선 마블링 아트), ② 젤 마블링 2(부채꼴 마블링 아트)
3과제「인조네일」: ① 내추럴 팁 위드 랩, ② 젤 원톤 스컬프쳐, ③ 아크릴 프렌치 스컬프쳐, ④ 네일 랩 익스텐션
4과제「인조네일 제거」로 구성되어 시험이 시행됩니다.
세부과제로 **1과제** : 매니큐어 ①~④ 과제 중 1과제 선정, 페디큐어 ①~③ 과제 중 1과제 선정, **2과제** : 젤 매니큐어 ①~② 과제 중 1과제 선정, **3과제** : 인조네일 ①~④ 과제 중 1과제 선정, **4과제** : 3과제 시 선정된 인조네일 제거의 총 4과제로 시험 당일 각 세부 과제가 <u>랜덤 선정되는 방식으로 시험 당일 선정</u> 됩니다. <u>공개 문제 등은 수정 사항</u>에 의하여 새로 등재되므로 <u>정기적으로 확인</u>을 하셔야 합니다.

Q2. 과제별 시험 시간은 어떻게 됩니까?

A2. 시험 시간은 전체 2시간 30분(순수 작업시간 기준)이며, 각 과제별 시간은 1과제 60분, 2과제 35분, 3과제 40분, 4과제 15분이며 각 과제 사이에 5~10분 정도의 간격이 주어집니다.

Q3. 과제별 시험 배점은 어떻게 됩니까?

A3. 과제별 배점은 전체 100점으로, 각 과제별 배점은 1과제 40점(매니큐어·페디큐어 각 20점), 2과제 20점, 3과제 30점, 4과제 10점 입니다.

Q4. 과제별 대상 부위는 어떻게 됩니까?

A4. 각 과제별 대상 부위는 1과제 오른손 1~5지 손톱 및 오른발 1~5지 발톱, 2과제 왼손 1~5지 손톱, 3과제 오른손 3, 4지 손톱, 4과제 오른손 3지 손톱 입니다.

Q5. 기존의 민간 협회 등의 경우 협회에 따라 네일 관리 방법이 상당히 다르고 또 업소나 사람마다 행하는 시술법이 다른 것 같은데 어떤 것을 기준으로 하게 되나요?

A5. 미용사(네일) 기능사 등급의 시험으로 네일 미용사의 업무를 행하기 위한 기본적인 동작과 시술을 보는 것이기 때문에 각 협회나 업소별 특별한 시술법을 요구하지 않습니다. <u>기법의 정확성, 숙련도 및 기본 시술 순서, 완성 상태</u> 등을 중점으로 채점하는 기본 방향으로 하고 있습니다.

Q6. 모델의 조건은 어떻게 되나요?

A6. 모델은 수험자가 대동하고 와야 하며 자신이 데려온 모델에 자신이 작업하게 됩니다. 모델은 만 15세 이상(년도기준)의 신체 건강한 남·여로 다음의 조건에 해당하지 않아야 합니다.
① 자연 손톱이 열 개가 아니거나 열 개를 모두 사용할 수 없는 자(단, 발톱은 한쪽 발 기준으로 자연 발톱이 다섯 개가 아니거나 다섯 개를 모두 사용할 수 없는 자)
② 손·발톱 미용에 제한을 받는 손·발톱 질환을 가신 자
　(물어뜯는 손톱, 파고드는 발톱, 멍든 발톱, 손·발톱 무좀 등는 염증성 질환이 아닌 경우 대동 모델 기준으로 가능하며 별도의 감점처리 대상이 되지 않습니다.)
③ 호흡기 질환, 민감성 피부, 알레르기 등이 있는 자

④ 임신 중인 자
⑤ 정신 질환자 또한, 눈에 보이는 표식이 될 수 있는 액세서리를 착용할 수 없습니다.(예 : 반지, 시계, 팔찌, 발찌, 목걸이, 귀걸이 등) 수험자가 동반한 모델이 공단에서 지정한 신분증을 지참하지 않은 경우, 모델로 시험에 참여가 불가능합니다. 또한, 흰색(무지, 프린트 등이 되지 않은) 라운드 티셔츠와 긴바지(색상무관)를 착용해야 합니다.

Q7. 모델의 손·발톱 조건은 어떻게 되나요?

A7. 모델의 손·발톱 상태는 자연 손·발톱 그대로여야 하며 손·발톱이 보수되어 있을 경우 오른손, 왼손, 오른발 각 부위별 2개까지 허용하며 자연손톱 상태로 길이 연장등도 가능합니다(단, 오른손 3.4지는 제외) 모델의 오른손·발 1~5지의 손·발톱은 큐티클 정리가 충분히 가능한 상태로, 오른손 1~5지의 손톱은 스퀘어 또는 스퀘어 오프형으로 사전 준비되어야 하고 오른발 1~5지의 발톱은 라운드 또는 스퀘어 오프형으로 사전준비 되어야 하며, 오른손 1~5지와 오른발 1~5지의 손·발톱은 펄이 미 함유된 빨강색 네일 폴리시가 사전에 완전히 건조된 상태로 2회 이상 풀코트로 도포되어 있어야 합니다. (단, 2과제 젤 매니큐어 과제는 습식케어가 생략되므로 모델의 왼손 1~5지의 손톱은 큐티클 정리의 사전 작업이 필요하며 사전 손톱 프리에지 형태는 스퀘어 또는 스퀘어 오프 형이어야 하며, 사전에 라운드형의 파일링은 금합니다.)

Q8. 수험자와 모델이 착용하는 마스크 및 긴바지의 특별한 제한이 없나요?

A8. <u>수험자와 모델이 착용하는 마스크는 흰색</u>이어야 하며, 시중에서 판매되고 있는 흰색이나 푸른 빛이 도는 일회용 마스크도 가능합니다. 긴바지는 위생 상태가 양호한 것으로 색상 및 소재에 특별한 제한은 없습니다.

Q9. 멸균 거즈는 어떻게 준비하고 또 사용 용도는 어떤가요?

A9. 시중의 약국 등에서 판매되는 제품을 사용하면 되며, <u>마른 상태로 사용</u>하거나, 물이나 알코올 등을 <u>적신 상태로 이용 가능</u>합니다. 작업 전반에서 젖은 상태의 기구나 손의 물기를 닦거나, 네일 폴리시의 병 입구를 닦는 용도, 마무리 시 큐티클 주변 등의 <u>네일 거스러미를 제거하는 등 다양한 용도</u>로 사용 가능합니다.

Q10. 소독제는 어떻게 준비하나요?

A10. 펌프식 혹은 스프레이식의 용기 등에 알콜 등의 소독제를 넣어 오시면 되고 이것은 화장품, 기구 혹은 손 등의 소독 시에 사용됩니다. 그리고 스프레이식을 사용하여 소독하는 것에 대한 감점 등의 사항은 없습니다.

Q11. 화장품은 어떤 형태로 가져와야 합니까?

A11. 화장품은 판매되는 제품으로 가져오시면 되고, 사용하시던 것도 무방합니다만 덜어오시는 것은 안됩니다. 단 지참 재료 목록상의 용기가 언급되어 있는 <u>소독제나 디스펜서가 포함되는 폴리쉬 리무버, 쏙오프 리무버, 젤 클렌져</u>의 경우 용기에 담겨진 형태로 덜어서 지참이 가능합니다. (별도의 라벨링이 불가함으로 용기의 형태 등으로 구분 요함.)

Q12. 시판용 재료나 외국산 재료를 사용해도 되나요?

A12. 지참 목록 상의 기구 및 화장품은 위생 상태가 양호한 것으로 브랜드를 차별하지 않으며, 같은 회사의 라인으로 통일시킬 필요도 없으며, 시판용 재료나 외국산 재료 등도 모두 사용 가능합니다. 또한, 성분에 따른 제품의 종류에 특별한 제한은 두진 않습니다.

Q13. 타월이나 손목 받침대는 제시 되어있는 규격대로만 준비해야 합니까?

A13. 지참 재료 목록 상의 40X80cm 내외는 시험장 작업대의 크기를 고려한 사이즈로, 사이즈가 더 클 경우 본인의 작업에 불편을 초래할수도 있으므로 공지된 규격에 맞추어 준비해 오시기를 권장합니다. 또한, 손목 받침대는 반드시 흰색으로 지참해야 하며, 받침대 대용으로 흰색 타올도 가능하며 흰색타월로 받침대를 커버처럼 덧 씌어도 무방합니다

Q14. 탈지면 용기나 보관통, 정리함(바구니)의 재질은 어떤 것이어야 하나요?

A14. 탈지면 뚜껑이 있는 용기로 재질은 금속, 플라스틱, 유리 모두 관계없이 준비하시면 되며, <u>보관 통은 푸셔, 니퍼, 오렌지우드스틱, 네일더스트 브러시를 소독액에 담가 둔 형태로 사용해야 하므로 일반적으로 유리 재질 등을 권장</u>합니다. 정리함은 과제별 시험 시작 전에 시험 과제의 모든 준비물을 정리함(바구니)에 담아 세팅하는 용도로 본인이 사용하시기에 편리한 재질로 준비하면 됩니다. (단, 정리함(바구니)의 색상은 반드시 흰색이어야 합니다.)

Q15. 베이스&탑 코트 혼용 제품을 가져와도 되나요?

A15. 지참재료 목록상에 각각 구분되어 있는 베이스 코트와 탑 코트는 과제 채점 시 사용 용도나 시술 순서와 관련이 되므로 각각 따로 준비하셔야 합니다.

Q16. 기타 자신이 가지고 오고 싶은 도구를 가져오는 것은 가능한가요?

A16. 공개문제 및 수험자 지참 준비물에 언급된 도구 및 재료 중 기타 실기시험에서 요구한 작업 내용에 영향을 주지 않는 범위 내에서 수험자가 네일 미용 작업에 필요하다고 생각되는 재료 및 도구 등은 (예: 네일 폴리시, 파일류 등) 더 추가 지참할 수 있으며 물티슈의 경우 사용이 불가합니다. 기타 화장품이나 그릿수가 다양한 파일이나 호수가 다양한 브러쉬, 탈지면(화장솜) 및 용기, 보관통 등은 더 가져오셔도 됩니다. (단, 공개문제 및 수험자 지참준비물에 언급된 재료 및 도구 이외에 작업의 결과에 영향을 줄 수 있는 제 3의 도구(핀칭 집게, 붓 거치대 등) 및의 재료의 지참은 불가하십니다.)

Q17. 젤 램프기기도 필요시 더 추가 지참이 가능한가요?

A17. 젤 램프기기와 같은 기기류는 1인당 1개 지참하셔야 하며 사용하실 수 있는 콘센트도 시험장마다 차이가 있을 수 있으나 1인 1구 사용이 기준임을 양지 바랍니다. 다만, 두 개를 지참하셔도 두 가지 기기를 각 과제별로 한 대씩 나누어 사용하시는 것은 문제가 되지 않습니다. 단, 핀 타입 젤 램프기기는 추가 지참및 일반형 제품과 혼용 사용이 가능합니다.

Q18. 소독된 일회용품 및 네일 더스트브러시 등은 어떻게 사용하나요?

A18. 오렌지 우드스틱, 네일 더스트브러시는 알코올 등의(소독제) 소독용기에 담가 소독한 상태로 보관하며 사용시 멸균 거즈나 페이퍼 타월 등으로 물기를 제거한 후 사용합니다. 오렌지 우드스틱, 멸균 거즈 등은 일회용으로 소독 후 사용하고 난 뒤에 폐기합니다.

Q19. 일회용품들은 어떻게 사용하고 폐기하나요?

A19. 파일류와 오렌지 우드스틱 등은 1과제 시 새것으로 지참하시어야 하며 오렌지 우드스틱, 멸균 거즈 등은 사용 후 폐기합니다. 단, 파일류는 폐기 대상에서 제외 됨을 참고하시기 바랍니다.

Q20. 각 과제별 작업 시 시간을 확인하고 싶은데 스톱워치 등의 추가 지참이 가능한가요?

A20. 스톱워치나 손목시계 등은 공지된 바와 같이 지참이 불가능하시며, 작업 시간은 검정장 안에 있는 벽시계를 보시고 확인하시기 바랍니다. 또한 검정장의 본부요원 등이 시험 당일 시험 시작 5분 전 후 등을 미리 안내하여 주심을 참고하시기 바랍니다.

Q21. 기존 민간자격검정과 같이 제품에 라벨링을 해도 되나요?

A21. 공지된 바와 같이 수험자가 도구 또는 재료에 구별을 위해 표식(스티커 등)을 만들어 붙일 수 없으므로 재료에 상표 이외에 별도로 라벨링을 하는 것은 표식으로 간주되어 채점 시 불이익이 있을 수 있으므로 삼가시기 바랍니다.

Q22. 기존 민간자격검정과 같이 습식케어 마사지나 발 각질제거 등을 해도 되나요?

A22. 공개된 1과제 요구사항에 보시면 마사지나 각질제거 등에 대한 언급은 전혀 없습니다. 요구사항이나 유의사항 이외의 불필요한 행동은 하실 필요가 없으며 오히려 채점상의 불이익이 있을 수 있으므로 삼가시기 바랍니다.

Q23. 1과제부터 4과제의 전체 재료를 한번에 세팅하고 작업해도 되나요?

A23. 전체 재료를 한꺼번에 세팅하시면 작업대가 비좁아 과제 수행이 어렵습니다. 과제별 재료의 세팅은 시험 시작 전 전 과제를 과제별로 본인이 미리 세팅 하신 후 각 과제 시마다 세팅된 재료를 사용하시면 됩니다. 재료를 보관할 바구니 등은 본인이 직접 지참하셔야 합니다. 단, 3과제의 경우 2과제 종료 후 3과제 준비 시간 전에 본부 요원의 지시에 따라 인조네일 3가지 유형 중 선정된 1가지 과제의 재료만을 3과제 시작 전 미리 작업대에 준비해야 합니다.

Q24. 2과제부터 선마블링 시 세로선을 만들 때 빨강색 폴리시와 흰색 폴리시의 사용 순서가 있나요?

A24. 2과제 선미블링 시 빨강색 젤 폴리시와 흰색 젤 폴리시의 사용 순서는 어떤 것이 먼저 가던지 정해진 규정 순서는 없으며 도면과 최대한 유사한 작품을 동반한 모델의 손톱 사이즈 내에서 표현하시면 되며 가로선은 교차되는 형태로 5번의 선을 그어 완성 합니다. 개별 손톱 내에서 각 선의 간격은 균일해야 하며, 단, 5지 (새끼 손가락)의 경우 세로선 총 6개(흰색, 빨강색 각 3개), 가로 교차선 3줄로 줄여서 작업할 수 있습니다.

Q25. 네일 폴리시를 호일 등에 덜어서 아트 브러시를 사용해 작업해도 되나요?
A25. 그라데이션 과제를 제외한 1과제는 기본적으로 컬러 도포 시 네일 폴리시의 브러시를 사용해야 하며 2과제 젤 네일 폴리시 작업 시 마블링 표현 때에는 아트용 브러시(라인 브러시 등 사용 가능)를 사용할 수 있습니다.

Q26. 2과제 젤 네일 과제 시 빨강색, 흰색 젤 네일 폴리시의 경우 통젤 형태 제품을 지참해도 되나요?
A26. 지참 준비 목록에 공지된 바와 같이 빨강색, 흰색 젤 네일 폴리시는 젤 네일 폴리시 형태로 지참하셔야 하며, 통젤 제품은 허용이 안됩니다. 단, 베이스 젤과 탑 젤의 경우 통젤 형태 제품의 지참이 가능합니다.

Q27. 3과제 인조네일 파일링 시에도 자연네일 파일링 시 처럼 한 방향으로 문지르거나 비비지 말고 파일링해야 하나요?
A27. 인조네일 파일링시에 파일링 방법 및 방향에는 제한을 두지 않으므로 양방향으로 문지르거나 비비는 방식의 파일링 방법도 사용가능합니다.

Q28. 2과제 젤 네일 과제 전 사전 준비 작업은 어떻게 되나요?
A28. 2과제 젤 매니큐어 과제는 습식 케어가 생략되므로 왼손 1~5지의 손톱은 큐티클 정리 등의 사전 준비 작업이 미리 되어있어야 하며 손톱 프리에지 형태는 스퀘어 또는 오프 스퀘어 형이어야 합니다. 2과제 삭업 시 요구사항에서 처럼 프리에지 형태를 사전에 작업한 스퀘어 또는 오프 스퀘어 형에서 라운드 형으로 완성하여야 합니다.

Q29. 분무기는 어떻게 사용하나요?
A29. 1과제 패디큐어 시 보온통의 미온수를 분무기에 담아 분무기를 이용하여 습식 케어를 하며, 화장솜이나 멸균 거즈를 물에 적신 상태로 사용 하고자 할 때 등에 사용가능 합니다.

Q30. 1과제시 매니큐어 작업 후에 페디큐어 작업은 어떻게 하나요?
A30. 1과제 매니큐어 작업(30분) 종료 후 감독위원의 지시에 따라 모델은 작업대 위에 앉은 후 의자에 앉아있는 수험자의 무릎에 작업대상 발을 올리는 자세로 페디큐어 작업(30분)을 바로 할 수 있도록 준비한 후 감독위원의 지시에 따라 페디큐어 작업(30분)을 시작하면 됩니다.

Q31. 작업 시 출혈이 나면 어떻게 해야 하나요?
A31. 작업 시 출혈이 있는 경우 소독된 탈지면이나 거즈 등으로 출혈 부위를 소독한 후 작업하셔야 하며 작업 시 출혈이 발생할 경우 해당 과제에서 감점 대상이 됨을 참고하기 바랍니다.

Q32. 수험자나 모델의 손에 작은 타투가 있는데 시험 응시에 제한이 되나요?
A32. 공지된 바와 같이 수험자 및 모델(사전 컬러링을 제외한)은 눈에 보이는 표식이 없어야 하며(예:네일컬러링(자연손톱 색 외), 디자인, 손톱장식 등) 문신이나 헤나를 한 경우에는 별도의 감점 없이 응시 가능합니다.

Q33. 작업 시 손톱 주면에 에나멜(네일 폴리시) 등이 묻었을 때 어떻게 해야 하나요?
A33. 지참 재료 목록 상의 오렌지 우드스틱에 솜을 말아 알콜이나 리무버를 묻혀 사용하시거나 멸균 거즈를 손가락 등에 끼운 상태로 리무버를 묻혀 사용하시며 지참 목록 상에 없는 면봉은 사용 불가합니다.

Q34. 손톱 리페어 시 길이 연장을 해도 되나요?
A34. 공지된 바와 같이 손·발톱이 보수되어 있을 경우 오른손, 왼손, 오른발 각 부위별 2개까지 허용되며, 리페어의 범위는 찢어진 손톱 등의 보수 및 자연네일 상태가 되도록 손톱 자체의 길이 연장(실크, 아크릴 등)도 가능합니다.

Q35. 3과제 시작 전 1과제에 작업한 1~5지 에나멜을 미리 지워야 하나요?
A35. 1과제 시 작업했던 오른손 1~5지의 폴리시 제거는 3과제의 과제 시간 내에 제거하므로 사전에 미리 제거하면 안됩니다. 프리에지 셰이프 등은 작업 범위인 3, 4지에만 시술하시면 됩니다.

한국산업인력공단 공지

미용사(네일) 공개 문제 및 지참재료 관련 FAQ VOL 2
Frequently asked questions·빈출 질문(頻出質問)
- 2015년 신설종목 -

Q1. 2과제 선 마블링 젤 매니큐어 시 빨간색 젤 폴리시로 프렌치 1코트를 먼저 해야 하나요?
또 가로줄 5줄은 어떻게 작업하나요?

A1. 베이스코트 도포 후 공개문제의 요구사항과 도면에 제시한 바와 같이 백색과 빨강색 줄무늬가 교대로 완성된 세로선을 연출하신 후 가로 교차선을 그어주시면 되며, 채점사항과 관계없는 <u>프렌치 1코트의 사전 도포</u>는, 수험자에 따라 개인적인 작업 방식의 차이로 반드시 해야 하는 <u>요구사항은 아닙니다.</u>
또한 가로 교차선은 도면과 같이 <u>완만한 스마일 라인이 연출되도록 하며, 마지막 프렌치 라인까지 포함하여 총 5줄</u>입니다.

Q2. 1과제 시 작업했던 네일 에나멜은 3과제 시작 전에 미리 지우면 안되나요?

A2. 왼손에 작업을 마치신 2과제 후에는 쉬는 시간 내에 3가지 중 1개가 선정될 예정인 3과제의 모든 준비를 마치셔야 하므로 시험장 환경이 매우 번잡하고, 개인에 따라 정리와 사전 작업까지에는 주어진 시간이 부족할 수 있어 원활한 시험 진행을 고려하여 구성된 사항입니다.
<u>3과제 준비를 마치신 후</u> 공개문제의 요구사항에 제시된 바와 같이 <u>3과제 시작 후에 1교시 작업한 1~5지 손톱의 컬러를 지우신 후 인조네일 과제의 작업을 수행</u>하시면 됩니다.

Q3. 3과제 인조네일 과제 시 파일링을 오른손 1~5지 손톱에 다해야 하나요?

A3. 3교시의 대상 범위는 오른손 3, 4지에 국한이 되므로 위생 상태에 위배되지 않는 기준에서 1~5지 손톱의 컬러를 제거해 주시면 되며, <u>조형등 이후 모든 작업은 오른손 3, 4지에만 시술</u>해 주시면 됩니다.
그리고 1교시 때 습식 케어를 마치셨더라도 3교시 시술 전후로 관리가 더 필요한 경우에는 완성도를 높이기위해 새로 일어난 손톱 옆 거스러미 등을 필요 시 제거 할 수 있습니다.

Q4. 위생복 지참 시 1회용 가운을 입고오거나 반팔 위생복 안에 긴팔 셔츠 등을 입고와도 되나요?

A4. 일회용 위생복의 경우는 착용 시 일반 위생복과 눈에 띄게 구별되는 점이 있으며, 이러한 경우 표식으로 간주되어 수험자가 불이익을 당하실 수 있으므로 불가합니다. 수험자 지참목록 등의 사항은 특별한 언급이 없는 한 일반적인 경우 혹은 일반적인 제품을 의미합니다. 또한 반팔의 위생복 안에는 반팔의 상의를 입는 것이 일반적이며, 유사 종목인 미용사(일반, 피부) 시험도 동일한 기준을 적용하고 있습니다. 위생복 안에 입으시는 개인 상의의 색상에는 제한이 없습니다. 부득이한 사정으로 <u>반팔 상의안에 긴팔을 입으실 경우에는 반팔 위생복 안으로 상의를 접는 등 밖으로 보이지 않도록 하시기 바랍니다.</u>

Q5. 일회 용품 및 네일 더스트브러시 등 매번 사용 시 마다 소독 용기에 담가서 보관해야 되나요?

A5. 기 공지된 바와 같이 니퍼, 푸셔, 오렌지 우드스틱, 네일 더스트브러시 등은 각 과제 시작 시 마다 알코올 등의(소독제) 소독용기에 담가진 상태로 보관하며, 사용 시 멸균 거즈 등으로 물기를 제거한 후 사용해야 합니다. 단 각 과제 내에서 최초 소독 후 모델에 닿는 사용 부위가 오염이 되었거나 출혈이 있는 경우에는 다시 소독을 하여 사용해야 하며, 그 외에는 소독된 부위가 청결하게 유지 될 수 있도록 하면 <u>각 과제 내에서 매번 소독하실 필요는 없으며, 필요 시 소독액에 담가 사용해도 무관합니다.</u>

Q6. 각 과제 종료 후 준비 시간은 어느 정도 부여되나요?

A6. 1교시, 2교시 각 과제 종료 후 다음 과제의 준비를 위해 약 10~15분 정도의 준비 시간이 부여되며, 3과제 종료 후에는 약 5분 정도의 준비 시간이 부여됩니다. 각 시험장의 환경 및 일정에 따라 조정 될 수 있습니다.

Q7. 화장솜, 멸균 거즈, 스펀지 등을 작업하기 편하도록 잘라오거나 오렌지 우드스틱에 솜을 미리 말아 준비해와도 되나요?

A7. 탈지면(화장솜), 멸균 거즈, 스펀지 페이퍼 타월 등은 사용하기 편리하도록 미리 잘라 보관통 등에 별도로 준비해 오셔도 됩니다. 단 알코올등의 (소독제) 소독용기에 담가 소독한 상태로 보관하는 오렌지 우드스틱은 미리 솜을 말아 준비해오시면 안되며, 소독용기에 담아 소독 후 물기를 제거한 후 탈지면 등을 말아 사용하셔야 하며, 페이퍼 타월은 기구 소독이나 재료의 세팅, 브러시 등의 잔여물을 닦는 용도로 사용하셔야 합니다.

Q8. 보안경을 1~4과제 시까지 모두 착용해야 하나요?

A8. 수험자와 모델은 보안경을 3과제 인조네일 과제 작업 시에 착용하시면 되며, 기 공지된 바와 같이 안경으로 대체가 가능합니다.

Q9. 3과제 인조네일 및 4과제 인조네일 제거 시 클리퍼를 사용해도 되나요?

A9. 3, 4과제 인조네일 조형 및 제거 시 클리퍼의 혼용사용 가능 합니다.

Q10. 시험 당일 시험 시작 전에 1~4교시 선정되는 과제를 미리 알 수 있나요?

A10. 기 공지된 바와 같이 시험 당일 각 시험장 별로 세부 과제가 랜덤 선정되는 방식으로 선정되며, 각 교시 별 시작 직전에 시험위원이 선정된 과제를 안내하므로 시작 전에는 알 수 없습니다.

Q11. 페디큐어 시술 시 모델이 작업대 위에 앉은 후 수험자의 무릎에 발을 올리지 않고 책상위에 올리는 자세도 되나요?

A11. 기 공지된 바와 같이 1과제 매니큐어 작업(30분) 종료 후 감독위원의 지시에 따라 모델은 작업대 위에 앉은 후 의자에 앉아있는 수험자의 무릎에 작업대상 발을 올리는 자세로 페디큐어 작업을 실시해야 합니다. 다만 모델의 발을 지탱하기 위한 보조 도구로 필요 시에 발판(흰색), 타월 (흰색), 쿠션(흰색), 박스 등을 흰색 타월이나 종이 등으로 싸오는 경우 등도 가능하며 모델의 발을 책상에 올리는 자세로는 작업이 불가합니다.

※ 재료는 문제의 변경이나 기타 다른 사유로 수량 및 품목 등이 변경될 수도 있으니 정기적인 확인을 부탁드립니다.
※ 기타 세부 사항은 본 공단 홈페이지 (http://www.q-net.or.kr)의 「고객지원 – 자료실 – 공개문제」에 공개되어 있는 내용을 참고하시기 바랍니다.

파이널 체크 완료!!
종목별 요구사항에 따른 핵심 자가진단 점검표

✔ 제1과제 매니큐어 및 페디큐어

	자가진단 사항(아래 문장 앞에 '나는 ~'붙여서 점검해 보세요.)	점 검
공통	테이블 세팅을 재료 목록에 따라 빠짐 없이 준비할 수 있으며 위생 봉투를 테이블 우측에 붙일 수 있다.	
	소독 보관통에 소독용 알코올을 채우고 큐티클 니퍼, 푸셔, 오렌지 우드스틱, 클리퍼, 네일 더스트브러시를 보관하는 것을 숙지하고 있으며 준비 할 수 있다.	
	모델의 손톱 상태를 과제에 맞게 준비할 수 있으며 리페어 2개 허용한도를 알고 있으며 사전에 큐티클을 정리하지 않았고 모델의 손톱에 빨간색 폴리시를 도포하였으며 프리에지의 형태는 스퀘어, 스퀘어 오프로 준비할 수 있다.	
	나의 손 소독을 손등, 손바닥, 손가락 사이사이를 꼼꼼하게 행할 수 있다.	
	모델의 손을 꼼꼼하게 소독 할 수 있다.	
	소독 시 사용한 솜을 위생 봉투에 버릴 수 있다.	
	오래된 네일 폴리시를 꼼꼼하게 지울 수 있다.	
	자연 네일을 파일링 할 때 자연 네일 전용 파일을 준비하여 사용할 수 있으며 한 방향으로 파일링 하는 것을 숙지하며 행할 수 있다.	
	프리에지 라운드 형태가 무엇인지 확실하게 인지하며 조형 할 수 있다.	
	핑거볼을 사용하여 습식 매니큐어를 행할 때 보온병의 활용을 알고 있다.	
	큐티클 오일, 큐티클 리무버의 활용을 할 수 있다.	
	큐티클 푸셔와 큐티클 니퍼의 안전한 사용법과 자세를 익혔으며 안정된 숙련 기능을 가지고 큐티클을 정리 할 수 있다.	
	멸균 거즈의 활용법을 알고 있다.	
	네일 더스트브러시의 활용법을 알고 있다.	
	오렌지 우드스틱의 활용법을 알고 있다.	
	컬러를 도포할 시 베이스 코트를 가장 최우선으로 도포하는 것을 인지하며 행할 수 있다.	
풀코트	풀코트 도포 시 빨강색의 기준된 색의 의미를 확실하게 알고 있다.	
	풀코트 매니큐어 시 프리에지 선단을 꼼꼼하게 도포 할 수 있다.	
	풀코트 매니큐어 시 얼룩 없이 컬러를 도포 할 수 있다.	

		자가진단 사항 (아래 문장 앞에 '나는 ~' 붙여서 점검해 보세요.)	점 검
공통		풀코트 매니큐어 시 손톱 주변 피부에 넘친 컬러를 폴리시 리무버를 사용하여 처리 할 수 있다.	
		풀코트 매니큐어 시 탑 코트를 도포 할 수 있다.	
프렌치		프렌치 매니큐어 시 흰색의 기준을 확실하게 알고 있다.	
		프렌치 매니큐어 시 프리에지 스마일라인 세로 너비 기준 3mm~5mm를 알고 있으며 작업을 행할 수 있다.	
		프렌치 매니큐어 시 프리에지 선단을 꼼꼼하게 도포 할 수 있다.	
		프렌치 매니큐어 시 얼룩없이 컬러를 도포 할 수 있다.	
		손톱 주변 피부에 넘친 컬러를 폴리시 리무버를 사용하여 처리 할 수 있다.	
		프렌치 매니큐어 시 탑 코트를 도포 할 수 있다.	
딥 프렌치		딥 프렌치 매니큐어 시 흰색의 기준을 확실하게 알고 있다.	
		딥 프렌치 매니큐어 시 손톱 1/2이상 부분에 스마일 라인을 형성 할 수 있고, 반월의 부분은 침범하지 않고 작업 할 수 있다.	
		딥 프렌치 매니큐어 시 프리에지 선단을 꼼꼼하게 도포 할 수 있다.	
		딥 프렌치 매니큐어 시 얼룩없이 컬러를 도포 할 수 있다.	
		손톱 주변 피부에 넘친 컬러를 폴리시 리무버를 사용하여 처리 할 수 있다.	
		딥 프렌치 매니큐어 시 탑 코트를 도포 할 수 있다.	
그라데이션		그라데이션 매니큐어 시 흰색의 기준을 확실하게 알고있다.	
		그라데이션 매니큐어 시 손톱 1/2이상 부분까지 그라데이션을 스펀지를 이용하여 도포 할 수 있으며 반월의 부분은 침범하지 않을 수 있다.	
		그라데이션 매니큐어 시 프리에지 선단을 꼼꼼하게 도포 할 수 있다.	
		그라데이션 매니큐어 시 얼룩없이 컬러를 도포 할 수 있다.	
		손톱 주변 피부에 넘친 컬러를 폴리시 리무버를 사용하여 처리 할 수 있다.	
		그라데이션 매니큐어 시 탑 코트를 도포 할 수 있다.	
공통		매니큐어 작업 완성 시 5개 손톱을 일관성있는 조화로움으로 마무리 할 수 있다.	
		매니큐어 시 사용한 오렌지 우드스틱, 스펀지, 멸균거즈, 호일, 솜 등을 위생봉투에 폐기처리 할 수 있고 테이블을 정리 할 수 있다.	
페디큐어		페디큐어 작업 시 모델은 테이블 위에 앉아 의자에 앉아 있는 수험자를 향해 다리를 뻗고 발을 수험자의 무릎 위에 얹는 자세임을 안다.	
		모델의 발톱 상태를 과제에 맞게 준비할 수 있으며 리페어 2개 허용 한도를 알고 있으며 사전에 큐티클을 정리 하지 않는 것을 알고 있다.	
		페디큐어 시 나의 손소독을 행할 수 있다.	
		페디큐어 시 모델의 발 소독을 행할 수 있다.	
		오래된 네일 폴리시를 꼼꼼하게 지울 수 있다.	
		발톱의 프리에지 스퀘어 형태를 조형 할 수 있다.	

	자가진단 사항 (아래 문장 앞에 '나는 ~' 붙여서 점검해 보세요.)	점 검
페디큐어	자연 발톱을 파일링 시 한쪽 방향으로 파일링 할 수 있다.	
	습식 페디큐어 작업 시 물 분부기를 활용 할 수 있다.	
	큐티클 오일, 큐티클 리무버의 활용을 할 수 있다	
	큐티클 푸셔와 큐티클 니퍼의 안전한 사용법과 자세를 익혔으며 안정된 숙련 기능을 가지고 큐티클을 정리 할 수 있다.	
	멸균 거즈의 활용법을 알고 있다.	
	네일 더스트브러시의 활용법을 알고 있다.	
	오렌지 우드스틱의 활용법을 알고 있다.	
	컬러를 도포할 시 베이스 코트를 가장 최우선으로 도포하는 것을 인지하며 행할 수 있다.	
풀 코트	풀 코트 도포 시 빨강색의 기준을 확실하게 알고 있다.	
	풀 코트 페디큐어 시 프리에지 선단을 꼼꼼하게 도포 할 수 있다.	
	풀코트 페디큐어 시 얼룩없이 컬러를 도포 할 수 있다.	
	풀코트 페디큐어 시 손톱 주변 피부에 넘친 컬러를 폴리시 리무버를 사용하여 처리 할수 있다.	
	풀코트 페디큐어 시 탑 코트를 도포 할 수 있다.	
딥 프렌치	딥 프렌치 페디큐어 시 흰색의 기준을 확실하게 알고 있다.	
	딥 프렌치 페디큐어 시 손톱 1/2이상 부분에 스마일 라인을 형성 할 수 있고 작업을 행할 수 있다.	
	딥 프렌치 페디큐어 시 프리에지 선단을 꼼꼼하게 도포 할 수 있다.	
	딥 프렌치 페디큐어 시 얼룩없이 컬러를 도포 할 수 있다.	
	발톱 주변 피부에 넘친 컬러를 폴리시 리무버를 사용하여 처리 할 수 있다.	
	딥 프렌치 페디큐어 시 탑 코트를 도포 할 수 있다.	
그라 데이션	그라데이션 페디큐어 시 흰색의 기준을 확실하게 알고 있다.	
	그라데이션 페디큐어 시 발톱 1/2이상 부분까지 그라데이션을 스펀지를 이용하여 도포 할 수 있으며 반월의 부분은 침범하지 않을 수 있다.	
	그라데이션 페디큐어 시 프리에지 선단을 꼼꼼하게 도포 할 수 있다.	
	그라데이션 페디큐어 시 얼룩없이 컬러를 도포 할 수 있다.	
	발톱 주변 피부에 넘친 컬러를 폴리시 리무버를 사용하여 처리 할 수 있다.	
	그라데이션 페디큐어 시 탑 코트를 도포 할 수 있다.	
공통	페디큐어 작업 완성 시 5개 발톱을 일관성있는 조화로움으로 마무리 할 수 있다.	
	페디큐어 시 사용한 오렌지 우드스틱, 스펀지, 멸균 거즈, 호일, 솜 등을 위생봉투에 처리 할 수 있고 테이블을 정리 할 수 있다.	

✔ 제2과제 젤 매니큐어

	자가진단 사항(아래 문장 앞에 '나는 ~'붙여서 점검해 보세요.)	점 검
공통	테이블 세팅을 재료 목록에 따라 빠짐없이 준비할 수 있으며 위생 봉투를 테이블 우측에 붙이고 젤 램프 기기를 연결하여 큐어링 준비를 완료 할 수 있다.	
	소독 보관통에 소독용 알코올을 채우고 큐티클 니퍼, 푸셔, 오렌지 우드스틱, 클리퍼, 네일 더시트브러시를 보관하는 것을 숙지하고 있으며 준비 할 수 있다.	
	모델의 손톱 상태를 과제에 맞게 준비할 수 있으며 리페어 2개 허용 한도를 알고 있으며 사전에 큐티클을 정리를 하여 준비하는 것을 알고 있다.	
	나의 손소독을 손등, 손바닥, 손가락 사이사이를 꼼꼼하게 행할 수 있다.	
	모델의 손을 꼼꼼하게 소독 할 수 있다.	
	소독 시 사용한 솜을 위생 봉투에 버릴 수 있다.	
	자연네일을 파일링 할 때 자연네일용 파일을 준비하여 사용할 수 있으며 한 방향으로 파일링 하는 것을 숙지하며 행할 수 있다.	
	프리에지 라운드 형태가 무엇인지 확실하게 인지하며 조형 할 수 있다.	
선마블링	선 마블링 젤 매니큐어 시 프리에지 선단을 꼼꼼하게 도포 할 수 있다.	
	흰색와 빨강색 세로선 교대배열 8개(빨강색 4개. 흰색 4개)가 각 손톱 안에서 선의 간격이 균일하게 디자인 되어야 하는것을 알고 있다.	
	5지는 빨강색 세로선 교대배열 6개(빨강색 3개, 흰색 3개), 마블링 교차선 3줄의 형태로, 손톱의 크기에 따라 선택적으로 디자인 할 수 있다는 것을 알고 있다.	
	마블링 교차선 5줄이 좌측과 우측으로 교차되면서 명확한 선으로 디자인 되어야 함을 알고 있다.	
	선 마블링 젤 매니큐어 시 손톱 주변 피부에 넘친 컬러를 폴리시 리무버를 사용하여 처리 할 수 있다.	
	선 마블링 젤 매니큐어 시 탑 코트를 도포 할 수 있다.	
	미 경화젤을 젤 클렌져를 사용하여 닦아낼 수 있다.	
	젤 램프기기를 적절하게 활용할 수 있다.	
부채꼴 마블링	부채꼴 젤 매니큐어 시 프리에지 선단을 꼼꼼하게 도포 할 수 있다.	
	빨강색 젤 폴리시를 풀코트로 도포한 후 부채꼴 마블링을 작업 할수 있다.	
	흰색과 빨강색 가로선 교대배열 7개(흰색 4개. 빨강색 3개)가 각 손톱 안에서 부채꼴 포물선의 모양으로 선의 간격이 균일하게 디자인 되어야 하는 것을 알고 있다.	
	5지는 빨강색 가로선 교대배열 5개(빨강색 3개, 흰색 2개), 마블링 5줄의 형태로, 손톱의 크기에 따라 선택적으로 디자인 할 수 있다는 것을 알고 있다.	
	마블링을 표형하는 선은 구심점을 중심으로 7개가 작업 되어져야 함을 알고 있다.	
	개별 손톱 안에서 가로선과 세로선의 간격은 동일해야 함을 알고 있다.	
공통	작업 완성 시 5개 손톱을 일관성있는 조화로움으로 마무리 할 수 있다.	

✔ 제3과제 인조네일

	자가진단 사항 (아래 문장 앞에 '나는 ~' 붙여서 점검해 보세요.)	점 검
공통	테이블 세팅을 재료목록에 따라 빠짐없이 준비할 수 있으며 위생 봉투를 테이블 우측에 붙일 수 있다.	
	소독 보관 통에 소독용 알코올을 채우고 큐티클 니퍼, 푸셔, 오렌지 우드스틱, 클리퍼, 네일 더스트 브러시를 보관하는 것을 숙지하고 있으며 준비 할 수 있다.	
	모델의 손톱 상태는 1과제를 마친 상태 그대로를 준비하는 것을 알고 있다.	
	나의 손소독을 손등, 손바닥, 손가락 사이사이를 꼼꼼하게 행할 수 있다.	
	모델의 손을 꼼꼼하게 소독 할 수 있다.	
	소독 시 사용한 솜을 위생 봉투에 버릴 수 있다.	
	1교시 작업 완료된 네일 폴리시를 곰곰하게 지울 수 있다.	
	자연 네일을 파일링 할 때 자연 네일 전용 파일을 준비하여 사용할 수 있으며 한 방향으로 파일링 하는 것을 숙지하며 행할 수 있다.	
	자연 네일의 모양과 길이는 라운드 또는 오발 형 1mm이하로 작업할 수 있다.	
내추럴 팁 위드 랩	규정에 맞는 내추럴 하프웰 스퀘어팁을 사용 할 수 있다.	
	적절한 팁의 크기를 선택 할 수 있으며 바른 방향으로 접착 시킬 수 있다.	
	팁 턱 제거 시 자연 네일을 손상 시키지 않을 수 있다.	
	글루와 필러파우더를 손톱 주변의 피부에 닿지 않게 작업 할 수 있다.	
	글루 드라이어를 사용 할 시 적절한 거리를 유지하여 분사 할 수 있다.	
	손톱에 맞게 랩을 재단 할 수 있고 손톱 전체 크기보다 1mm작게 재단하여 네일폴드 부위에 가깝지만 피부에 닿지 않도록 접착할 수 있다.	
	팁 부착 시와 완성된 네일의 표면에 기포나 얼룩, 상처가 생기지 않도록 맑고 매끄럽게 작업 할 수 있다.	
	네일 파일의 사용 시 손톱 주변의 피부를 보호하며 파일링 할 수 있다.	
	광택버퍼를 사용하여 마무리 할 수 있다.	
젤 원톤 스컬프쳐	네일 폼을 정확하고 바르게 장착 할 수 있다.	
	클리어 젤을 사용하여 인조 네일을 조형 할 수 있다.	
	완성된 표면에 기포가 생기지 않도록 젤을 조절 할 수 있다.	
	네일 파일의 사용 시 손톱 주변의 피부를 보호하며 파일링 할 수 있다.	
	미 경화젤이 남지 않도록 젤 클렌저를 사용할 수 있다.	
	젤 램프기기를 적절하게 사용 할 수 있다.	
아크릴 프렌치 스컬프쳐	네일 폼을 정확하고 바르게 장착 할 수 있다.	
	아크릴릭 파우더와 리퀴드를 을 사용하여 인조네일을 조형 할 수 있다.	
	완성된 표면에 기포나 얼룩이 생기지 않도록 작업 할 수 있다.	
	스마일 라인의 좌·우 균형이 맞도록 작업 할 수 있다.	
	클리어파우더 또는 핑크 파우더를 선택하여 완성도 있게 조형 할 수 있다.	

	자가진단 사항(아래 문장 앞에 '나는 ~'붙여서 점검해 보세요.)	점 검
아크릴 프렌치 스컬프쳐	네일 파일의 사용 시 손톱 주변의 피부를 보호하여 파일링 할 수 있다.	
	광택 버퍼를 사용하여 마무리 할 수 있다.	
네일 랩 익스텐션	실크 랩을 네일에 맞게 재단 할 수 있다	
	실크 랩을 네일의 굴곡에 맞추어 부착할 수 있다.	
	네일 글루를 사용하여 네일에 실크 랩을 완전하게 접착시킬 수 있다.	
	네일 글루 또는 젤 글루, 필러 파우더를 사용하여 형태와 두께를 조형 할 수 있다.	
	필러파우더가 네일 주위에 묻었을 때, 오렌지 우드스틱을 사용하여 제거 할 수 있다.	
	형태를 조형하는 과정에서 핀칭을 주어 형태를 조형 할 수 있다.	
	글루경화 촉진제를 사용할 때 골고루 영향을 받도록 20cm 이상 거리를 두고 분사 할 수 있다.	
공통	작업 도구들을 안정되고 숙련되게 사용 할 수 있다.	
	구조를 정확하게 이해하여 자연 네일과 인조 네일의 자연스러운 연결상태 즉, 프록시말 네일 폴드 주변의 연결, 측면 연결과 올바른 하이포인트의 위치, 컨벡스, 컨 케이브를 바르게 조형 할 수 있다.	
	프리에지의 길이를 0.5cm~1cm로 연장 할 수 있다.	
	프리에지 C-커브는 원형의 20~40% 비율로 만들수있고 두께는 0.5mm~1mm로 일정하게 조형 할 수 있다.	
	프리에지의 모양은 스퀘어로 조형 할 수 있다.	
	측면의 스트레이트 선은 올라가거나 처지지 않도록 직선을 유지 할 수 있다.	
	손톱 주변의 분진, 오일 등을 깨끗하게 정리 할 수 있다.	
	인조네일의 전체적인 구조를 일관성 있고 조화롭게 완성 할 수 있다.	
	사용한 오렌지 우드스틱, 스펀지, 멸균 거즈, 호일, 솜 등을 위생봉투에 처리 할 수 있고 테이블을 정리 할 수 있다.	

✔ 제 4과제 인조네일의 제거

	자가진단 사항(아래 문장 앞에 '나는 ~'붙여서 점검해 보세요.)	점 검
공통	테이블 세팅을 재료목록에 따라 빠짐없이 준비할 수 있으며 위생 봉투를 테이블 우측에 붙일 수 있다.	
	소독 보관 통에 소독용 알코올을 채우고 큐티클 니퍼, 푸셔, 오렌지 우드스틱, 클리퍼, 네일 더스트브러시를 보관하는 것을 숙지하고 있으며 준비 할 수 있다.	
	모델의 손톱 상태는 3과제를 마친 상태 그대로를 준비하는 것을 알고 있다.	
	나의 손소독을 손등, 손바닥, 손가락 사이사이를 꼼꼼하게 행할 수 있다.	
	모델의 손을 꼼꼼하게 소독 할 수 있다.	
	소독 시 사용한 솜을 위생 봉투에 버릴 수 있다.	
	인조네일 프리에지를 클리퍼를 사용하여 절단 할 수 있다.	
	인조네일의 두께를 네일 파일을 사용하여 적당히 줄일 수 있다.	
	파일링 시 자연네일을 손상 시키지 않을 수 있다.	

	자가진단 사항(아래 문장 앞에 '나는 ~' 붙여서 점검해 보세요.)	점 검
공통	큐티클 오일을 사용하여 손톱 주변의 피부를 보호 할 수 있다.	
	쏙 오프 시 호일 마감 처리를 할 수 있다.	
	자연네일을 파일링 할 때 자연네일 전용 파일을 준비하여 사용할 수 있으며 한 방향으로 파일링 하는 것을 숙지하며 행할 수 있다.	
	자연손톱 표면의 잔여물들을 완전하게 제거 할 수 있으며 샌딩 버퍼로 매끄럽게 정리 할 수 있다.	
	자연손톱 주변의 피부를 건강하게 정리 할 수 있다.	
	인조 네일이 제거된 자연 손톱을 라운드 또는 오발로 마무리 할 수 있다.	
	손톱 표면과 주변에 사용한 오일과 분진들을 깨끗하게 정리 할 수 있다.	
	사용한 오렌지 우드스틱, 스펀지, 멸균 거즈, 호일, 솜 등을 위생봉투에 처리 할 수 있고 테이블을 정리 할 수 있다.	

※ 모든 작업을 종료 후, 시술 완료된 작품 즉, 모델의 매니큐어·페디큐어·인조네일 (제거 되지 않은 손톱) 등은 반드시 제거 또는 변형 후, 퇴실 하여야 힌다.

펴 낸 날 : 2023.08.24
펴 낸 곳 : (주)샤인위드
지 은 이 : (주)샤인위드 도서편찬위원회
　　　　　 조한솔, 류예지 외
구입문의 : (주)샤인위드
전　　화 : 042-716-4177
　　　　　 www.diamishop.com

NCS기반 미용사 네일, 네일미용 실기

198P, 208 x 280mm

ISBN 979-11-966812-5-8

* 잘못 만들어진 책은 구입하신 곳에서 교환해 드립니다.
* 이 책에 실린 내용의 무단 전재 및 무단 복제를 금합니다.

 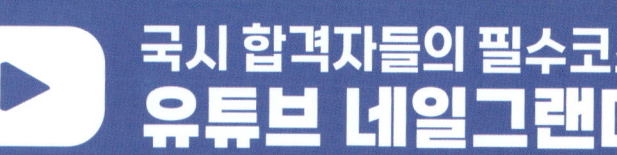

네일미용

PERFECT
NAIL
TECHNICIAN